口絵1　森林はどれでしょう？
生方史数撮影．→p. 22

口絵２　丘陵地での焼畑
奥にある二次林を順次伐開して焼き，コメを植えている．
百村帝彦撮影．→p. 75

口絵３　村で策定された土地森林区分図のプレート
百村帝彦撮影．→p. 79

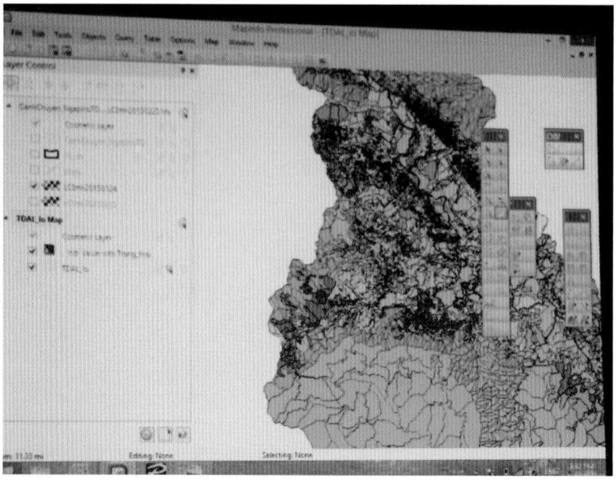

口絵４　GIS を用いた森林情報の統合と森林の質による分類
生方史数撮影．→p. 179

森林科学シリーズ

森のつくられかた

移りゆく人間と自然のハイブリッド

生方史数 編

Series in Forest Science

2

共立出版

執筆者一覧

生方史数　岡山大学大学院環境生命科学研究科（第 1 章，第 2 章，第 5 章～第 9 章）

葉山アツコ　久留米大学経済学部（第 3 章）

百村帝彦　九州大学熱帯農学研究センター（第 4 章，第 8 章）

内藤大輔　京都大学大学院農学研究科，国際林業研究センター（第 6 章，第 7 章）

小林　知　京都大学東南アジア地域研究研究所（コラム 1）

満田夏花　国際環境 NGO FoE Japan（コラム 2）

『森林科学シリーズ』刊行にあたって

樹木は高さ 100 m，重さ 100 t に達する地球上で最大の生物である．自ら移動することはできず，ふつうは他の樹木と寄り合って森林を作っている．森林は長寿命であるためその変化は目に見えにくいが，破壊と修復の過程を経ながら，自律的に遷移する．破壊の要因としては，微生物，昆虫などによる攻撃，山火事，土砂崩れ，台風，津波などが挙げられるが，それにも増して人類の直接的・間接的影響は大きい．人類は森林から木を伐り出し，跡地を農耕地に変えるとともに，環境調節，災害防止などさまざまな恩恵を得てきた．同時に，自ら植林するなど，森林を修復し，変容させ，温暖化など環境条件そのものの変化をもたらしてきた．森林は人類による社会的構築物なのである．

森林とそれをめぐる情勢の変化は，ここ数十年に特に著しい．前世紀，森林は破壊され，木材は建築，燃料，製紙などに盛んに利用された．日本国内においては拡大造林の名のもとに，奥地の森林までが開発され，針葉樹造林地に変化した．しかし世紀末には，地球環境への関心が高まり，とりわけ温暖化と生物多様性の喪失が懸念されるようになった．それを受けて環境保全の国際的枠組みが作られ，日本国内の森林政策も木材生産中心から生態系サービス重視へと変化した．いまや，森林には木材資源以外にも大きな価値が認められつつある．しかしそれらはまた，複雑な国際情勢のもとで簡単に覆される可能性がある．現に，アメリカ前大統領のバラク・オバマ氏は退任にあたり「サイエンス」誌に論文を書き，地球環境問題への取り組みは引き返すことはできないと遺言したが，それは大統領交代とともに，自国第一の名のもとにいとも簡単に破棄されてしまった．

動かぬように見える森林も，その内外に激しい変化への動因を抱えていることが理解される．私たちは，森林に新たな価値を見い出し，それを持続的に利用してゆく道を探らなくてはならない．

『森林科学シリーズ』刊行にあたって

本シリーズは，森林の変容とそれをもたらしたさまざまな動因，さらにはそれらが人間社会に与えた影響とをダイナミックにとらえ，若手研究者による最新の研究成果を紹介することによって，森林に関する理解を深めることを目的とする．内容は高校生，学部学生にもわかりやすく書くことを心掛けたが，同時に各巻は現在の森林科学各分野の到達点を示し，専門教育への導入ともなっている．

『森林科学シリーズ』編集委員会
菊沢喜八郎・中静　透・柴田英昭・生方史数・三枝信子・滝　久智

まえがき

森林は，歴史上人間と最も深い関わりをもってきた自然の１つである．古今東西，私たちは森の恵みをさまざまなかたちで享受し，同時に祟りや獣害などに悩まされてきた．森林の荒廃と文明の盛衰を結びつけるような書物も存在するし，『ロビン・フッド』から『もののけ姫』にいたるまで，森を舞台とした伝説や文芸・映像作品にも事欠かない．物質的にも精神的にも，森が私たち人間に大きな影響を与えてきたことは間違いないだろう．

一方で，この関わりの深さゆえに，森林は人間による改変を最も受け続けた自然であるともいえる．熱帯地域で今も繰り返される森林破壊は言うに及ばず，世界全体を見回してみても，現在では人間による手が全く入っていない森を探すことは難しい．さらにいえば，手つかずの原生林でさえも，多くは国立公園や保護区という制度で人間が意図的に保全したものである．

産業革命以来影響力を強めてきた人間による自然の征服と改変は，グレート・アクセラレーションと呼ばれる1950年代以降，ついに地球全体にまで及ぶようになった．これによって，私たち（の一部）は歴史上未曽有の豊かさと便利さを享受している．しかし，それはグローバルな気候変動をはじめとする地球のさまざまな「変調」へとつながり，結果的に人間の生存自体を脅かしている．このまえがきを書いている2020年現在に世界を震撼させている新型コロナウイルスのパンデミックは，私たちにそのような認識を強烈に印象づけたといえるだろう．まるで私たちは，自らが生み出した創作物が意図をこえて暗躍するのをなすすべなく見ているかのようである．この現実にどのように向き合えばよいのだろうか．自然との関係を，今後どのように結んでいけばよいのだろうか．森と人間の密接な関わりは，このような問いを考える際に格好の事例だといえる．

以上をふまえ，本書では，自然と人間の「ハイブリッド（混成物）」――すなわち自然のみでなく，人間によってもつくられる自然と人工の混成物――として森林をとらえてみる．そして，あるハイブリッドがつくられ，変容し，ときに崩壊していくプロセス自体をみつめることによって，森が人間によってつくられてきたその「レシピ」を再考してみたい．

本書の構成は以下４つのパートに大別できる．第一は，森林の認識やその共有に関するパートである．第１章では本書のねらいを述べるとともに，「ハイブリッド」という本書に通底する理論的な前提を，社会構成主義とその批判に関する哲学的な議論からたどっていく．続く第２章では，近代化のなかで森林がどのように認識され社会に共有されるのか，そのプロセスを具体的に説明し，現実の森林にどのように影響を与えうるかを論じる．また，第３章では近代化以前の日本の山村を扱い，私たちが生きている近現代のやり方とは異なる森林への認識や社会的な関係性，そしてそれらへの人々のまなざしについて論じる．コラム１では，カンボジアやカチンの文化における森とのつながりとその変化を紹介する．

第二は，上記のような認識をもとに創出される，森林と人間の関係を仲介する概念装置に関するパートである．本書では，このような媒介装置のうち近代に特徴的な２つの制度について論じている．第４章では，森林を領域で分割し配分するというプロセスやその痕跡を，ラオスと日本を例としてみていく．第５章では，19 世紀以降，東南アジアの森林に科学技術（科学的林業や森林管理）を導入していった歴史とその影響を，「現地化」と自然・社会へのリンクという視点から論じている．

第三は，森林に対する実際的な働きかけに関するパートである．第６章から第８章までの各章とコラム２では，社会によるさまざまな働きかけが，ハイブリッドとそれを支える文化的・社会的・制度的基盤を維持し，改変し，そして崩壊させるプロセスについて論じている．例えば第６章では，森林がさまざまな開発圧力にさらされるプロセスを，マレーシア・サバ州を事例に論じ，森林開発のなかで変わりゆくものと変わらないものについて考えている．第７章では，森林を自然環境として保全するという働きかけがもたらす変化について，私たちが森を見るまなざしの変化やグローバル環境主義の台頭との関連から論じている．第８章では，最近脚光を浴びている森林保全と経済・金融との関係を，前章に続くグローバルな問題意識に加え，東南アジアにおいて「自然資本」という概念が実体化する事例から検討している．そしてコラム2では，福島第一原子力発電所の事故以降，現地の森林という「場」がどのように変わったのかを，「放射性物質」というもう1つのハイブリッドとの偶発的な関わりから紹介している．このような人間による働きかけを受け改変された森林は，自然のプロセスによってさらなる変遷を遂げてゆき，他の自然環境にも社会にも影響を与えることになる．

第四は，まとめのパートである．終章である第9章では，以上の議論を総括し，このようなプロセスで何が考慮され，何が零れ落ちていったのかを，時間的・空間的・構造的な視点から考察している．また，これらをふまえ，私たちが今後森にどのように接するべきか，その心づもりを簡潔にまとめている．

本書を執筆・出版するにあたって，多くの方々のご助力をいただいた．特に，共立出版の山内千尋氏には，森林科学シリーズの「第2巻」でありながら遅々として進捗しない原稿を辛抱強く待っていただくとともに，要所要所で出版に際して適切なご助言をいただいた．また，野口訓子氏には，コロナ禍のなかで校正作業に多大なご尽力をいただいた．本書の文章がもし読みやすくなっているとすれば，それは野口氏の貢献によるところが大きい．そして，岡山大学大学院生の渡邉大樹氏には，一通りできあがった草稿に目を通していただき，読者の視点に立った有用なコメントをいただいた．残念ながら，紙幅の都合上これ以上名前を挙げることはできないが，本書の出版に際してお世話になったすべての方々に，この場を借りて改めて感謝申し上げたい．なお，本書の一部(特に第8章）は，日本学術振興会より交付された科学研究費「自然を資本化する基盤の構築過程：東南アジアの事例から（15H05125)」と，京都大学東南アジア研究所公募共同研究「東南アジアにおける自然の商品化再考」の研究成果でもある．こちらも併せて御礼申し上げたい．

人間による「森のつくられかた」をある程度網羅的に論じていくという本書の試みは，少なくとも日本においては非常にユニークなものである．不十分な箇所も多々見受けられるかもしれないが，ひとまずそれらは今後のご批判に委ねることにする．考えてみれば，私たちが今直面しているコロナ禍も，ハイブリッドに由来する問題を私たちにつきつけているといえる．本書は主に過去と現在について書かれたものだが，未来は過去と現在の蓄積の上に築かれる．本書の内容が，未来に向けた森林の見取り図がどうあるべきか，さらには自然と人間の関係をどのように（再）構築していけばよいのかを着想する一助になれば，編者としてはこの上ない喜びである．

2020 年 11 月　晩秋の岡山にて

生方 史数

目　次

第１章　森のつくられかた：ハイブリッドとしての森林

第２章　森を認識する：森林とは何か？

第 3 章　森の彼方を見る：近代化以前の山村を見るまなざし

第 4 章　森を区切り，所有する：ラオスと日本における「領域化」

第5章　森に科学を導入する：科学的林業・森林管理とその現地化

第6章　森を開発する：マレーシア・サバ州における森林開発とその後の森のゆくえ

第7章　森に環境価値を付与する：グローバルな環境主義が変える森林のあり方

第8章　森を「資本」にする：経済的アプローチと森林保全

第9章　森のよりよい共創に向けて

第1章 森のつくられかた
ハイブリッドとしての森林

生方史数

はじめに

もしあなたが「自然（nature）はだれがつくったのか」と問われたら，何と答えるだろうか．おそらく多くの人は，一瞬耳を疑うだろう．それでも真面目に答えるように催促されれば，多くの人は「自然をつくったのは自然に決まっているではないか」と答えるのではないだろうか．あるいは，「自然を創ったのは神である」と答える人もいるかもしれない[1]．

もし誰かが「自然は私たち人間や社会によってつくられる」と主張したとしたら，みなさんはそれを荒唐無稽な話だと一笑に付すであろうか．それとも，ばかばかしいが面白そうだと興味をもってその説を聞いてみようとするだろうか．この本を手に取ってページを開いている以上，おそらく読者のみなさんは後者であろう．

本書では，創造主である神様でもなく，母なる自然のみでもなく，他ならぬ私たち人間とその社会によってもつくりあげられたもの，いいかえれば，自然と人間の「ハイブリッド（混成物）」として自然をとらえてみたい．自然のなかでも特に森林を対象として扱うのは，本書が「森林科学シリーズ」の第2巻であること以外にも理由があるが，それは後述する．導入章である本章では，

1) これらはいずれも著者の講義で学生たちが示した反応である．なお，自然を「つくった」のか，それとも自然は「つくられた」のか，という能動と受動の違いは重要であるが，ここではとりあえずこの点には特に触れずにおき，第9章に議論を譲りたい．

本書の趣旨や通底する理論的基盤を西洋哲学の議論などを振り返りながら紹介するとともに，自然と人間のハイブリッドという本書における森林の見方を示し，本書全体の枠組みと構成を説明する．

1.1　本書のねらい

しかし，いったいなぜ，このようなことを考える必要があるのだろうか．最もわかりやすい理由は，私たち人間がこれまで物理的に自然を改変してきたことそのものにある．もはやこの地球上で，人間の手が全く加わっていない自然は，すでにごくわずかしか残っていないといってよい．それほどまでに，人間活動はあまねく地球を覆いつくしている．私たち人間が現在享受している未曽有の繁栄は，自然の人間による支配と表裏一体をなしている．人間は，遺伝子技術を通じて全く新たな生物をつくりだすことも原理的には可能になりつつあるし[2]，人間に害があると考えられる生物を滅ぼすこともいとわない．今や人間は，地球上に生きる他の多くの生物の生殺与奪権まで握っているといっても過言ではない．

一方，この人間による文明の繁栄自体が人間の将来的な生存を脅かすかもしれないと，私たちは気づき始めた．核爆弾によってすぐさま全人類を葬り去ることも可能であるし，地球環境の変化によって，ゆっくりと葬り去ることも可能である．この数世紀の間，人間は自然を制御し利用し征服することに心血を注いできた．科学的な法則を見出し，それを応用し，産業を発展させ生活に役立ててきたのである．その結果，自然のもつ脅威の多くは克服され，人間は自然を手なずけたかに見えた．しかし，自然は意外な形で人間にしっぺ返しをしつつある．人間活動の影響によって自然環境が変質をはじめていることが次第に明らかになり，災害の激甚化や新興感染症の爆発的流行などといった新たな形での脅威を生むようになっている．2020 年に入ってから猛威をふるっている新型コロナウイルスのパンデミックは，以上のような認識を世界中の人々に強烈に印象づけたのではないだろうか[3]．

2)　最先端の遺伝子技術が実際に新たな生物を生み出す可能性に関しては，須田（2018）を参照されたい．

このように，人間と自然の関係は，この数世紀の間に激変を遂げてきた．かつて，いや，じつは今でもそうであるのだが，人間の生存は自然の気ままなふるまいに著しく規定されていた．しかし，今では人間の自然に与える影響が著しく大きくなり，もはや自然の運命を左右するまでにいたっている．そして，それはとりもなおさず人類の運命を脅かすということでもある．ドイツの化学者であるパウル・クルッツェン（Paul Crutzen）は，このような状況を，「人新世（Anthropocene）」という新たな地質年代に入ったと表現した（Crutzen, 2002）．すなわち，自然のみが自然をつくるのではなく，生活を自然に依拠する人間が，その意図にかかわらず，自然とともに自然をつくりだしてしまう時代の到来である．大震災や気候変動の例を持ち出すまでもなく，自然がいまだ人間の意図や認識をこえた存在であることを考えれば，人新世の時代がいかに社会の見通しを曇らせるかが想像できるだろう[4)]．

私たちの多くは，これまで自然を自然物――すなわち人間の世界とは独立した所与のものとして扱ってきた．例えば，自然科学者などのいわゆる「理系」の人間は，人間の恣意的な行為の影響を排した自然の法則を探求し，それを自然の理解と応用につなげる．一方で，人文・社会科学者やいわゆる「文系」の人間は，人生とは何かを問い，文化を創造し，政治や経済，社会の仕組みを設計し維持してゆく，といった具合である．しかし，このような人間と自然を明確に分ける二元論的な考え方では，これからの人間と自然の関係，そして自然の影響をはからずも受け続ける社会や人間のあり方を十分に理解することはできないかもしれない．

フランスの哲学者・文化人類学者であるブルーノ・ラトゥール（Bruno Latour）によると，じつは私たちの世界では，モノと人間という二元論のカテゴリーに入らない混成物，すなわちハイブリッドを大量に生産しているという（ラトゥール，2008）．同様に，ダナ・ハラウェイ（Donna Haraway）も二元

3）　新興感染症の流行は，人類の歴史を紐解けば決して新しいものではない．ただし，過去に類を見ない大規模な開発が，未知のウイルスとの遭遇頻度を大きく高めていることはほぼ確かなことだろう．

4）　人新世の概念は，人文社会系の学問にも波紋を呼んでいる．それが哲学にもたらすインパクトに関しては，篠原（2018）を参照のこと．またこの概念を支持する議論に対する批判や懸念に関しては，「現代思想」の特集号に掲載された一連の論考，例えばマルム・ホアンボー（2017）やイェンセン（2017）に詳しい．

論を批判し，私たちはモノとないまぜになった「サイボーグ」だと宣言している（ハラウェイ，2000）．これを自然と人間の関係に拡張しても同じことがいえるだろう．水田のような「コメの生産工場」から都市における「アスファルトのジャングル」にいたるまで，私たちの周りには，自然とも人工とも言い難いものであふれている．私たち自身も，最近注目を集めているウェアラブル技術はいうまでもなく，眼鏡・コンタクトレンズやセラミックの歯などを装着しているという点からみれば，生まれたままの人間そのものとはいえないかもしれない．自然や人間を含めたこの世の事象をハイブリッドとして考えるという視点こそ，現代の自然と人間の関係と，そのあるべき姿を考えていくうえで重要なのではないだろうか．

森林は，古くから人間と密接な関わりを持ってきた自然の1つである．したがって，森林がどのように人間社会（と自然）によってつくられてきたかを振り返ることで，現代の自然が依拠する社会的枠組みのうちの主なものを明示することができる．これによって，どこに問題があったのか，何がつくられなかったのかを洗い出し，人間と自然の関係を再構成する手がかりを得ることができるのではないだろうか．森林は，自然をこのような視点から扱う際に格好の事例を提供してくれるといえよう．

以上のような背景から，本書では，人間と自然がつくりだしたハイブリッドとして森林をとらえてみる．とはいっても，自然を対象とした人文社会科学的な研究は，多かれ少なかれこのような視点を持っており，そういう意味では本書の意図は特にそれほど新しいものではない．例えば，「私たち人類の歴史は自然からの制約によって形づくられてきただけではなく，自然を変える行為の積み重ねでもあり，そしてまた，自然改変の結果が人間社会に影響を及ぼすという，相互作用の帰結（斉藤，2014：3）」であるという考え方に，今日真っ向から異議を唱える方はおられないであろう．

本書が強調したいのは，そのような行為を介した物的な相互作用というよりは，自然改変の背景にある，自然（ここでは森林）に関わる人々が自然（森林）をみるまなざしや理解のしかたである．例えば，環境問題に関わる専門家のなかには，人間社会が森林をまもったり育んだりすることを，廃棄物処理などの複雑でコストのかかる技術を駆使する他の環境対策や環境政策と比べ，それほど困難の伴わないものだと考える人も多い[5]．しかし，このような楽観主義の多くは，本書を読み進めればわかるように，ものの見事に裏切られてきた．楽観主義者の目論見は，予想外の苦戦を余儀なくされ，なかには完全な失敗に終わったものも多いのである．彼ら（彼女ら）は，いったい何を見誤ってしまったのだろうか？　そこには，本書で述べるような，一筋縄ではいかない人間と森林との複雑な関係性が存在するのである．このような，森と人，あるいは社会との関係を，上記のような「まなざし」の視点を全面的に貫いて考察した書籍は，少なくとも日本語においてはほとんどみられない[6]．

よって本書では，森林というある1つの自然対象がどのようにつくられてきているのか，そのプロセスを，ある森林に対する見方や理解のしかたが現実に影響を及ぼし，森林やそこに関与する人々がそれに応じて別の理解のしかたをつくりだしていく――それがまた，現実に影響を及ぼしていく――というような，人間による意味づけを含んだ一連の相互作用として説明してみたい[7]．とはいっても，本シリーズの解説書的な性格上，ある特定地域の森林を対象にして，歴史的にそのプロセスを明らかにするような綿密な事例研究としてのスタイルはとらない．むしろ，日本と東南アジア地域を事例にしつつ「森のつくられかた」をいくつかの要素に分解し，一種の「レシピ本」のように記述していく．この方法により自然に対して高い関心を持ち，自然に働きかける可能性の高い職業に就きやすい，いわゆる「理系」の方々，あるいは地域おこしや途上国開発に関心を持ち，過疎が進む森林地域に住む人々の暮らしや，辺境地域の貧困削減，あるいは先住民の文化や権利に関心のある「文系」の方々，さらには，何らかのきっかけで関心を持たれた専門外の方々に，森林や自然，さらには環境問題全般についてより深く考える際の材料を提供したいと考えている．

なお，紹介する事例に東南アジアのものが多いのは，単に執筆者の専門分野がこの地域だからという理由だけではない．日本や欧米の先進国と比べると，

5)　その典型例として，本書では，タイのある専門家の例（第2章）と，スターン・レビュー（第8章）を紹介しておきたい．

6)　英文書籍では，Castree & Braun（2001）が，このような視点から森林を含む自然と社会との関係を論じている．

7)　したがって，本書で扱う対象としての森林（あるいは同義語としての森）は，自然物としての森林（あるいは森）と，空間的・文化的概念としての「森林（あるいは森）」の両者を含んでおり，これらは分かちがたいという前提に立っている．

熱帯の途上国では，近代以降の人間による自然への働きかけとその矛盾が私たちの目に触れやすいという特徴があるからである．とりわけ初期の段階の働きかけは，先進国ではすでに見えにくくなってしまっているところが多いため，その現場を目撃するためには途上国に行くのがてっとりばやい．先進国においてはずいぶん前に行われている多くの作業を，現代的な諸条件のもとでとはいえ，これらの国では目の当たりにすることができるのである[8)]．

さて，そろそろ具体的な内容に入ろう．導入章である本章では，まずは前提となる概念の1つである「社会構成主義（social constructionism）[9)]」という考え方が登場する経緯とその意義・批判を，西洋哲学の議論を参考にしながらごく簡単に振り返る．そして，上記をふまえたうえで，ハイブリッドという本書における森林の見方を示しつつ，その見方を展開する際に重要な要素を列挙することで，本書全体の枠組みと構成を示して議論を第2章につなげることにしたい．

1.2　自然の社会的構成とその批判

1.2.1　自然と人間の二元論

先にも触れたように，私たちは普段，知らず知らずのうちに，自然と人間（あるいは社会）の二元論を当然のこととして受け入れている[10)]．少し考えてみれば，人間を自然の一部だと考えることも可能であるから，この分け方には矛盾が存在するということはわかるのだが，それでも日常生活において，私たちは躊躇なくこの二分法を口にする．そして，人間が自然の一部であるという矛盾をやりすごす必要がある場合には，この二分法を精緻化し，人間を自然の一部である「身体」や「野生」と，それとは異質な存在である「心」や「理

8）ただし，後の章（特に第4章）で述べるように，先進国ではこれらの作業が完了していて過去のものとなっているというわけではない．

9）社会構築主義（social constructivism）とも呼ばれる．本書では，社会構成主義に統一しておきたい．

10）ただし，私たち日本人を含む非西洋人には，このような二元論が必ずしも文化的に染みついているわけではない．二元論を批判的にとらえる際に重要な立ち位置である．

性」に分けたりして，矛盾を回避しようとする．

じつは，このような考え方は，近代以前の世界に生きた人たちにとっては，それほどなじみのある考え方ではなかった．また，多くの非西洋世界では，近代以降もこれとは全く異なる考え方を持った人々が暮らしてきた．今を生きる私たちにはごく一般的な考え方であるこの二元論を明確に表現した人物の1人に，有名なフランスの哲学者ルネ・デカルト（Rene Descartes）がいる．デカルトは，「われ思う，ゆえにわれあり」の名言で著名な『方法序説』において，以下のような言葉を著している（デカルト，2010：85–86）．

かりにサルか何かほかの，理性を持たない動物の器官や外形を持った機械があるとするなら，その機械があらゆる点でこれらの動物とは本性を異にしている，と認めるいかなる手段もわれわれにはないであろう．これに対して，われわれの身体と似ていて，実際的に可能なかぎりわれわれの行動をまねる機械があるとしても，だからといってその機械が本当の人間なのではない，と認めるきわめて確かな二つの手段がやはりわれわれにはあるだろう．

この有名な文章からも明らかなように，デカルトは動物と機械をさして変わりのないものとしてみていた．一方で，理性を持つ人間は，これらとは異なることを強調したのである．この動物＝機械とするきわめて機械的な自然観と，一方での人間の特別視は，まさに自然と人間，心と体，主体と客体の二元論の端緒といってよい．

その後この二元論は，ギリシャ哲学以来続く存在論（ontology）や認識論（epistemology）という西洋哲学の中心的なテーマのなかで扱われるようになり，科学的な方法論の浸透と相まって近代の基本的な価値観として確立していく．これらの議論を本気で振り返ろうと思ったら，西洋哲学の長い歴史をえんえんと振り返らねばならない．それは本書の意図するところではなく，もとより筆者にその能力があるわけでもない．よって，ここでは自然の社会的な構成に関連する部分に関するごく簡潔な説明にとどめたい．

まず，存在論では，あるものが存在するとはどういうことか，そのあり方や条件について考察していく．デカルトが生きた17世紀までの欧州においては，自然の物体であれ，理性を持った人間であれ，その存在は唯一完全なる神と分かちがたく結びついていた．しかし彼以降，人間は自らの認識によってしかそれらの存在を知覚できないとし，人間の認識の諸相を考察する認識論が存在論の上位にたつことになっていく．認識の起源がデカルトのいう理性にあるのか，それともジョン・ロック（John Locke）のいう経験にあるのか，といった議論が活発になり，イマニュエル・カント（Immanuel Kant）はそれらを『純粋理性批判』のなかで批判的に統合しようと試みた．

彼によれば，人間の認識は理性によって生じるのではなく，感性（対象を表象として受け取る知覚能力）と悟性（概念判断の能力）によって構成される．感性のフィルターによって外界の情報が直感的に与えられ，それを悟性によってカテゴライズして総合することで，ある対象の存在を認識し，現象を構成するというのである．ここには，人間の認識が経験とともに始まり意味づけられるという認識論の精緻化がみてとれる[11]．

1.2.2　自然の「本質」と社会的な構成

一方，上のような西洋哲学の動向と同時期に，いわゆる科学的な考え方が確立し，自然科学が発展の時を迎えた．ちなみに，上のような哲学の動向と同時期だというのは単なる偶然ではない．自然と人間を明確に分けたデカルト以降，科学は哲学から遊離・自立し，やがて自然科学として確立してゆく．その後そこから派生して社会科学の学問分野が起こり，時折の交流がありながらも，それぞれの領域で別個に発展していくことになっていったのである．

さて，ここで自然科学の対象となった自然（nature）とはそもそも何だろうか[12]．またもや難しい問いであるが，多くの読者は，自然が何であるかはともかくとしても，自然は存在し，本質を持っていると考えるだろう．おそらく多くの自然科学者もそう信じているはずである．ここで本質とは，物事にあらかじめ備わっている核心部分のことをさす．例えば，物体は自然の法則にしたがって運動することや，竹は生まれながらにして竹であり，決して松にはなら

11）　カント哲学の解説書は世にあふれている．ここでは竹田（2010）と桝矢（2012）を参照した．なお，最近では，人間の認識システムが自然科学的な関心を集めるようにもなっており，脳科学者が「人間はありのままの現実を認識していない」という知見を主張するようにもなっている（ロット，2017）．

ないことなどが挙げられる．科学者が「真理を探求する」と話すとき，このような考え方に基づくのかもしれない．それはそれですばらしいことなのだが，なかにはそういう素朴な命題を拡張して，物事には全て本質が備わっていると考える人もいる．「男は（女は）生来○○である」とか「大和民族は元来××な民族である」などというきめつけは，その悪い意味での典型である．

このような考え方を，本質主義（essentialism）という．この考え方においては，重要なのは真であり普遍的な本質であり，それ以外のものは偽あるいは偶発的なものとして軽視される．しかし，人間社会を分析するにあたり，哲学者や人文社会科学者は，やがてこのような考え方に疑問を持つようになっていく．少なくとも，すべての物事に対して本質があらかじめ備わっているという極端に本質主義的な考え方はとらなくなっていったのである．

簡単な例を挙げよう．ここにテーブルがあるとする．これはテーブルだろうか．もちろんこれはテーブルである．しかし，「正しい」答えはテーブルだけではない．それが木でできていれば，木という答えも可能だろう．あるいは，セルロースだという答えもありかもしれない．このばかばかしい問答は，ここで「本質」と呼んでいる（あるいは私たちが本質だと信じている）ものが，必ずしも本質ではないかもしれないことを示している．

通常，私たちはこのような問答をばかばかしいと感じている．普通はテーブルと答えるだろうと．ではなぜそう思うのだろうか．もし問答をしている私たちがカフェでコーヒーを飲みながら世間話をしている状況であるなら，テーブルという答えは全く納得がいく答えであり，木やセルロースと答える者がいた

12）　ちなみに，辞書を引くと，一般的な用語としての自然の説明として「1）山や川，草，木など，人間と人間の手の加わったものを除いた，この世のあらゆるもの．2）人間を含めての天地間の万物．宇宙．3）人間の手の加わらない，そのもの本来のありのままの状態．天然．4）そのものに本来備わっている性質．天性．本性」とある（デジタル大辞泉 ttps://dictionary.goo.ne.jp/jn/97025/meaning/m0u/　2019年1月23日閲覧）．この記述から，人間を含むのか含まないのかという点に関して意味にゆらぎがあることがわかるだろう．

本書では，森林をハイブリッドとみなしている関係上，基本的には自然が「この世のあらゆるもの」であるという広義の定義に従う．ただ，本書ではハイブリッドの構造や変化について考察しており，その際に人間と自然を便宜上分けて論じたほうが適切である場合も多い．よって，人間を含むかどうか，人間の手が加わったものをどう考えるか，といった点に関しては，必要に応じて適宜論じることとし，ここでは明確に定義しないでおきたい．また，実際の各章における考察においては，自然のなかでも特に，杉原ほか（2010）のいう生命圏（biosphere）と人間圏（humanosphere）に関わる領域を主な対象として取り扱っていることにも注意されたい．

らちょっと変わった人だと思うだろう．一方で，これが大工の作業場での会話や木材科学の講義であったらどうだろうか．後者の答えが納得のいくものにならないだろうか．つまり，答えはその人その場がおかれている状況や属している集団といった社会的な文脈に依存しており，私たちは社会的文脈上最も蓋然性が高い答えを無意識のうちに選んでいるということになる．この例で私たちが「本質」だと感じていたものは，じつは社会的文脈によって異なる偶発的な産物だったのである[13)]．

社会構成主義では，この例のように，物事の「本質」，特に現実の社会現象やその意味が，それがおかれている社会的な文脈を離れては存在しえないと考える．したがって，この考え方に基づけば，あらゆる主体の影響を受けない客観的で中立的な事実などはもはやありえない．もちろん，このように主張する社会構成主義者の言説自体についても同様である．世の中には絶対的な真実や善などはなく，それらはすべてローカルで部分的なものとなる．そして，重要なことは，絶対的な善を見出したりつくり出したりすることではなく，ローカルな「善」を抱く人々が対話し互いを許容しあうことである（ガーゲン，2004）．このようにして，一部の哲学者や人文社会科学者は素朴な本質主義を批判し，物事が「本質」だと感じるようになってゆくそのプロセスをじっくり考察することこそが重要だと主張するようになったのである．

ジェンダー論は，この典型例である．ボーヴォワール（Simone de Beauvoir）という哲学者の有名な言葉に，「人は女に生まれない，女になるのだ」というものがある（ボーヴォワール，2001）．これは，女らしさが女性に生まれつき備わっているのではなく，その女性が育っていくなかで（場合によっては強制的に）身につけてゆくものであることを主張した言葉である．つまり，女らしさ（男らしさ）は女性（男性）に将来備わっている本質ではなく，それはある社会的状況のなかで女らしさ（男らしさ）を要請する社会的期待に応えるかたちで事後的に身につけた偶発的な産物だということになる．このような考え方に基づいて，現在は前者の生物学的な区別をセックス，後者の社会的役割をジェンダーと呼ぶようになっている．

13）　なお，近年の認知科学の発達によって，人間には事物の裏側に何か隠れた本質が備わっていると過度に想定してしまう心理的傾向性がわかってきた（Gelman, 2003）．

本書のテーマである森林により近い分野でもう1つの例を挙げよう．先ほど本質主義の例として「竹は生まれながらにして竹である」ことを挙げた．しかし，生物学の哲学においては，生物種が本当に客観的な意味で実在するグループと言えるのかについて激しい論争がなされてきた[14)]．懐疑論者（反実在論者）が生物種の実在論と進化生物学の知見との矛盾を指摘する一方で，擁護論者（実在論者）はそうではないと反論してきたのである（千葉，2016）．ここでの反実在論者の主張は，生物種は本質を伴った実在物ではなく，単に科学者によってつくられたカテゴリー，すなわち社会的な構成物だというものである．

以上のような例から，社会構成主義が私たちの物事のとらえ方に与えた衝撃がわかっていただけるだろうか．社会構成主義は，今まで私たちが「当たり前」だとか「本質」だと考えてきた物事の多くが，じつは特定の社会的文脈のなかでつくられてきた構成物であるということを暴いていった．そして，ジェンダー論にみられるように，既成概念を打破することで，現実の社会において追及されるべき新たな理念を生み出していったのである．

1.2.3　社会構成主義への批判とハイブリッド

一方で，この考え方は厳しい批判にもさらされてきた．その最も重要なものは，この考え方を突き詰めていくと，何もかも社会的に構成されることになってしまい，全ての物事に本質など何もない（さらには，実体のあるものは何も存在せず，ただ認識のみがある…少々矛盾のある表現だが）という虚無主義に陥ってしまうのではないかという批判である（ガブリエル，2018）[15)]．

じつは，私たちにとって，こんなバカな話もない．私たちは，自分たちの生物学的な性の存在を完全には否定できないし，そもそも男や女である前に，自然の一部か人間かを問う前に，あまねく今を生きている．まさに本質などを問

14)　実在（reality）とは，ある物事を認識している主体とは関係なく，実際にそれが存在していることを指す．一般的に使われる「存在」という言葉には，実在と私たちによる存在の認識とが混ざっているため，それらを区別している．なお本章では，前者を実在，実際の存在，あるいは単に存在（例えば実際の森林あるいは単に森林）と表記し，後者を存在の認識，あるいは「存在」（認識された森林，あるいは「森林」）とかっこをつけて表記する．

15)　社会構成主義に対する批判への反論としては，ガーゲン（2004）の解説がよくまとまっていてわかりやすい．

う以前に何か（誰か）が実際に存在するのであり，そうである以上実在する何か（誰か）から本質が積極的に見出されていく可能性もあるはずである．よって，自然を単に概念のみとしてとらえてしまうような極端な社会構成主義はあまりにも非現実的で，かつ非建設的である．

２つ目の批判は，結局この考え方も，自然（あるいはモノ）と人間の二元論という認識枠組みから脱することができていないのではないかというものである（ラトゥール，2008）．この考え方が多分に人間中心主義的であるため，多くは社会の側からのみの記述に終始し，自然の側からの人間への働きかけが軽視されているきらいもある[16]．例えば，男女の性をセックスとジェンダーに分類したとしても，セックスもジェンダーも男性と女性という２つの選択肢しかないのだろうか．実際には，セックスは男性を一方の極，女性をもう一方の極とする連続したものであり，ジェンダーも同様であろう．つまり，人間の性に社会的構成が認められるとしても，それは一方あるいは他方という二元論的なものではなく，本来はもっと多様なもののはずである[17]．今日の自然と人間との関係一般も同様に，連続した関係性を持っているといえるだろう．そういう意味では，自然は自然自身と社会によって構成されるハイブリッドだとしたほうが適切である．

そして３つ目の批判は，「…だから何？」というものである．いいかえれば，ある事象が社会的に構成されているということにどんな問題があるのか，また，それを知ることで何かが変わるのか，といった批判である（ハッキング，2006；松村，2017）[18]．このような批判がなされる理由としては，この30年ほどであまりにも多くの事象が社会的構成論の対象となってしまったせいで理論自体が新鮮味を失い，その「魔力」である現実社会を変革する力も薄らいできたことが挙げられるだろう．また，この考え方が既成概念（必ずしも現実そ

---

16)　このような自然やモノの側からの働きかけを提唱した認知の考え方として，アフォーダンス論が挙げられる．アフォーダンス論の詳細に関しては，原著であるギブソン（1985）を，あるいは解説書として佐々木（2015）を参照されたい．

17)　性的マイノリティを表す造語として，LGBT の認知度が高まっている．しかし最近は，性的マジョリティを含むすべての人々を対象とした SOGI（Sexual Orientation and Gender Identity: 性的志向と性自認）という概念が提唱されるようになっており，一部の大学などでは多様な性のあり方を考えるための概念として使用されるようになっている（米山・武田，2019）．

18)　この問いに対しては，本書をしめくくる第９章において改めて考察したい．

のものでないことに注意されたい）の批判に偏りすぎているため，取り扱う事象によっては現実と関わりの薄い空虚な議論に陥りやすいということもあると考えられる．

これらの理由から，最近の関連研究（特に哲学や文化人類学）では極端な社会構成主義の傾向は影を潜め，「マルチスピーシーズ民族誌[19]」のように人間中心主義を反省して考察対象を人間以外の生物に拡張したり，「オブジェクト指向存在論」，「新しい存在論」といわれるような存在論への揺り戻しが見られたりしている．ただし，これらによる批判は多くの場合限定的であり，概念の否定というよりも，むしろ発展的解消を目指したものであるといえるかもしれない．例えば，自然と人間の二元論を批判しているラトゥールは，社会構成主義者とみなされることもあるし（川村，2019），「新しい存在論」を唱えるガブリエル（2018）の批判は，主に虚無主義に陥りがちな極端な主張に対して向けられており，物事の少なくとも一部が社会的に構成されること自体への批判ではない．「マルチスピーシーズ民族誌」の代表格であるチン（2019）の場合も，人間，非人間，社会的な構成物を含めたあらゆる事物がどのように絡まりあい，現実をつくりあげてゆくのかというハイブリッドの視点が論考の前提にあることは明らかである．

本書では，以上の議論を反映して森林を自然と人間のハイブリッドとしたうえで，そのうち主に人間や社会の側からの働きかけにあえて光をあてていきたい．その理由は，まず冒頭で述べたように，自然の変化に人為の影響が強まっているという現実があるからである．その結果，自然に関連する現代の諸問題は，自然科学者やエンジニア，行政官といった専門家のみが扱うにはあまりに複雑なものになってきている．よって，これらの人々に本書のような自然の見方があることを知ってもらうことは，この考え方に対してどういう立場をとるにせよ，少なからず意義のあることだと考えている．

また，森林がハイブリッドであることを認めるからといって，そのつくられかたを人間と自然に分けて考えるという方法論上の分離が否定されるわけでは

---

19)　このような考え方を体現した森林に関連する著作の例として，コーン（2016），チン（2019），そして Ishikawa & Soda（2020）を挙げておきたい．また，マルチスピーシーズ民族誌と人新世との関わりについては奥野（2017）に詳しい．

ないことも指摘しておきたい（マルム・ホアンボー，2017；斎藤，2017）．分析における自然と人間の一定の分離は，人間というアクターが自然に非常に特殊な影響を与えていて，その分析に人文社会科学の知見が貢献できることを鑑みれば明らかに必要だろう．さらにいえば，人間の側から森林がつくられるプロセスを本書でみていくなかで，特定の「つくられかた」がどのように現在抱えるような課題を引き起こしていったか，そして「何がつくられなかったのか」を省みることができるからでもある．

以上から，どのように森林がハイブリッドとなり，あるハイブリッドがどのように別のハイブリッドになるのか，そのどこに問題があるのか等を見極めることで，私たちの森林に対する見方を変え，現実の森林への関わり方を変えるきっかけにすることが可能だと考える．もちろん本書では，森林や自然全般を単に概念であるとみなしたり，社会がいかようにも自然を再構成できるとみなしたりするような極端な立場にはたたない．あくまで森林は自然自身と社会によって「共創」されるという認識を前提とする．

さて，これで本書全体に関連する理論的な前提はひとまず整ったので，ややこしい説明はここまでにしておきたい．以下では本書の主題である「森のつくられかた」を記述する際の枠組みを，本書の構成とともに述べていきたい．

1.3　本書の枠組みと構成

1.3.1　ハイブリッドの生成と変容

森林がつくられるプロセスに近代・現代の社会はどのように貢献してきたのだろうか．これまでの議論をふまえたうえで，本書では，森林を人間との混成物，すなわち森と人間との関係の総体であるハイブリッドとして扱う[20)]．ここで，なぜ「森林と人間との関係」という人口に膾炙した表現ではなくハイブリッドという耳慣れない概念を用いるのか，もう少し説明したい．

20）　つまり，これは樹木や土壌といった単なる自然物ではなく，それらやそれらと関わりのある物質や人間や社会組織が結んでいるネットワークの総体であり，場所を起点にみれば，自然物を中心とした１つの「場」であるともいえる．

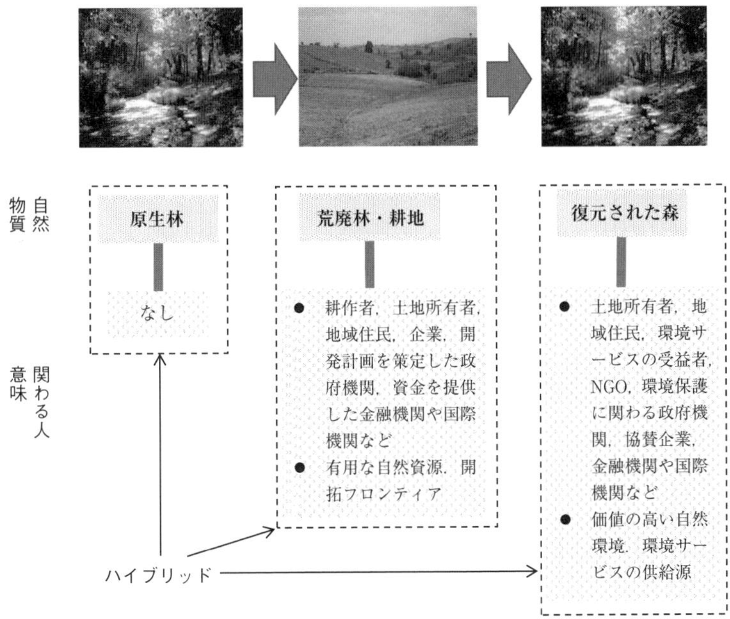

図 1.1：ハイブリッドとしての森林
筆者作成．

例として，手つかずの原生林が開発によって破壊され，耕地や荒廃地になった後で，その後人間の手によって生態学的にまったく同じ森林を復元することができた場合（そんなことが可能かどうかはここでは議論しないでおく）を想定してみよう（図 1.1）．この場合，自然や物質としての森林のみに着目すれば，これはかつてそこにあった原生林と全く同じものである．したがって，物理的にいえば，両者は外界からの同一の刺激（例えば一定量の降雨あるいは森林開発）に対して同一の反応（地下水の貯留あるいは森林破壊）を示すと予想できる．

しかし，この森は以前とは異なり，開発や復元のプロセスで社会のさまざまな構成員による直接・間接の働きかけを受けており，それらと一時的，あるいは恒常的な関係を結んでいる．よって，この森に再び開発計画が持ち上がった場合に，以前の森と同じように開発されるかどうかはわからない．おそらく以前より開発は難しくなっているだろう．また，一定量降雨があった場合でも，それは単なる地下水の貯留にとどまるのではなく，関係を結んできた構成員に環境サービスを提供しているとみなされ，自然の森自体は同一であってもその社会的な価値が高まっているかもしれない．つまり，この森を人間とのつながりを含めたハイブリッドとしてみれば，関わる人間と彼らによる森への意味づけが変化したことによって，外界からの同一の刺激に対して必ずしも同一の反応を保証しなくなっている．よって，以前とは「別物」になっていると考えることができるのである．

以上のような状況は，森林と人間との関係が変化したから生じたものである．しかし，その関係性の「かたち」をどう評価すべきなのだろうか．例えば，多くの森林保全関連の事業では，森林と人間との関係性は名目上重要だとされるものの，実際に事業を評価する際には，森林や社会を別々に，しかも暗黙裡にどちらかに優先順位を置くやり方で評価することが多い[21]．その結果，森林が保全されていたり，回復していたりするような場合には，社会の状態にかかわらず好意的な評価が下されてしまうことがある．物理的な自然物に着目するあまり，「関係」というみえにくい部分が過小評価されてしまうのである．もちろん，開発事業などで全く逆の評価が下されてしまうことに関しても同様である．

このような評価を避けるためには，森林と人間との関係性の総体が異なる場合には，異なる評価がなされる必要があるだろう．自然との関わりのなかで人間を考えることと，人間との関わりのなかで自然を考えるということは，どちらかが常により重要だとはいえないからである．関係の総体としてハイブリッドを概念化することで，上記のような森林と人間のアンバランスな評価を見直し調整することができるのではないだろうか．以上から，関係の背後にある自然物と人間の意味づけをも基礎として，全く異なる混成物，すなわちハイブリッドが生み出されたと考えるほうが，森林と人間との関係性を具体的に考えるアナロジーとしてより適切だと考えられるのである．

21）これは，誰が（どんな専門分野や部署，あるいはどのような立場の人が）評価するかも大きく影響する．

1.3.2　本書各章の構成

では，ハイブリッドをどのような視点からみていけばよいのだろうか．本書では，ハイブリッドがつくられ変化していくプロセスとして，図1.2に示されるような単純なプロセスを想定して議論を進めていく．そして，森林へのまなざしを，ハイブリッドが生成し崩壊する重要な要因の1つとしてとらえるのである．若干カント的で図式的に過ぎるきらいはあるが，森林が近代につくられるプロセスは，便宜上いったんはこの図のような流れで理解するのがわかりやすいだろう．また，このような単純なプロセスとして示すことによって，本書をあたかも「レシピ本」のような感覚で読み進めることが可能になる．実際には，これらの要素は単線的に推移するのではなく，行ったり来たり，あるいは同時並行しながら複雑に絡み合っている．また，自然のプロセスと人間の構成は，それぞれ独立に生じるというよりも，むしろ重なり合い相互依存的であるはずである（白の矢印）し，ハイブリッドの変化に影響を与えるのはまなざしだけではないことは明白である．うまく図が描けないので，とりあえず，ここでは単純に矢印の順に従って説明していこう．

第1に，私たちが「森林」と呼んでいるようなかたちの自然が実在するという前提から始める．そして，その自然はそれ自体が変遷しており，それは自

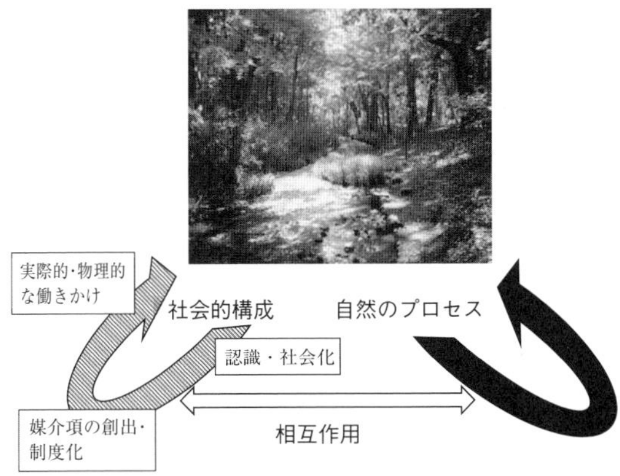

図1.2　森林のつくられかた：本書の枠組み
筆者作成.

然科学や森林科学が明らかにしているような（あるいは未知の）法則に則っている可能性が高い．これは，図では黒矢印のプロセスとして描かれている．このプロセスの重要性については改めて言うまでもないだろう．本シリーズの他巻を含め，多くの森林科学系の出版物がすでに分析している（ただし，科学者によるこれらの分析自体は斜線の矢印の側に該当する）．よって本書では，斜線の矢印が示す人間社会の側のプロセスに主な焦点を絞るため，このプロセスについては直接紙面を割いて言及はしない．なお，白矢印で示される，自然と人間社会のプロセスの両者が織りなす相互作用は，各章における記述では必ずしも明示的ではないが，本書で示すプロセスのすべてで大なり小なり関わってくることを補足しておきたい．相互作用の重要性については，終章である第９章において改めて論じている．

第２に，この実在する自然は人間によって文化的に認識され，認識がある社会集団によって共有され（社会化），「森林」あるいはそうでない何かとして分類される．本章に続く第２章では，近代化のなかでのこの認識と社会化のプロセスを具体的に説明し，現実の森林にどのように影響を与えうるかを論じる．また，第３章では，近代化以前の日本の山村を扱い，我々の生きている近現代のやり方とは異なる認識・社会化や森林との関係について論じる．コラム１では，その続きとして，カチンやカンボジアの文化における森とのつながりとその変化を紹介する．

第３は，認識され社会化された「森林」と人間社会との関係の制度化である．上述のようにつくられ共有された認識に基づいて，人間は森林と人間の関係を仲介するもろもろの概念装置を創出し，それらを方向付ける理念や方針・具体的な策を導き出す（制度化）．このような媒介項には近代・非近代を問わずさまざまなものがあるが，本書では，このうち近代に特徴的だと考えられる２つの制度について論じる．第４章では，森林を領域で分割し配分する（土地森林分配）というプロセスについて扱う．第５章では，森林への科学技術の導入とその影響を，科学的林業や森林管理という概念をキーワードとして論じる．

そして第４に，以上のような文化的・社会的・制度的基盤のもとに，私たちは森林に対して実際に物理的に働きかける．ここで人間によって改変された森林は，自然のプロセスによってさらなる変遷を遂げてゆき，他の自然環境にも影響を与えることになる．もちろん，このプロセスも多岐にわたっており，すべてを網羅するのは難しい．本書では，経済開発，環境保全といった意図的で一般的な働きかけ（第6〜8章）に，放射能汚染という想定外で特殊な働きかけ（コラム2）を混ぜて配置している．これらの章では，さまざまな働きかけが，ハイブリッドとそれを支える基盤を維持し，改変し，そして崩壊させるプロセスが論じられている．

まず，第6章では，森林がさまざまな開発圧力にさらされるプロセスを，マレーシア・サバ州を事例に論じ，森林開発のなかで変わりゆくものと変わらないものについて考える．そして第7章では，森林を自然環境として保全するという働きかけがもたらす変化について，私たちのまなざしの変化やグローバル環境主義の台頭との関連から論じる．さらに第8章では，最近脚光を浴びている森林保全と経済・金融との関係を，第7章に引き続くグローバルな問題意識と「自然資本」という概念が実体化するプロセスから論じる．最後にコラム2では，福島第一原子力発電所の事故以降，現地の森林という「場」がどのように変わったのかを，放射性物質との関わりから論じる．

本書で用いる枠組みは以上のとおりである．最後に，第9章において以上の議論を総括し，このようなプロセスで何が考慮され，何が零れ落ちていったのかを，時間的・空間的・構造的な視点から考察する．本書を読むことで，未来に向けた森林の見取り図がどうあるべきか，森林と人間の関係をどのように（再）構築していけばよいのか，着想する一助になれば幸いである．

引用文献

ボーヴォワール，S. de（2001）第二の性　1事実と神話（『第二の性』を原文で読み直す会 訳），pp. 557，新潮社．

Castree, N. & Braun, B. eds.（2001）*Social Nature: Theory, Practice, and Politics*, pp. 249, Blackwell Publishing.

千葉将希（2016）生物種の実在論は単なる心理的本質主義の産物か．哲学・科学史論叢，**18**，59–85．

Crutzen, P. J.（2002）Geology of Mankind. *Nature*, **415**, 23.

デカルト，R.（2010）方法序説（山田弘明 訳），pp. 284, ちくま学芸文庫．

ガブリエル，M.（2018）世界はなぜ存在しないのか（清水一浩 訳），pp. 344，講談社．

Gelman, S.（2003）*The Essential Child: Origins of Essentialism in Everyday Thought*, pp. 392, Oxford

University Press.
ガーゲン，K. J.（2004）あなたへの社会構成主義（東村知子 訳），pp. 367，ナカニシヤ出版.
ギブソン，J. J.（1985）生態学的視覚論　人の知覚世界を探る（古崎 敬・古崎愛子・辻敬一郎・村瀬旻共 訳），pp. 360，サイエンス社.
ハッキング，I.（2006）何が社会的に構成されるのか（出口康夫・久米 暁 訳），pp. 346，岩波書店.
ハラウェイ，D.（2000）猿と女とサイボーグ　自然の再発明（高橋さきの 訳），pp. 558，青土社.
Ishikawa, N. & Soda, R. eds.（2020）*Anthropogenic Tropical Forests: Human-Nature Interfaces on the Plantation Frontier*, pp. 682, Springer.
イェンセン，C. B.（2017）地球を考える「人新世」における新しい学問分野の連携に向けて（藤田周 訳）. 現代思想（特集 人新世――地質年代が示す人類と地球の未来），**45**，46–57.
川村久美子（2019）訳者解題　架空の物質性の上に築かれた文明. 地球に降り立つ――新気候体制を生き抜くための政治（ラトゥール，B. 著　川村久美子 訳），pp. 180–238，新評論.
コーン，E.（2016）森は考える　人間的なるものを越えた人類学（奥野克巳・近藤 宏 監訳，近藤祉秋・二文字屋脩 共訳），pp. 492，亜紀書房.
ラトゥール，B.（2008）虚構の「近代」　科学人類学は警告する（川村久美子 訳），pp. 324，新評論.
ロット，B.（2017）脳は「ものの見方」で進化する（桜田直美 訳），pp. 411，サンマーク出版.
マルム，A.・ホアンボー，A.（2017）人類の地質学？　人新世ナラティブ批判（西 亮太 訳）. 現代思想（特集 人新世――地質年代が示す人類と地球の未来），**45**，142–151.
桝矢佳一（2012）認識能力の働き. カントを学ぶ人のために（有福孝岳・牧野英二 編），pp. 43–59，世界思想社.
松村圭一郎（2017）うしろめたさの人類学，pp. 189，ミシマ社.
奥野克己（2017）明るい人新世，暗い人新世――マルチスピーシーズ民族誌から眺める. 現代思想（特集 人新世――地質年代が示す人類と地球の未来），**45**，76–87.
斉藤修（2014）環境の経済史　森林・市場・国家，pp. 191，岩波書店.
斎藤幸平（2017）人新世のマルクス主義と環境危機. 現代思想（特集 人新世――地質年代が示す人類と地球の未来），**45**，132–141.
佐々木正人（2015）新版　アフォーダンス，pp. 133，岩波書店.
篠原雅武（2018）人新世の哲学――思弁的実在論以後の「人間の条件」，pp. 253，人文書院.
須田桃子（2018）合成生物学の衝撃，pp. 233，文芸春秋.
杉原 薫・川井秀一 ほか（2010）地球圏・生命圏・人間圏　持続的な生存基盤を求めて，pp. 427，京都大学学術出版会.
竹田青嗣（2010）完全解読　カント『純粋理性批判』（講談社選書メチエ），pp. 422，講談社.
チン，A.（2019）マツタケ――不確定な時代を生きる術（赤嶺 淳 訳），pp. 448，みすず書房.
米山美沙紀・武田俊輔（2019）大学における性的マイノリティ LGBTIX の権利保障. 人間文化，**47**，37–54.

第2章 森を認識する
森林とは何か？

生方史数

はじめに

唐突だが，まずは図2.1（あるいは口絵1）に掲載した6枚の写真をじっくりご覧いただきたい．読者のみなさんは，森を写したものはどれだとお考えであろうか．写真の撮影者（筆者）の腕が悪いせいで，必ずしも出題意図通りに写っていないことは，このクイズに答えるうえでの重大な欠陥ではあるのだが，とりあえずこの点には目をつむり，それぞれの写真に写っている風景が森だと思うか否かを考えてみていただきたい．

ひととおり判定がすんだら，今度はご自分の判定をもとに，森林とは何かを定義してみていただきたい．森林の法的・科学的な定義をよくご存じの方も，いったんはその知識を棚に上げたうえで，まっさらな頭で考えていただければ，これから筆者が言わんとすることがわかっていただけるだろう．

とても単純な質問だが，意外と頭を悩ませる読者も多いのではないだろうか．そう感じた方は，その理由が何なのかを改めて考えてみていただきたい．もちろん，筆者の性格の悪さと写真の稚拙さが，クイズを難しくするのに一役買ってはいる．ただ，理由はそれだけではない．自然を認識し，分類する人間側の事情がそこには横たわっている．そして，そのような事情が，森林の存立そのものにも大きな影響を与えているのである．

本章では，森林とは何か？という問いを掘り下げることで，森林に関する認識がどのように社会的なカテゴリーや実体を構成していくのかを概説するとと

図2.1　森林はどれでしょう？
筆者撮影．→口絵1

もに，それらに内在する「ゆらぎ」や「ずれ」がもたらす矛盾を述べ，対象を切り取るフィルターとしての認識や定義の機能について考えていきたい．

2.1　森林とは何か？

2.1.1　写真はどこで撮られたか

せっかく冒頭でクイズを出題したのだから，その回答を提供したいのはやまやまであるが，残念ながらそれは本章のだいぶ後のほうになってしまう．それまで少々まどろっこしい説明が続くことをご容赦いただきたい．答えに迫るには，まずは写真がどこで撮影されたのかを説明する必要があり，次に答えを導き出すための道しるべを提供する必要があるからである．

まず，写真①は京都の下鴨神社の境内にある「糺の森（ただすのもり）」で撮影したものである．この森は，京都の戦乱や神社の盛衰に関連する幾多の変遷を経つつも，地域の原風景を概ね残しているといわれる貴重な社寺林であり，境内全域が世界遺産にも指定されている．筆者はかつて，京都で学生をしていた頃この神社の近くに住んでいたことがあり，個人的にはとても思い出深い散歩道である．新緑の季節には，よくこの森を歩き，目に青葉を焼き付けて下宿に帰ったものである．おそらく，ほとんどの読者は，この風景を森林と呼ぶことに違和感はないであろう．私たち日本人がイメージする典型的な森の風景である．

次の写真もなじみのある風景である．写真②は，岡山県のある村で撮影した，樹齢 100 年以上の立派な杉林である．ただ，自然の森そのものといった風情の写真①とは異なり，その木々は直線的で人工的な美しさをたたえている．ご存知のように，これらの杉は人間の手によって植えられたもので，この風景は人の手によってつくられ維持されてきた人工的なものである．しかし，「人工林」という言葉があるように，多くの方にとってはこれもなじみのある森の風景といってよいだろう．私たちは，このような風景を見るにつけ，美しい森をはぐくんできた先人の苦労を偲ばずにはいられない．

では，写真③や写真④はいかがであろうか．これまでとはうって変わって，「はて？」と首をかしげる方も多いであろう．「これは森か？」という問いに，そうだと即答できる読者はおそらく写真②よりも少ないのではないだろうか．

写真③は，インドネシア・スマトラ島にあるアカシア・プランテーションを写したものである．恐怖に膝を震わせながら，高さ 20 m ほどある防火用の見張り塔によじ登って撮影したので，これまでの写真とは異なり鳥瞰した構図になっている．また，写真④はマレーシア・サラワク州で撮影したアブラヤシのプランテーションである．丘の上にあるプランテーション企業の施設のテラスから撮影したもので，これも見渡す限りアブラヤシというヤシの１種で覆われているのがわかる．

現地では，アカシア（正確にはアカシア・マンギウムというアカシア属の１種）は紙パルプの原料として，アブラヤシは食用油をはじめ，洗剤や化粧品などに用いられるパーム油やパーム核油の原料として，企業によって大規模に植えられている．特に写真③のプランテーションは，ほぼ秋田県の面積に匹敵するという途方もない大きさである．地平線の彼方までアカシアやアブラヤシ１種で覆いつくされているその風景は，日本人がイメージする森とは全くスケールの異なるものだといってよい．さらにいえば，現地の人々もこの単調な風景を森だと思っていない人が多い．しかし，人の手によって植えられた単一樹種の集まりという点においては，写真②と何ら変わりはない．写真②が森林だとすれば，これらが森林でない理由は何であろうか？

一方，写真③と同じインドネシアのスマトラ島で撮影した写真⑤は，写真①と同様に森の風景としてみなす読者も多いだろう．もちろん，これは森の中で撮影したものである．しかし，じつはこれは，ジャングル・ラバーと呼ばれる天然ゴムの栽培地でもある．この地域に住む人々は，多種多様な樹木から構成される森の中にゴムの木を植え，その樹液を収穫し販売している．そういう意味では，この風景は農地や樹園地と似たような側面を持っている．さらにいえば，ゴムはアブラヤシと並んで主要なプランテーション作物の１つであるため，このような土地利用は農業利用として位置付けることも可能なのだ．

最後に，写真⑥について考えてみよう．もちろん，誰がどう見てもこれは森ではない．むしろ，はげ山に近い風景である．タイのとある地域を偶然通りかかったところを撮影したため詳しいことはわからないが，おそらくここにはかつて森が存在していた．それがキャッサバなどの畑作物の普及によって農地に転換された後，放棄されてできた風景だと考えられる．ちなみに，このような風景の多くは，タイではかつて国家が所有する国有保存林であった[1)]．現在は，このような土地は農地改革地域として土地のない農民やこの場所を開拓した人々に分配されている場合もあるが，なかには依然として森林としての植生回復が期待されている場所も存在する．いささかこじつけに聞こえるかもしれないが，そのような状況からいえば，この風景は，さしずめ「木のない森林」とでも呼べるかもしれない．

2.1.2 「森」と「森林」のあいだ

ここまで説明してきて，おそらく読者の多くはさらに混乱したのではないだろうか．「では一体，どれが森林なのか．森林とは何なのか」と．じつは，1つのヒントは筆者が写真に対して与える説明のなかにある．注意深い読者は，本章の説明で筆者が「森」と「森林」という言葉を（少々強引に）使い分けていること，そして，「森林」という言葉に複数の意味を与えていることに気づいたかもしれない．ここでの「森」は，私たち個々人が認識するイメージを表している．よって，私たちがその植生を「森」として認識すれば，それは森の風景となる．写真①や②，さらには写真⑤の風景は，多くの日本人にとって森のイメージを喚起するものであり，そのイメージは私たちの自然との関わりから生じる文化的なフレームのなかで緩やかに共有されている．

一方で，写真③のような風景を森と呼ぶことに対しては，抵抗を感じる日本人も多いだろう．もちろん，このことは，これは森だという認識を否定するものではない．感じ方は人それぞれであり，人々の価値判断，すなわち文化や慣習の中にあるのである．また，写真⑥のような風景を森と呼ぶ人は，ひねくれ者の誹りを免れないだろう．このような風景を森と呼ぶことは，私たちの文化の中に共有されていないからである．しかし，ケニアやタンザニアなどの熱帯サバンナ地域から来た人なら，もう少し木々の植生があれば，もしかしたらこのような「疎林」を森と呼ぶかもしれない．

逆に，外国人のなかには写真②のような風景を森とは呼ばない人もいるだろ

1）国有保存林（national forest reserve：pa saguan hengchat）とは，タイの森林制度の1つで，いわゆる保存林（保留林ともいう）の1種である．保存林は，植生や国土の保全を図りながら，木材生産を永続的に維持していくために指定された森林のことを指す（生方，2012：341）．

う．実際に，筆者は大学院の講義でアジアやヨーロッパから来た留学生に同じ問いを投げかけてみたことがあるのだが，インドネシアから来たある留学生は，単一の樹種しか生えていないという理由で写真②を森とみなしていなかった．彼らにとって森とは，ちょうど熱帯のジャングルがそうであるように，さまざまな種類の樹木が鬱蒼と茂っている場所を指すのであろう．なお，②のような風景（もっと樹齢が若い状態を想像されたい）で，下草刈りや間伐などの手入れが行き届かなくなった場合，私たち日本人は一般的に「森が荒れる」と表現する．しかし，上の留学生たちからみたら，そのような自然植生の繁茂を「森が荒れる」と表現することに対して違和感をもつかもしれない．実際に，日本の里山（マツタケ山）再生について調査した米国人の文化人類学者は，以下のような回想を残している（チン，2019：227）．

> 県の林業試験場による森林修復事業の現場を加藤さんが案内してくれたとき，わたしは衝撃を受けた．原生自然《ウイルダネス》の感性を教えこまれてきたアメリカ人としては，森林はみずから回復していくのが一番だと考えていたからだ．しかし，加藤さんは異なる見解をもっていた．日本でマツタケを再生するのであれば，マツが不可欠である．マツを再生させるのであれば，人間による撹乱が必要だ，というのである．（中略）
>
> 日本の森林管理者に出会ってからというもの，それまで抱いていた森林を撹乱することについての考えは一変してしまった．森を活性化させるために，計画的に撹乱するというのだから，驚き以外のなにものでもなかった．

以上のように，何を森と呼ぶか，植生状態をどのように評価するかはその人の持つ文化的なイメージによるところが大きく，個々人の認識や考え方によって大きく異なる可能性があることは，頭に入れておく必要がある．

では，今度は「森林」という言葉について考えてみよう．筆者が説明のなかで，できるだけイメージとしての意味を除き，この言葉に首尾一貫した合理的な基準を持たせようとしているのがおわかりだろうか．つまり，ここでの「森林」は，人間の抱くイメージを離れ，何らかの合理的基準から導き出した分類ということになる．少し単純化すれば，冒頭のクイズの１問目は主にイメージとしての視点から，２問目はこの合理的な基準からの問いということになる．

ただ，なかには合理的な基準を1問目から適用しようとした読者もおられるだろうし，全く逆の方もおられるだろう．両者を比べた場合，おそらく前者の読者のほうがこのクイズを難しいと感じたのではないだろうか．例えば，ある人が，森林とは「ある程度の高さを持つ樹木がある程度の広がりを持って茂っている場所のことである」という基準を見出したとする．しかし，この基準では，写真③のような場所は森林に含まれるということになるため，その人の持つ森のイメージと乖離が生じてしまうかもしれない．そこで，上記の基準に「多種多様な樹種から構成されていること」という基準を追加したとする．すると，今度は写真②が森林の対象から外れてしまい，これまたその人の持つ森のイメージから遠ざかってしまう，という具合である．

じつは，この問いで個人として首尾一貫した答えを導き出すのは，合理性よりも感覚的なイメージに立脚するほうが簡単である．なぜならその場合，森イコール森林であり，「私がそれを森と感じれば，それは森林である」のだから[2)]．あるいは，合理性を重視する人なら，自分が抱くイメージに蓋をして，この例の最初に述べた「ある程度の高さを持つ樹木が…」という1つの基準を強引に当てはめることで矛盾を解消しようとするかもしれない．ただ，後者の場合，論理的な矛盾はなくなったとしても，何となく納得いかない感覚になる人が多いのではないだろうか．じつは，このやり方が，単なる個人の回答をこえて国家や社会を担うエリートを中心にシェアされるようになると，近代的なものの見方が社会に確立する．ただしこの見方は，後述するように，科学や法律によって文化を抑圧することにつながりかねないという危うい側面をもっている．

では，なぜ合理的な説明がなかなか成功しないのだろうか．その1つ目の理由は，今説明したように，私たちが持っている森の文化的イメージと合理的に導き出した「森林」の分類がなかなか一致しないからである．そして2つ目は，上の説明で用いた合理性の基準が必ずしも1つではないからである．1点目についてはすでにある程度説明したので，以下では日本と世界における森林の定義を例として，合理的な基準が1つではないこととその理由を詳しく

2)　ただし，個人間のイメージは，文化によってゆるやかに共有されることはあるものの，完全には一致しない．

論じていきたい.

2.2　森林の定義にみる 2 つの基準

2.2.1　日本の森林法における定義

日本における森林の定義のうち最も根本的かつ重要なものは，森林法における定義であろう．その第二条では，表 2.1 のような法的な定義がなされている．

ここでまず注目しておきたいのは，森林が「土地及びその土地の上にある立木竹」として定義されている点である．すなわち，森林は土地とその上にある植生という 2 つの要素から構成されている．一見当たり前の定義のように思えるが，クイズの 2 問目でみなさんがどんな答えを考えたかを思い出していただきたい．おそらく多くの方は，森林の植生としての要素にばかり気を取られ，土地という発想は頭になかったのではないだろうか．なお，この定義では植生の質に関する記述はなく，「木竹の集団的な生育に供される土地」という語句が見られることから，単一樹種の植林地は森林とみなされる．つまり，写真②の杉林は，この定義に従えば森林だということになり，これは私たち日本人の多くが持つ日本の森のイメージとも合致する．

じつは，写真の撮影場所を明かした際の筆者の説明を注意深く読めば，植生としての基準と土地としての基準とでもいうべき 2 つの基準が使われていることがわかるだろう．後者が適用されているのは，写真⑥における「木のない森林」という説明である．ここでは森林とは，誰かにとって森林であることが期待されている土地のことであり，いわゆる林地（あるいは林野）のことを指している．したがって，この基準には，現状がどのような植生であるかという状態としての要素だけでなく，その土地においてどのような植生が望ましいかという規範的な要素を含んでいることになる．

さらに，このことは，森林であることを望ましいと考えるのは誰か，というように，人間にも焦点が当たることをも意味する．その「誰か」としてもっとも典型的なのは，その土地の所有者と政府であろう．農地あるいは宅地として

表2.1 日本の森林法における森林の定義

第一章 総則 **第二条** この法律において「森林」とは，左に掲げるものをいう．但し，主として農地又は住宅地若しくはこれに準ずる土地として使用される土地及びこれらの上にある立木竹を除く． 一 木竹が集団して生育している土地及びその土地の上にある立木竹 二 前号の土地の外，木竹の集団的な生育に供される土地

土地を公的に分類するのは政府であることから，政府は森林の定義に関して大きな権力を持っているといってよい．また，その土地の所有者は，国家によって定められる法律によってその所有権を守られているため，その意向が土地のありかたに決定的な影響を及ぼすことはいうまでもない．認識が政治的な力関係に影響を与えることはのちに論じるが，とりあえずここで重要なことは，土地を基準として森林を定義する場合，人間の意向や期待がそこに直接入り込んでくるということである．

以上の考察から，森林法の定義にある森林としての基準には，少なくとも植生と土地という2つの基準が並び立っていることがわかる．そして，この2つの基準は必ずしも一致するわけではない．特に土地を基準とする場合には，森林をできるだけ状態として見ようとする植生の基準とは異なり，人間のその土地に対する期待が直接定義に入り込んできてしまうのである．これは，森林が単なる自然や植生の区分をこえたハイブリッドであることの，定義上の証拠であるといえよう．

2.2.2 定義のグローバル化と2つの基準

上に挙げた森林法による定義は，現在も日本において法的に有効なものである．ただ，近年グローバルな気候変動が問題化し，森林は重要な炭素ストックとしてみなされるようになってきた．森林に蓄積されている炭素量を推定する必要から，定義を具体化・数値化し，世界中どこでも適用可能なグローバル基準を策定する動きがおこってきたのである．その結果が表2.2と表2.3である．

表2.2は，1997年に京都で開催された気候変動枠組条約第3回締約国会議（COP3）において合意された「京都議定書（Kyoto Protocol）」を受けて定め

表 2.2　京都議定書による日本の森林の定義

最小面積：	0.3 ha
最小樹冠被覆率：	30%
最低樹高：	5 m
最小の森林幅：	20 m

表 2.3　マラケシュ合意による世界の森林の定義

「森林」とは，その場での成熟時に最低 2〜5 メートルの樹高に達する可能性のある樹木種で 10〜30% 以上の樹冠率（または同等の群体レベル）を有する最低面積 0.05〜1.0 ヘクタールの土地である．森林は，様々な高さの樹木と下生えが地面の大きな割合を覆っている閉鎖林（closed forest）形式と疎林（open forest）とのいずれかで構成される可能性がある．樹冠率 10〜30% にまだ達していない，または樹高 2〜5 メートルに達していない若い自然の立ち木や全ての林地も，森林の定義に含まれ，また通常は森林地の一部を形成するが，伐採のような人間の干渉あるいは自然原因の結果，一時的に木のない状態（unstocked）となっていても森林に戻ることが期待されている地域も，同様である．

出典：FoE ジャパンホームページ（http://www.foejapan.org/forest/sink/lulucf.html）から抜粋（2020 年 1 月 23 日閲覧）

られた日本の森林の定義である．この定義においては，既存の森林法における定義を補完するものとして，具体的な指標の数値が植生的な見地から明記されている．また，表 2.3 は，2001 年の気候変動枠組条約第 7 回締約国会議（COP7）において合意された「マラケシュ合意（Marrakesh Accord)」における世界の森林の定義を抜粋している．この文面は，世界各国に存在する森林の法的な定義を包括し，具体的に関連指標を数値化したものとなっている．

ここで興味深いのは，表 2.3 の定義においても，植生としての基準と土地としての基準という 2 つの基準が踏襲されていることである．つまり，世界標準の定義においても，この点に関しては日本の森林法における定義と変わらないことになる．このうち後者の土地としての基準に関しては，「森林に戻ることが期待されている地域」という踏み込んだ記述がなされている．つまり，先にふれた人間の意向や期待がそこに直接入り込んでくるという点が，明確に意識されている．したがって，焼畑の休閑地や伐採跡地，写真⑥のような荒廃林といった土地利用の多くは，そこが森林に戻ることが期待されている限り，森林だということになる．

一方，前者の植生としての基準に関しては，記載が数値化されているのが特徴的である．ただし，表2.2と比べると記載されている数値にはかなりの幅がある．これは，国や地域によって異なるさまざまな定義を包括するための措置であり，文面に日本や東南アジアにあるような閉鎖林と，アフリカのサバンナにあるような疎林が含まれると記載されていることにも対応している．もちろん，表2.2に示されている日本の森林の数値は，表2.3で示した森林の定義の範囲に含まれている．

また，森林を構成する樹木に関しては，「成熟時に最低2〜5 mの樹高に達する可能性のある樹木種」と記載されている．よって，写真③のアカシア・プランテーションのような植林された植生は，定義上森林としてみなされうる．ただし，写真④のようなアブラヤシのプランテーションが森林かといわれると，これはグレーゾーンとでもいうべき難しさをもっている．まず，ヤシは木本であり，アブラヤシはもちろん成熟時に2〜5 m以上の樹高に達するため，上の植生の定義には一応適っている．ただ，アブラヤシはゴムの木と同様にプランテーション作物の1種であり，通常その管轄は，森林関連の役所ではなく農業省かそれに関連する役所であることがほとんどである．また，一般にこれらが植えられる場所は土地という基準からみると農地であり，森林ではない．その結果，多くの国では統計上ゴムやアブラヤシが森林として扱われることはなく，これらの植栽面積は森林面積からは除外されてきた．ただ一方で，カンボジアなどのように，ゴムやアブラヤシのプランテーションが森林としてみなされるような国も存在する（Royal Government of Cambodia, 2010）．このようなグレーゾーンが存在することから，合理的に導出したと思われる法的な定義においても，その基準は必ずしも統一されたものではなく，そこには「ゆらぎ」が存在することがわかるだろう．

さて，これでクイズの回答を紹介する準備は整った．これまでのいささか冗長な考察から，私たちは何が森あるいは森林であるかに関して，少なくとも2つの合理的な基準を含む3つの考え方が存在し，それが日本国内においても世界全体においても適用可能であることを確認した．また，これら複数の考え方が必ずしも現実を明確に切り取っているわけでもなく，そこには「ゆらぎ」や「ずれ」が存在することも確認できた．以下ではクイズの回答を提示するとともに，これらが現実の場で森林およびその管理をめぐる混乱した実態をどのようにつくりだしているのかをみてみよう．

2.3　認識の実体化と矛盾

2.3.1　定義における「ゆらぎ」と「ずれ」

表2.4は，本章冒頭の図2.1で示した6枚の写真に関する説明を，上に述べた3つの考え方から整理したものである．森または森林として適合するものを○，しないものを×，両義的なものを△として表している．

まず，表を一見して確認できることは，3つの考え方が必ずしも一致していないことである．そもそも，△のような両義的であいまいな状況を排除できていないということだけでも，分類が完全には成功していないことを意味するのではあるが，そこに目をつむったとしても，合理的な基準における「ゆらぎ」や住民認識との「ずれ」が存在することは明白である．例えば，3つが○で一致しているものは，日本の写真である写真①と写真②だけであり，△を適合としてみなしても写真①，②および⑤の3つだけである．

同様に，合理的な基準から見た時の不一致も見過ごせない．植生と土地の両基準が○で一致しているものは，写真①，写真②および写真③の3種類であり，△を適合とみなしても写真①，②，③および⑤の4つとなっている．写真⑥における不一致は，その植生の状態を見れば衝撃的ですらあるだろう．この風景が森林であるというのは，その場所がどういう植生であるべきかを反映する土地の基準ならではの分類である．

これでようやく冒頭のクイズへの回答が明らかになった．つまるところ，冒頭の1番目の問いへの答えは，これらの組み合わせのいずれか，すなわち（写真①，写真②），（写真①，②，③），（写真①，②，⑤）および（写真①，②，③，⑤）の4通りということになる．この4つすべてを回答に含める人は，少ないだろう．フォーマルで科学的かつ法的な定義を優先する人であれば，（写真①，②，③）あるいは（写真①，②，③，⑤）という答えになるだろうし，私たちの文化的イメージを強く意識する人であれば，（写真①，写真②）あるいは（写真①，②，⑤）という答えになるであろうから．さて，みなさん

表 2.4　森／森林の定義における「ゆらぎ」と「ずれ」

写真	撮影した風景と場所	現地住民の認識	森林としての合理的基準	
			植生	土地
写真①	社寺林（日本）	森である○	自然植生○	私有地○
写真②	杉の人工林（日本）	森である○	単一樹種の造林○	私有地○
写真③	アカシア・プランテーション（インドネシア）	森ではない×	単一樹種の造林○	国が管理する森林領域で，企業に貸与○
写真④	アブラヤシ・プランテーション（マレーシア）	森ではない×	農作物の植栽×	国有地だが，農園として企業に貸与×
写真⑤	ジャングル・ラバー（インドネシア）	森であり，住民の使用する農地でもある△	自然植生中に農作物が点在△	国が管理する森林領域だが，住民が利用○
写真⑥	耕作放棄地（タイ）	森ではない×	植生が乏しい×	国有保存林*○

注）写真⑥は農地改革地とよばれる地域を写している可能性もあるが，ここでは議論を単純化するため国有保存林の領域にあると仮定する．筆者作成．

の回答はどうであっただろうか．そして，この回答に対して何を考えるだろうか．おそらく，かなりややこしい回答だと思った読者が大半であろう．ではなぜ，このようなややこしいことを考えなければならないのだろうか．

この問いに答えるために，住民の認識，植生としての基準および土地としての基準という3つの考え方をやや単純化し，それぞれ住民，科学者および（森林）行政官からみた定義として読み替えてみよう．かなりの単純化だが，科学者が植生の基準にこだわりがちであること，行政官にとっては管轄単位である土地利用の分類が重要視されることを鑑みれば，あながち間違ってもいないと思われる．このように読み替えてみると，3つの異なる認識・考え方に政治的な力関係が存在することがわかってくる．

2.3.2 「ゆらぎ」と「ずれ」の実体化

住民，科学者，行政官のうち，何が森林かを決めるうえで最も影響力があるのは誰だろうか．ご承知の通り，一般的に言って最も強い影響力を持つのは，実際に法律に依拠して政策を実施する行政官である．逆に，最も影響力が弱いと予想できるのは，現場に生きる地域住民であろう．

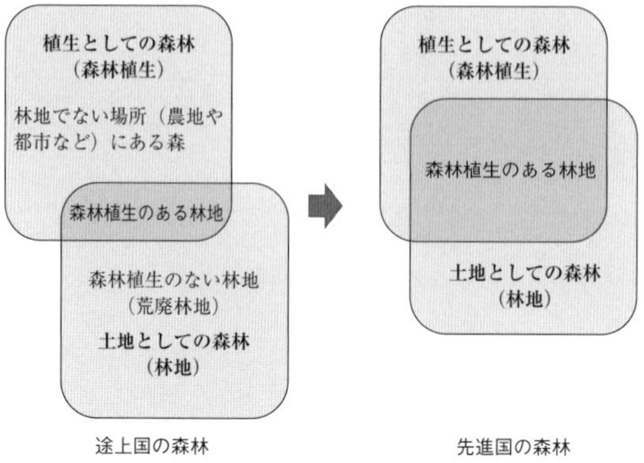

図 2.2　森林を定義する基準の重なり
筆者作成（以下，本章内で特に出典の表記がないものは筆者作成による）.

もちろん，住民，科学者，行政官の 3 者は互いに影響を及ぼしあっているので，どれか 1 者の影響力が強いといっても他の 2 者の影響が全く排除されるというわけではない．また，住民や科学者のなかにもさまざまな考え方があるし，行政官のなかでも森林官と他省庁の役人では考え方は異なっているだろう．しかし，ある特定の集団の考え方がある程度似通った傾向を示し（あるいは「組織の論理」に回収され），それが現実の世界に色濃く反映され，他の 2 者を含むそれ以外の人々の意向が相対的に見過ごされてしまうことは十分にありうることである．

もし表 2.4 において行政官の考え方が完全にまかり通ったとすると，どんなことが起こるだろうか．まず，行政が主に立脚する土地としての基準からいえば，森林でないのは写真④のアブラヤシ・プランテーションだけであり，その他の 5 つはすべて森林としてみなされる．行政官が持つこのような認識は，法的な基準として現実世界に適用されるようになるだろう．

この基準は，現代の日本においては特に大きな問題を生み出さないと思われる．なぜなら，写真①と②では 3 者間に認識のずれは存在しないからである．あるとすれば，森林を所有・管理するのは誰かという点であるが，これは第 4 章で詳しく論じるため本章では扱わない．一般的にいって，日本のような先進国においては，図 2.2 の右側のように「植生」と「土地」の両基準は重なりが大きく，加えて住民の認識にも大きな矛盾が存在しにくい[3]．一方で，インドネシア（写真③，⑤）およびタイ（写真⑥）においては，大きな問題をはらむことが予想できる．以下ではそれぞれの写真に関連すると思われる3つの例を挙げよう．

2.3.3　実体化とその矛盾：3つの例

まず，住民の認識が合理的基準とはかけ離れている場合に何が起こるかを考えてみよう．第1の例は，森とも農地ともいえるような両義的な土地利用である．例えば写真⑤では，住民の土地利用は農地とも森林とも呼べるような両義的なものである．しかし，森林行政官の分類にはこのようなあいまいな区分は存在しない．森林か，そうでなければ農地かのどちらかである．近代的な土地利用分類においては，このような利用は外部からみえにくいため，徴税を含むさまざまな近代的な統治の網にかかりにくい．それゆえ，土地を区分するという大事業が行われることになってゆく．そして，いったん森林として分類されてしまうと，住民のその土地に対する法的・慣習的な権利は制限されてしまうので，生産活動を制限され，極端な場合はその土地から追い出されてしまうこともある．そして，このようにして追い出された住民の多くは，他に生計手段を持たないため，さらに奥深くの森林に入っていくことになる．写真の場所も，現在のところ住民はひどい目には遭っていないものの，潜在的にはそのようなリスクを抱えている地域である．

このような例は，決して例外ではない．焼畑など，かつては森林地域に住む住民の生業の多くが，このような農地とも森林とも言い難い両義的な土地利用を行っていた．東（2010）は，ラオスの土地森林分配事業（本書第4章も参照のこと）における焼畑抑制の方針が，このような住民の昔ながらの土地利用を強引に制限してしまうことの社会的・生態的影響を述べている．行政官が焼畑のような「あいまいな活動」を排除しようとした結果，住民が森を使いながら守るという選択肢は消え去り，行政による画一的ではあるが徹底されていない森林管理か，行政の支配の外にある住民による森林破壊という二元論的な世

3）　歴史をたどれば，先進国においてもこのような矛盾は広く存在していたし，現在においても全く消滅してしまったわけではない．日本の事例でこの点に関しての比較的最近の論考として，岩本（2012）を挙げておく．

界をつくりだすことになってしまうのである[4]．

第 2 の例として，住民認識と合理的基準のギャップのみならず，森林の基準そのものにも乖離がある場合を考えてみよう．写真⑥のような「木のない森林」がそのような例にあたる．この場所が国有保存林に指定されている場合，森林としての法律が適用されてしまうため，植生がないにもかかわらず森林以外の利用ができないことになってしまう．「木のない森林」は政府にとっても大きな問題であるので，政府はこのような土地に森林植生を回復させるべく，後に述べる植林政策を含めたさまざまな政策を繰り出していくことになる．

しかし一方で，このような土地のほとんどは，すでに何らかの形で人の手の入った土地である．写真⑥の例でいえば，すでに開墾された土地である．よって，実態としては，多くの人々が農地などの利用を行っていたり，現在利用されていなくても慣習的な権利を主張していたりすることが多い．そうなると，政府にとってはこれらの人々は法律上国有財産を不法占拠している者だということになる．こうして，国家による森林保全の方針と，「占拠者」による農地などへの利用という実態とが真っ向から対立する事態を生む可能性が生じる．

1980 年代から顕在化したタイでの国有保存林をめぐる土地紛争は，まさにこのような側面を持っていた．タイでは 1960〜70 年代に森林が伐採・開墾され，600 万 ha の森のない国有保存林に 120 万世帯以上の住民が住んでいるという途方もないギャップを生み出してしまった（田坂，1992）．これを解消するため，タイ政府は 1985 年に国家森林計画を策定し，国土の 20% 台にまで減少した森林率を 40% にまで引き上げることを定め，民間部門を活用した積極的な植林事業を展開することをうたった．その後，写真⑥のような「木のない森林」が紙パルプ産業などの民間企業に安い賃料で貸し出され，ユーカリなどの早生樹種（成長の早い樹種）の植林事業が乱立することになった[5]．

政府も民間企業のこのような取り組みを支援する方針を打ち出していく．特に，「木のない森林」で生計を営んでいる「不法占拠者」をどうにかしなけれ

4）このような森林地域の歴史については，Peluso（1992），Guha（2000），市川ほか（2010），生方（2012）をはじめとする数多くの文献が存在する．

5）ユーカリ（*Eucalyptus* spp.）は，フトモモ科ユーカリ属の総称で，コアラの食物として知られる樹木である．木材や紙パルプ材，精油など，産業としての有用性が高く，種によっては 5 年ほどで伐採できるという早生樹種であるため，世界各地で植林されてきた．

ばならなかった．Pye（2005）は，「荒廃林地に住む貧困者のための土地配分プログラム（通称コージョーコー）」と呼ばれる国有保存林の修復事業において，森林局と軍がいかに地域に住む「不法占拠者（とレッテル張りされた人たち）」を暴力的に排除しようとしたか，またそれに対して住民や市民社会がいかにして抵抗を続けたかを記述している．コージョーコーは，貧困者のためと銘打ってはいるが，実際にはそのような人たちを強制移住させる事業であった．そして，このような強引なアプローチに住民たちは強く抵抗し，国内外のマスコミやNGOからの批判が相次いだため，結局事業は頓挫することになった．住民や世論の厳しい批判を前にして，このような強硬なアプローチが土地紛争という高い代償を払うことになることを，政府は身をもって学んだのである．この例からもわかるように，一般的に途上国では，図2.2においてその左側にあるように，植生と土地の両基準の重なりは小さく，その分だけ実態との乖離が大きくなる傾向がみられるといえるだろう．

このような問題が起こってしまう根本的な背景には，政策や事業を支持し創り出していく専門家の森林に対する認識がある．そこで第3の例として，行政官や科学者といった専門家の森林に対する考え方が，一般人の常識（文化的イメージ）とかけ離れている場合を考えてみよう[6)]．写真③は，科学者からも行政官からも森林だとみなされるが，地域住民はこのような土地利用を森だとは認識しない．そして，このような広大な植林地を造成するために，そこを生活の場として利用する地域住民の慣習的な権利が脅かされ，土地紛争化するケースが繰り返されてきたのである[7)]．

これに関連して，一部の専門家が植林地に関してどのような認識を持っているかがうかがえるエピソードを，少し紙面を割いて紹介したい．筆者が大学院生のころ，タイ留学中に大学で開かれたあるセミナーにたまたま出席した時のことである．今となってはセミナーの趣旨を思い出せないのが残念だが，おそらく企業や住民への植林への啓蒙か何かだったと思う．そのセミナーの最中に，ある民間企業からの参加者が，突然「森林プランテーション」という語句を用

6）先に述べた通り，実際には専門家のなかでもさまざまな考え方の相違があることを再確認しておきたい．ここでは，あくまで一例として扱っている．
7）例えばタイでは，Lohmann（1990; 1993; 1996），田坂（1990）などに詳しい．

いることに違和感を表明したのである．この言葉は，タイ語で“suan pa”と呼ばれるのだが，これは直訳すると「森（pa）の園（suan）」という意味になる．彼によれば，森林プランテーションは木（タイ語で“mai”）を生産しているのだから，“suan mai”（木の園）という言葉のほうが適切だと提案したのである．しかし，彼のその発言は，居並ぶ森林の専門家に「“suan pa”は法律にも記載されているれっきとした専門用語だ」と即座に否定され，一顧だにされることなくかき消されてしまった．

たったそれだけの，一見何の変哲もないセミナーでの断片的なやり取りであるが，筆者はとても興味深く感じたのを覚えている．というのも，当時タイでは，前述した人工林の植林推奨政策が大々的に行われていたからである．民間企業に直接土地を貸し植林させる方法が批判を浴びたため，筆者がセミナーに参加した時期には，政府はよりソフトなアプローチとして住民に植林を推奨し，彼らの土地に木を植えることに補助金を交付する政策をとっていた．そして，折からの農業不況に補助金の大盤振る舞いが相まって，一部地域の住民は，チークやプラドゥーといった在来樹種や，ユーカリなどの早生樹種を，当時価格が低迷していたキャッサバなどの畑作物の代わりに農地に植えるようになっていたのである[8]．

ここで住民がチークやユーカリに期待するのは，いうまでもなく「農作物」としての収益であり，彼らはこれを森だとは思っていない．しかし，これを推奨する政府や専門家の側にとっては，これはあくまで森林政策の一環である．彼らの一番の関心事は，いかにして森林を回復させるかという政策目標であり，生産物から得られる収益などは，いわば目標を達成させるための二次的な要素でしかない．以下は，あるタイの林業の専門家が植林政策に関連して述べている意見を抜粋した文章であるが，当時の専門家の考え方がいかに能天気なものであったかがわかっていただけるだろう（Munsan，1993：97，カッコ内は補足）．

8）　チーク（*Tectona grandis*）は，高級家具材として有名な在来樹種である．かつては木造船の材料としても重宝され，植民地期に宗主国の企業によってインドや東南アジアで大量に伐採された．その有用性ゆえに早くから造林も行われ，現在も熱帯地域における主要な造林樹種の１つである．プラドゥー（*Pterocarpus macrocarpus*）は，和名をビルマカリンといい，東南アジア大陸部に自生する在来の高級材である．

…どうしたら，サトウキビやキャッサバを植えるのと同じように，ひろく植林に興味を持ってもらうよう国民を鼓舞することができるのか．（中略）

もし（国土の40%という政策目標をこえて）国土の50%，60%，70%まで植えることができればなお素晴らしい．なぜなら，森林は直接的かつ間接的に国家や国民に便益を与えるからである．多くあればあるほどよい．あって悪いことはない．（中略）

植えよう，植えよう，ありったけの木を植えよう．よくない種類の木があったら伐りすてて，代わりに新しい種類の木を植えればよいだけである．腐ったバナナの皮をむくよりもずっと簡単なことである．

しかし現実は，専門家の世間知らずさを際立たせる方向へと推移していった．そもそも実施当初から，補助金をふんだんに使ったこの植林政策は，多くの不正を蔓延させるとともに，植林した樹木の活着率も低く，無駄な事業であると批判されていた（Phujatkan，1997）．しかも，この植林政策によって植えられた木が成長し伐採期を迎えるにつれて，木材市場に関するさまざまな不備が問題化していった．すでに紙パルプ材や建築用足場材としての市場が存在するユーカリや，家具材として使用されるゴムなどの一部の樹種を除き，植林木の市場は非常に限られていた．そのため，植林後十数年を経過してから，市場の整備と需要の喚起という新たな課題に直面することになったのである．

先の専門家の意見では，森林が少なくなったのだから植林して森林をどんどん増やすべきだ，ということであった．しかし，もとにあった森林と今つくっている「森林」は，同じものではない．自然環境としても，社会の目から見ても，両者は全く似ても似つかぬ自然と人間のハイブリッドなのである．先述のセミナー参加者は，そのような問題点を敏感に感じ取っていたのではないだろうか．居並ぶ専門家による「上から目線」の発言によって，残念ながら彼はその後黙ってしまったが，彼の提案は注意を引くべき重要な意味を持っていたのである．

なお，このような，専門家による専門知識の押し付け，すなわち1つの「科学的」あるいは法的な基準の強引な適用による文化的なイメージの抑圧が，先のクイズでどなたかが試みたかもしれない矛盾の解決策と重なることはいうまでもない．筆者はこのクイズを国内外のさまざまな講義で学生に問いかけているが，大学院生などの科学的な専門知識を身につけた学生こそが，この「解決策」を用いがちであることにふと気付いて愕然としたことがある．これこそまさに科学教育の「成果」なのかもしれないが，将来の科学技術の発展を担う彼らがもし，合理性に重きを置くあまり，自らの内にある文化を抑圧しているのだとしたら，とても残念なことである．

以上３つの例からもわかるように，森や森林をめぐる認識・基準の相違は，基準を信奉している社会集団の政治力によって現実世界に姿を現してくる．そして，多くは法律や公的な制度・政策となって現実の森林をつくりだす．しかし，そのようにしてつくりだされた森林は，必ずしもその集団の意図通りに機能するわけではない．考え方の「ゆらぎ」や森林とその利用実態との「ずれ」のなかでさまざまな矛盾をはらみ，自然のみならず社会にも波及する新たな問題をつくりだしていくのである．

おわりに

本章では，第１章の問題意識を引き継ぐかたちで，森林に関する認識がどのように社会的な分類や実体を構成していくのかを概説するとともに，それらに内在する「ゆらぎ」や「ずれ」がもたらす矛盾を述べた．

人々の森林への認識が現実をつくりだす過程は，ちょうど図2.3のような径路をたどって動いているようにみえる．まず，森林をどう認識するか，どう定義するかは，まさにこの図の文化的フィルターの役目を果たしている．私たちは森林をありのままにみているわけではないし，そもそもありのままにみることはできない．そして，どんな文化的なフィルターを持っているかで見え方が異なってくる．本章では，何を森林（森）とみなすかに関して２つの合理的な基準を含む３つの考え方があることを紹介した．もちろん，これも筆者のフィルターに過ぎないので，もっと異なる解釈の仕方があるかもしれない．重要なことは，フィルターを通して見ざるをえないことそのものにある．

次に，そのようにしてみた森林像に基づいて，人間は森林を再構成していく．このプロセスでは，特定の集団によってある森林像が共有されるとともに，異

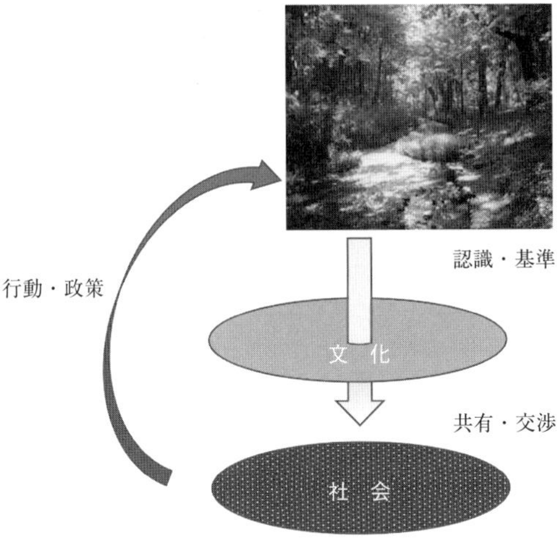

図 2.3　森林への人間の働きかけ

なる集団が複数の森林像をめぐって交渉を行う．その結果，社会的・政治的に力の強い者のもつ像が，しばしば法律や政策などを通して森林やそこへのアクセスに対する権利や義務を規定し，より大きな影響力を持つことになる[9]．そして最後に，このようにして再構成された森林は，現実を形成していくのである．このようにして，森林は人間社会の側から繰り返し構成されていく．

ここで，もしかしたら以下のように考える読者もいるかもしれない．「では，もしこのような再構成が随意に可能であれば，人間は森林のような自然を思うままに操ることができるのだから，科学的・合理的に賢く管理さえすれば，環境問題などは起きないのではないだろうか」と．残念ながら，現実はそう甘くない．本章で示した通り，人間が自然の論理に従う森林を概念のままに操作することができない（少なくとも著しく困難である）ことは，この一連の過程が多くの矛盾を生み出していることからも明らかであろう．そもそも，私たちが考える合理性自体に「ゆらぎ」が存在しているのである．

このような状況では，合理性や科学以外の要素がとても重要になってくる．文化はまさにそのような要素の１つである．また，森林を理解するための文

9）同様に佐藤（2008）は，資源を自然と人間社会の合成物とみなし，人間側が天然素材をみる見方の重要性を強調している．

化的なフィルターがどのようにつくられるか，という二次的な問題を考えると，そのフィルターを持つ人が生まれ育った森林の原風景に思いをはせることも重要かもしれない．本書のテーマはハイブリッドとしての自然や森林であるが，そういう意味では，森林を含む自然はまさに社会と自然によってつくられており，物質面や精神面におけるさまざまな相互作用の産物であるといえる．したがって，森林と人間との関係をよりよいものにするためには，人間と自然が森林をどのように構成しているのか，そのメカニズムと影響を自覚したうえで，改めてどのように再構成できるのかを考えることが必要なのである．

次章（第 3 章）では，そのような再構成のあり方を考えるうえでの参考材料の 1 つとして，近代以前の日本の山村における人と森林のあり方を考察したい．読者のなかには，「近代以前」と聞いて「何をいまさら」と思ったり，「近代化の影響をあまり受けなかった地域」と聞いて「私たちとは関係ない遅れた地域である」などと感じたりする方もおられるかもしれない．しかし，そう思ってしまうのは，あくまで私たちがこれまでに植え付けられた「進歩主義的」な考え方ゆえである．森と人の関係のこれからを考える上で，もしそのようなあり方が多少なりとも参考になるのであれば，少なくとも，取り入れるべきか否か，取り入れることが可能か否かを真剣に検討する必要があるのではないだろうか．なにはともあれ，私たちが囚われている凝り固まった考え方をいったん棚上げし，私たちが生きる現代社会とは幾分異なる森と人のあり方に，真摯に耳を傾けてみよう[10]．

引用文献

蛯原一平ほか 編（2019）森林と文化――森とともに生きる民俗知のゆくえ，pp. 306，共立出版．

Guha, R.（2000）*The Unquiet Woods: Ecological Change and Peasant Resistance in the Himalaya, Expanded Edition*, pp. 265, University of California Press.

東 智美（2010）森林破壊につながる森林政策と「よそ者」の役割――ラオスの土地・森林分配事業を事例に．熱帯アジアの人々と森林管理制度――現場からのガバナンス論（市川昌広・生方史数・内藤大輔 編），pp. 66–84，人文書院．

10）　なお，本シリーズの第 12 巻（蛯原ほか，2019）では，森にすむ人々が近代以前から綿々と受け継いできた文化とその行方を論じている．次章の論考に興味のある読者は，こちらもぜひ参照されたい．

市川昌広・生方史数・内藤大輔 編（2010）熱帯アジアの人々と森林管理制度——現場からのガバナンス論，pp. 278，人文書院．

岩本純明（2012）日本の森林管理制度と林業技術．歴史のなかの熱帯生存圏——温帯パラダイムを超えて（杉原 薫・脇村孝平・藤田幸一・田辺明生 編），pp. 359–381，京都大学学術出版会．

Lohmann, L.（1990）Commercial Tree Plantations in Thailand: Deforestation by Any Other Name. *The Ecologist*, **20**, 9–17.

Lohmann, L.（1993）Land, Power and Forest Colonization in Thailand. In: *The Struggle for Land and the Fate of the Forests* (eds. Colchester, M. & Lohmann, L.) pp. 198–227, The World Rainforest Movement with The Ecologist and Zed Books.

Lohmann, L.（1996）Freedom to Plant: Indonesia and Thailand in a Globalizing Pulp and Paper Industry. In: *Environmental Change in South-East Asia: People, Politics and Sustainable Development*, (eds. Parnwell, M. J. G. and Bryant, R. L.), pp. 23–48, Routledge.

Munsan, S.（1993）Sakayaphap khong Utsahakam Yuakradat lae Kanpluksang Suanpa Maitoreo nai Prathet Thai（紙パルプ産業の潜在力とタイにおける早生樹種森林プランテーションの造成）. *Withayasat lae Theknoloyi*（*科学と技術*）, **8**, 87–97.

Peluso, N. L.（1992）*Rich Forests, Poor People*, pp. 336, University of California Press.

Phujatkan（1997. 8. 11–17）Thutjarit Ngoen Plukpa 600 Lan: Phen Maebot Pamai Tai Sanit（植林補助金の不正６億（バーツ）：森林マスタープランは死んだ）．*Phujatkan*（プーチャットカーン），**558**, 13.

Pye, O.（2005）*Khor Jor Kor: Forest Politics in Thailand*, pp. 344, White Lotus.

Royal Government of Cambodia（2010）National Forest Programme 2010–2029, Unofficial Translation, pp. 144, Royal Government of Cambodia. http://www.cdc-crdb.gov.kh/cdc/documents/Sector_Strategy/6_Forestry_Reform/National_Forest_Programme_2010_2029_Eng.pdf（2017年8月4日閲覧）．

佐藤 仁 編（2008）資源を見る眼——現場からの分配論，pp. 228，東信堂．

田坂敏雄（1992）ユーカリ・ビジネス——タイ森林破壊と日本，pp. 213，新日本新書．

チン，A.（2019）マツタケ——不確定な時代を生きる術（赤嶺 淳 訳），pp. 448，みすず書房．

生方史数（2012）熱帯アジアの森林管理制度と技術——現地化と普遍化の視点から．歴史のなかの熱帯生存圏——温帯パラダイムを超えて（杉原 薫・脇村孝平・藤田幸一・田辺明生 編），pp. 333–358，京都大学学術出版会．

第3章 森の彼方を見る
近代化以前の山村を見るまなざし

葉山アツコ

はじめに

日本の国土面積の約7割を占める山地，丘陵地のほとんどは森林に覆われている．近年の異常レベルともいえる集中豪雨の頻発は全国各地で山地災害（山崩れ，地滑り，土石流，流木など）を発生させ，その激甚化は下流域にも深刻な影響を与えている．国土保全や治山の役割を期待されている森林であるが，それを利用し守る拠点としての山村は過疎化，高齢化が進行している．2015年（平成27年）の国勢調査によると，日本列島の広大な山地領域に住む人口は，全人口の1割強でしかない．現代人の多くは，都市部で生まれ，都市部で育ち暮らす．市町村規模別人口の推移を示した総務省の資料は，2015年の総人口の過半数は人口20万人以上の都市に居住しており，人口がますます都市部へ集中していることを示している．都市部に暮らす多くの現代人にとって山地や森林に触れる機会は少なくその恩恵を認識することもめったにない．

現代人がイメージする典型的な山村像は，過疎化や高齢化したそれであろう．過疎化し，高齢化する山村ということは，かつて山村には若者や子どもたちも含めて多くの人々が住んでいたということである．高度経済成長期の1960年代前半に表面化した山村の過疎化は，相対的に孤立していた山村経済が労働力，土地，農林産物生産など多くの面において国家レベルの市場経済へと完全に包摂される過程であり，結果として若年層を中心にした山村人口の流出をもたらした．都市との格差是正を目的として，1960年代後半より山地領域に対して道路改良，治山治水，過疎対策などの公共投資が行われるようになった．一方で，それ自体が山村経済における外部依存，すなわち財政投入や建設業などの都市資本への依存を高めることとなった（岡橋，1988）．林業不振が続くなかで山村経済を支えてきた公共事業は，しかし，1990 年代後半以降は財政難のなかで縮小を余儀無くされるようになっている．過疎化以前の山村を知らない世代が多くなり，多くの人々が住んでいたという山村の姿を想像することは難しくなっている．

中近世山村史研究者の白水智（2005）が著した『知られざる日本　山村の語る歴史世界』の題名は，極めて含蓄深い．現代人の多くにとって，訪れたことのある温泉地や有名観光地以外の山村集落は「認識の外」にある「知られざる日本」なのである．山村や森林を現代人の「認識の内」に置き，どのような関係を結んでいくかを考えていくことは，現代人全員に課せられた問題である．その第一歩は，現代人の多くが山村を「認識の外」に置いているがゆえに陥りがちな画一的な山村像と山地理解からの脱却ではないだろうか．長い時間軸のなかで山村や山地領域の姿を見ることによって，地理的条件の「悪さ」「恵まれなさ」や農業の生産条件の「不利」といった山村や山地領域の特徴とされる属性が時代を超えて存在するものではないということに触れることになろう．本章では先学に学びながら，近代的中央集権体制によって国家に完全に統治される前の山村の暮らしや山に暮らす人々に対する平地の人々のまなざしを見ていこう．

3.1　国家がリードする価値観形成

日本列島の広大な領域を占めているにもかかわらず，山地が日本史のなかで等閑視されてきた理由について，白水（前掲書）は，歴史転換の基本を平地水田の生産力の発展に置く歴史観にあるという．村落史および食生活史研究者の原田信男（2002; 2005）によれば，7 世紀半ばに成立した古代律令国家が畠地を無視し，水田のみを課税の対象にしたこと，すなわち政治・経済的システムの社会的基礎に水田稲作を選択したことが，その後の日本歴史の展開を大きく左右した．国家による稲作重視，奨励・強制政策が奈良から平安期にかけて展開され，米を至上のものとする価値観が浸透していった．室町期以降，封建権力は，稲作を掌握した上で畠作物も収奪しようとした．集権性の高い近世幕藩制国家（江戸幕府）の出現は大規模な土木工事によって水田開発を大幅に進展させ，それらは検地によって掌握されていった．村落では畠作や農業以外のさまざまな生業活動が営まれていたが，一元化した村落支配を実現させた近世国家を支えた政治・経済的システムの中心は稲作農業であった．一方で，農業も行われていたものの，狩猟，採集，林業など平地農村とは異なる生産対象を持つ山村の幕藩権力による把握は，近世になってからも概ね副次的なものであった．中世を通じて進行した食肉禁忌と殺生穢《けが》れ観の進展，農業労働の偏重と租税体系からの逸脱によって，山の民や山の生業は賤視を伴う裏文化とみられてきた．

国家による中央集権的な領域管理は，欧米列強の脅威に対抗するために富国強兵を掲げた明治政府によって進められた．私たちにとっては自明の，1つの土地は一人の所有者が包括的かつ排他的に支配するという「一地一主」の原則が成立したのは，財政基盤確保のための税制確立を必要とした新政府の地租改正事業と一連の土地法制度整備が行われた明治期である．山林原野に関する官民有区分事業もこの時期のことであった．これらの制度整備によって，所有者による排他的な土地支配，すなわち近代的土地所有権が確立し，土地が商品として自由に取引されるようになる．わずか150年ほど前のことである．それより以前の時代の土地所有は身分，集団，地域によって多様な形態が存在した．加えて，1つの土地に対して家や共同体などの複数の所有主体が重なり合い，入り交じって存在する所有関係が特徴であった（渡辺，2002）．生業のあり方に重要な影響を与えたのは，古代律令国家や近世幕藩制国家の政策と通底する国家の強い牽引力である．国家からはみ出して生活していた人々も巨大な政治的支配の枠組みに組み入れられていった（原田，2002）．

国家が山村を後進性で特徴づけるようになったのはいつか．昭和初期の国家経営の中にその視点を見出すことができる．人文地理学者の関戸明子（2000）は，国家による山村の位置づけとして，昭和恐慌（昭和初期の1930年から31年をピークに陥った危機的な経済状況）時の1932年（昭和7年）にその対策として農林省に設置された経済更生部（1941年廃止）主導の農山漁村経済更生運動における山村を以下のように整理，検討している．経済更生部設置にあたって内務省社会局が作成した「農漁山村ニ於ケル生活困窮概況」は，木材や薪炭などの価格暴落による山村生活の困窮ぶりとして山村住民の「糊口ニ苦シミ，米ヲ食スルヲ得スシテ粟稗《ひえ》等ヲ常食トスノ状態」を記している．この文章が示すことは，国家の価値判断の基準が米の常食に置かれ，粟稗等の雑穀を常食する山村の特性が認識されていないこと，米以外の穀物を米に劣るものとして認識していることである．ここにも農耕のなかで水田稲作を至上のものとする，中世以来社会に埋め込まれてきた社会的価値観を見ることができる．

農山漁村経済更生計画の指導指針を定めるために学識経験者や農林官僚らを集めた協議会の中に設置された山村分科会では，農山漁村をそれぞれの特性で区別するのではなく国家体制維持のために一体化して把握し建て直すことが明確に示された．1934 年（昭和 9 年）に開催された第二回農村経済更正中央委員会では，農村・山村・漁村にそれぞれ分けた小委員会設置の提案がなされ，そのための議論はされたが，設置は見送られた．同委員会で発言した薗部一郎東京帝国大学教授は，「総テノ文化，総テノ経済ガ山村デハ特ニ遅レテ居ル」がゆえに，山村経済振興の余地が大きいこと，山村にも耕地があり，農村にも原野，山林があるため，更生計画は農村経済を基礎に山林経営を加えて産業計画を立てることが必要であること，さらには山村の各部落はかつての藩政村であり独自の自給自足単位であったため，町村制施行によって生まれた大面積の行政村では統一の仕事ができないこと，したがって，部落単位で産業組合を作り，山村振興を図ることと提案している．しかし，山村の特性を踏まえるべきというこの提案に関する議論はほとんどなされなかった（関戸，前掲書）．

山村を経済，文化とも遅れた地域と見る国家の視点は戦後も継続する．1965 年（昭和 40 年）制定の山村振興法は，山村に関する初めての法律である．同法第 2 条は山村を「林野面積の占める比率が高く，交通条件及び経済的，文化的諸条件に恵まれず，産業基盤及び生活環境の整備が他の地域に比較して十分行われていない山間地その他の地域」と定義している．改定前の同条の文言，「産業の開発程度が低く，かつ住民の生活文化水準が劣っている山間地」からも国家の山村認識が農業生産性だけでなく，経済，文化も後進地であるという戦前から継続するものであることがわかる．農業政策の基本法である，従来の農業基本法に代わるものとして 1999 年（平成 11 年）に制定された食料・農業・農村基本法の第35条は「山地及びその周辺の地域その他の地勢等の地理的条件が悪く，農業の生産条件が不利な地域」を中山間地域と定義し，「農業その他の産業の振興による就業機会の増大，生活環境の整備による定住の促進その他必要な施策」「農業の生産条件に関する不利を補正するための支援」を講ずると定めている．

確かに農業生産の集約性，効率性，生産性の観点から平地稲作農村と山村を比較すれば，後者の耕地の狭さ，傾斜，日照時間の短さ，水温の低さといった生育条件は稲作には不利に働き，前者と後者は先進性と後進性の対極に位置する関係になる．平地水田地域を先進地とする一元的価値観で山村を見れば，山村は「遅れた農村」であろう．地理的条件の「悪さ」「恵まれなさ」や農業の生産条件の「不利」という国家が使用する用語を見れば，上述した白水（前掲書）が記しているが，山村の過疎化や衰退は，「起こるべくして起きた現象」とされてしまう．しかし，白水が強調するように，山村を，平地水田地域を基準とする効率や生産性の観点からのみ位置づける限り，山の世界を平地とは異なる独自の生活文化体系の場として見ることはできないし，過疎化以前に多くの人々が山村で生活していた事実を説明することは困難である．

3.2　近世の奥山紀行に見る山村の暮らし，山村へのまなざし

文化地理学者の松山利夫（1986）は，民俗学者の宮本常一と人文地理学・民俗学者の千葉徳爾による山村の歴史や実態に関する論考に基づき，山村史を経済生活に基づいて３つの時代に区分している．まず，狩猟者や木地師（ろくろを用いて碗などの木工品を製造する職人）などの移動性の高い人々が数多く生活し，農耕のみに依存する山村は少なかった中世末までの時代．次に，焼畑農業を基礎とする山村社会が成立した近世初頭以降であり，その背景には，野生動物の減少が農耕への依存を高め，焼畑農業を主，狩猟を重要な副業とする経済活動へと変容したことがある．そして，近代化のなかで複合的な経済活動を構成していた山村の多様な職業が消えていき，生業の単一化に向かった近・現代である．松山はさらに近・現代の山村には４つの経済類型が見出せるという．１つは，焼畑耕作を基礎に起きつつ，狩猟を重要な副業とする山村，

2つ目は，同じく焼畑耕作が基礎にあり，木地師など木材採取とその加工を行う山村，3つ目は，焼畑経営を最も重要とする山村，そして4つ目は相対的に新しく成立した木炭生産と林業を行う山村である．

歴史地理学者の米家泰作（2019）による『森と火の環境史　近世・近代日本の焼畑と植生』は，焼畑の分布や広がりに関して，古代・中世，そして近世初頭までの焼畑は低山や丘陵部で行われ水田や常畠の隣で共存していたが，近世にそれが奥地山村に特化していったこと，「山村」に該当する村落類型観が定着したのは近世半ばであり，焼畑はそれ以降，山村の物珍しい光景，すなわち近代まで続いた「隔絶した焼畑集落」イメージの創出，とされるようになったことを明らかにしている．さらに，土地制度における焼畑の扱いに関して，畑地と休閑地を循環する焼畑は常に景観の変化を伴うため，土地制度のなかでは扱いづらい存在であり古代においては律令の枠外にあったが，中世に「山畑」地目として把握されるようになり，近世の焼畑の検地に繋がったこと，そして近世の検地を通じて領主が定めた土地所有制度と在地の山地利用は一致しない形で進められていたが，検地は山地に対する領主の課税と村落による山地支配を裏づける役割を果たしたことも明らかにしている．

では，近・現代より前の山村の暮らしとはどのようなものだったのか．そして，平地の人々は山村にどのようなまなざしを向けていたのか．

中世の山村生活に関しては資料が乏しいためその実像は鮮明ではないが，近世にはそれを生き生きとかつ詳細に描く人物が登場する（白水，前掲書）．江戸時代後期の1828年の晩秋，秋山郷という中津川上流部の峡谷地一帯の村々を訪れて『秋山紀行』を著した越後国（新潟県）魚沼郡塩沢の文人鈴木牧之《ぼくし》（1770–1842）である．『秋山紀行』が近世の山地を描いた資料として特異なのは，この奥山見聞録が最初から出版を目的としたものであったため，詳細な観察と聞き取りに基づいているということである．発端は，『東海道中膝栗毛』で有名な十返舎一九が旧友の牧之を訪ねた際，牧之が茶飲み話として秘境地の秋山郷の話をしたところ，興味を持った一九がそこの暮らしぶりを笑いの種として出版しようと持ちかけたことにある．牧之は時間をかけて探訪記とそれを元にした小説を完成させ一九に送ったのだが，二作とも一九の死によって牧之存命中には出版されなかった．幸いにも私たちは，平凡社（1971）の東洋文庫で原文の探訪記から，さらに磯部定治による現代語訳（恒文社，1998）を通して 19 世紀前半の山奥の生活に触れることができる．

秋山郷は越後国魚沼郡と信濃国（長野県）高井郡にまたがる国境一帯の峡谷地帯の総称で，古くから平家の落人の里との伝承があった．牧之には，その真偽を確かめたいという思いもあった．塩沢と秋山郷の往復も含め６泊７日の滞在中，牧之は秋山郷に関する地形，衣食住，生業，方言，信仰だけでなく支配貢租関係，生産暦なども幅広く観察し，住民だけでなく秋田から出稼ぎに来ていた猟師にも積極的に聞き取りを行い，それらを記録し，さらに多くの写生画も残した．白水（前掲書）が触れているように，秋山で出会った人々に対する牧之のまなざしは，彼らの無知や異質さへの蔑視と好意とがないまぜになっている．磯部（前掲書）によると，牧之には一九が提案したような秘境の生活様式や習慣の違いを，笑いの種としてではなく，山奥の暮らしぶりとして世間に伝えたいという思いがあったという．ただし，牧之自身は，商家の生まれで，富裕層に属しており，平地の農作業や農民の暮らしぶりさえあまり知らなかった．例えば，裸足で戸外を歩き，その足を洗わずに家の中に入るなど秋山郷の暮らしを平地農村とかけ離れた行為と描写しているが，裸足で野良仕事に出るなどは平地農村でも見られるものであった．

牧之は秋山郷へ商売に出かけるという桶屋団蔵に道案内を頼み，９月８日，米，味噌，塩，肴，酒に加えて寒さに備えて小布団も用意して塩沢を出発した．越後国側の秋山郷の入り口，清水川原村に到着したのは翌日である．当時，秋山郷だけでなくどこの村も疱瘡（天然痘）を恐れていたが，秋山郷の村々の警戒はひときわ厳しかった．このような伝染病が山奥の村にいったん入ると，拡大を防ぎようがなく，病魔と闘う力もなかったからである（宮本，1995）．

清水川原村に到着した９月９日から 13 日に秋山郷を離れるまでの５日間，牧之は強行軍で越後国側の７村と信濃国側の６村，計 13 村を訪ねた．彼はかなりの健脚の持ち主のようだが，足を踏み外して草木を焼き払った禿山を滑り落ちることもあった．人家の近いところでは原生林が伐り開かれ畑が作られているため明るいのだが，村と村との間は大木が鬱蒼と茂り，暗い．途中で立ち寄った村々で出会ったのはほとんどが留守番の女か老人で，男たちは皆山仕事に出かけていた．

牧之の調査ぶりはまさにフィールドワーカーのそれである．村を訪ねると必ず戸数，戸数の変遷と村の変遷を聞いている．そのため『秋山紀行』は，明治の統計資料と比較できる江戸時代の唯一のまとまった戸数および人口の記録でもある．さらに村々ではそこの一軒に立ち寄り，家屋の外回り，案内に出た留守番の家族の身なり，動作，言葉などを注意深く観察し，ものの名称は発音通りに記録している．茶湯が出されると，その茶の産地（秋山郷では茶の生産はできなかった），茶焙器，茶碗，盆の状態も含めて日常什《じゅう》器を確認し，奥地の山村に流入している文化の系統に注意を払っている（鈴木牧之，1971 の宮栄二による解説）．

『秋山紀行』に記載された 13 村の世帯数の合計は 126，うち最大世帯数が越後国側の上結東村の 29，最小が秋山郷の最奥にある湯本村の 1 世帯である．

松山（前掲書）は，当時の山村文化の特徴を示す目的で，牧之が観察した物質文化の要素を 13 村ごとに抽出し，衣（主要な衣類）・食（食料資源）・住（家屋の基本構造）・生業（食料資源の開発方法）・その他に大別している．合計 209 の文化要素が抽出された．

まず衣に関する文化要素は，帯，小忌衣《おみごろも》と呼ばれる粗末な衣類，ワラジ，裸足など 22 あった．衣の構成要素の少なさは，夜着と普段着の未分化などが理由である．一方で，住の構成要素数は多く，ムシロ，茅壁《かやかべ》，地炉，掘立屋，土間住居など 56 を数える．特にムシロと茅壁の記載村数が多い．秋山郷の家屋の特徴は，土間住まいが基本で上記のように足を洗わずにそのままあぐらをかいて食事をするというように家の外と内との厳密な区別はなかった．柱は，半分以上は掘立柱であるが，新しい家は土台柱に変わっている．外壁のほとんどは茅壁であるが土壁に変えた家があることが記されている．

文化要素数が最も多いのは食に関するもので，58 を数える．その内訳は，粟，稗，大豆，蕎麦，栃の実，楢の実，茶など食品が 40，茶碗や鍋など食具が 18 である．粟は 11 村，稗と栃の実は 9 村，大豆は 7 村，蕎麦と楢の実は 3 村で記載がみられる．米はわずか 1 村にすぎない．主な食糧は雑穀と堅果類で構成されていた．生業に関わる文化要素数は 42 で，その内訳は，山畑（焼払畑，荒し畑，畝なき畑を含み，全て同義），山畑挊《かせぎ》，山挊，川狩，猟，百姓など生業そのものが 15，粟，稗，大豆，蕎麦などの作物が 7，鎌，唐箕《とうみ》（穀物から籾などを吹き分ける道具）といった農具が7，マツの厚板，カツラの板など里の商人が買いに来る板材を含めその他が13である．

雑穀，豆類，イモ類，根菜類は，村周辺だけでなく村から離れた山地斜面一帯に広く分布する山畑（焼畑）で栽培されていた．焼畑は牧之の関心を大きく引いた情景の1つだったらしく，それに関連する記述が随所に出てくる．例えば，越後国側の見倉村（3世帯）から中ノ平村（2世帯）への道中牧之が目にしたのは，薄暗い原生林の樹海と焼き払われた後でも倒れずに残っている大木や，倒れている木があるなかで品種の異なる粟が栽培されていた焼畑（山畑）であった．中ノ平村から大赤沢村（9世帯）へ向かう道でも人に出会うことはなかったが，ブナやトチノキが横たわる焼畑（畝のない畑）が続いていた．信濃国側の小赤沢村（28世帯）から上の原村（13世帯）へは果てしなく続く焼畑（山畑）や茫々たる茅原のなかを歩いたとある．こんな奥地にも畑を切り開くのかと村から遠く離れた場所に作られた山畑に驚いている．

秋山郷に入ってからの最初の投宿地は，小赤沢村である．山の端の傾斜地に28の民家が点在していた．この村で唯一夜具があるという福原市右衛門の家に宿を借りることにした．夕食後，牧之は市右衛門への聞き取りを行った．まず，食に関する市右衛門の語りを，以下，磯部定治（1998：34–35）の現代語訳版で聞こう．

おらは七十五歳になるども山稼ぎが好きで，毎日毎日夜明けから稼いで，日が暮れないうちには帰らない．後の月（陰暦で9月13日のこと）までは手足の立つ子供は，みんな栃拾いに出します．十月から春までは栃を食い，年中のこととしては粟，稗をよく食べますが，それに小豆を少し混ぜると味がよくなります．毎日朝は稗焼餅（稗のだんご）で，近年は世間とともにぜいたくになって，おかずとして餡などもいれます．貧しい者は粟糟《かす》に稗を混ぜて焼餅にします．ここより上《かみ》の村の上の原，和山などは年中栃や楢の実を食べ，夏秋の頃は雑炊に蕪《かぶ》の根も葉も刻んで入れ，粟を少し振り混ぜます．家族三，四人の家なら蕪を大刻みにして，雑炊が煮立つ時稗の粉を一，二合入れて掻き回して食べます．おら家《うち》はこの村でも一番上食で，たまに商人《あきんど》が泊まる時は，粟だけの飯を出します．

牧之は，栃のアク抜き方法も聞いている．小赤沢村の前に寄った越後国側の大赤沢村で出会った 80 を超えた藤ノ木藤左衛門は，昔は栃や楢の実をたくさん食べたが，今では焼畑が盛んになって粟や稗を主食として食べるようになったと言う．興味深いことに，藤左衛門はこのことを贅沢だと嘆くのである．市右衛門によると，秋山郷で水田が作られ始めたのはせいぜい 50 年前，遅いのは 14，5 年前のことで，村によっては少しずつ新田が作られているが，小赤沢村には数える程しかない．翌朝の朝食に鹿肉の塩漬けが出された．このように狩猟で仕留めた獣や飼育する鶏を食することもあるが，常食とするのは粟と稗と栃の実である．したがって，彼らの生活を支えているのは専ら木の実採取（原文の山挊）と焼畑（山畑挊）であり，雪で閉ざされる冬以外は，男も女も子供も始終山仕事をしているのである．夜は翌日食する分の粟を脱穀する夜なべ仕事に忙しい．

牧之は，小赤沢村を支配する名主（庄屋）についても尋ねている．近世の国家権力による村落支配の根幹は，検地に基づいた土地の掌握とそれを基本に決められた年貢を村単位に賦課する村請制度である．小赤沢村とさらに上流の秋山郷の 3 つの村々は，麓にある信濃国高井郡簑作《みつくり》村の庄屋島田三左衛門の支配下にあった．したがって，簑作村の名主は，飛び地として秋山郷の村々を支配管轄していた（白水，前掲書）．秋山郷の村々に課せられた年貢は春先にサワラとヒノキで作った大きなお盆を納めること（小赤沢村は 10 枚）とわずかの銭での貢納だけである．一方で，越後国側の秋山郷の村々に対しては近頃稗年貢が定められたとのことだった．

婚姻は秋山郷の中だけで縁組を結び，麓との交流はほとんどないというほど閉鎖性が強いところであるが，だからと言って麓との交易が全くないわけではない．そもそも牧之の秋山行きの案内人桶屋団蔵は秋山に何度も足を運んでいる商人である．麓からやってくる商人の目当ては，粟，稗，荏胡麻，木鉢，木《こ》鋤《すき》，カシの木，ヒノキ・マツの盤，カツラの板，サワラ・白木の折敷《おしき》（周囲に縁がついた角盆），秋には干しキノコやシナノキの縄などである．牧之は，大赤沢村で家の周りに奥山から伐り出してきたという幅二尺四，五寸（72～5 センチ）のマツの厚板がたくさん干されているのを見たが，これらは麓の商人の注文品であった．木鉢や曲げ物づくりは，雪に閉ざされる冬季の男の仕事である．牧之が目にした茶，タバコ，塩は交易によって得たものである．

牧之は道中各地で見かけた焼畑についても聞いている．再び，信濃国側小赤沢村の市右衛門の説明を聞いてみよう（鈴木・磯部訳，1998：41–42）．

（畑の中の大木は）倒れたり腐ったりしても，そのまんま捨てておきます．あんな大木を伐ったり小割りするのはとても手間がかかり，それより手近な小さい木を八，九尺に切り，三つ四つに小割りして枝もろとも薪にします．原生林を畑にするのは前の年，手のすいた時，小さい木は切り捨てて置き，斧も及ばない大木は，太い幹の皮さえむけばみんな枯れます．あるいは木の根を傷つけることもあります．そうして翌年三月下旬，雪が消え次第，晴天が続いた頃を見計らって風上から火を放つと，小枝が焚き付けとなって一面の大火となり，やがて大小の枝まで燃え上がり，生木の林へきて延焼は止まります．この灰が肥料となって，その年は稗をまき，翌年は粟，またその翌年は荏胡麻，さらに翌年より順々に粟，蕎麦，大豆などを作ります．粟を中心に十年から，地味のいい所では十五年以上作づけします．そうなると次第に地味がやせるので，捨てて置くと自然に茅野になります．その茅さえ，家がわずかしかない村なので刈りきれないで毎年倒れます．その中にも立ち枯れた枝のない大木が，ご覧になった通り立っている筈です．こうして十年前後茅野にして荒らしたあと，また茅に火をつけて燃やすとその灰が肥料になり，前に行ったように蒔きはじめは稗で，翌年は肥料も使わず畝も立てず少しずつ種を蒔きます．ここは胡麻や麦などは育ちません．小屋は雪が消える頃に休憩所にし，七，八月頃には猪や猿がいっぱい出て食い荒らすので，昼は女，夜は男が犬を連れて番をしています．犬は獣さえ見れば追いかけます．

小赤沢村から３日後に投宿した越後国側上結東村の79歳になる滝沢太右衛門の焼畑の説明にも耳を傾けてみよう（鈴木・磯部訳，1998：90）．

川西も川東も同じで，新たに畑を作るにはいく抱えもある大木の林の，木の皮を前の年に剝ぎ，立枯れさせます．その翌年の四，五月頃，小さな木は草とともに伐り倒し，三十日ほど過ぎてから晴れた日に火をつけます．残るのは大木の立枯れと所々の大小の岩だけです．この草木の灰を肥料にしてそのその年は蕎麦，翌年は粟，その翌年は稗というように代わる代わる作るうちに，粟なら三度くらい作り，八年目になると，土がやせて実らなくなります．荒らしておくと自然に茅が一面に生えるので，見られた通り茅野原の中に枝葉のない大木が立つことになります．そんな沢山の茅は村でもいりませんから，放っておいて三十年もたつと，また茅に火をつけて畑にします．川西と違って川東の秋山は人の行き来も少なく，大木の原生林が多い村々ですが，地味がいいから畑ものも十七，八年から二十年も続けて作ります．

牧之が二人の古老から聞き取った焼畑に関する説明から，秋山郷の土地利用様式を以下のようにまとめることができる．原生林から畑を作る場合，前年に大木を立ち枯れさせ，翌年，信濃国側小赤沢村では春焼き，越後国側上結東村では夏焼きをすること，火付けは風上から行い，草木の灰を肥料にする．輪作体系は，小赤沢村では初年に稗，2 年目粟，3 年目荏胡麻，4 年目粟あるいは蕎麦か大豆，上結東村では初年度蕎麦，2 年目粟，3 年目稗というように粟中心の雑穀生産であること，耕作期間は 10 年前後だが地味の良いところでは 15 年，20 年も可能である．このように焼畑では初年度，2 年目，3 年目と年次ごとに異なる作物が栽培される．火入れの初年度と 2 年目は土地の地力が高いため，最も重要な穀物である稗と粟が栽培され，地力の衰える 3 年目，4 年目には生産力低下を抑えるために根粒菌をもつ豆類を栽培する．蕎麦を初年度に栽培し，粟や稗を 2 年目作物とする作付けもみられる．秋山では，地力が落ちると畑を放棄し 10 年から 30 年休閑させる．植生回復期に自生する茅は家屋の屋根と壁や簀《す》などに利用されるため，休閑地も重要な資源採取地である．休閑後茅野に火入れし，その灰を肥料にして土を掘り起こさずに播種する．夏は猪や猿など獣による農作物被害にあうので，小屋掛けして終日番をし，外には犬を放しておく．『秋山紀行』には焼畑における夏焼きの理由に関する記述はないが，近世出羽国（山形県と秋田県）の焼畑を研究した米家（前掲書）は，稲作と両立するためであったと論じている．

以上のように『秋山紀行』は焼畑に関する記述は多いのだが，一方で林業に関する記述は，牧之が越後国側の大赤沢村で見た里の商人から注文のあったマツの厚材の生産のみである．しかし，白水（前掲書）は古文書に基づいて，秋山の住民にとって板材生産は重要な生業の1つであったことを示している．18世紀初頭，大阪と江戸の大商人から秋山郷の4つの村を支配する信濃国高井郡箕作村の名主島田三左衛門に対して大規模伐採の願いがあった．秋山の住民は，商品として板材を生産してきた自分たちの稼ぎ山も伐採の対象となっていることに対し，御用木山御免の嘆願書を三左衛門に提出した．これを受けて三左衛門は代官所宛ての口上書きに秋山の百姓たちの生活への配慮を願いたい旨を述べている．

以上のように，焼畑，採集，狩猟，漁労，林業，木工品生産，織物・編物つくりといった『秋山紀行』が描く秋山郷のさまざまな生業から見えることは，山に生きる人々の資源利用の幅の広さである．そのなかには板材や木工品などの商品生産もある．牧之は小赤沢村の市右衛門に「秋山で百姓になるのは難しいか」と尋ねているが，小さくとも（九尺二間＝間口 2.7 m，奥行 3.6 m）家さえ作っていればそのまま百姓になれるとの答えは，利用できる資源が多岐にわたることの証左であり，したがって，水田や常畑がなくとも一人前になれるということを意味する．複合的な生業において，主業，副業の線引きさえ曖昧である．白水は，山に生きる人々が季節に応じて山野の資源を徹底的に利用し，そのための技術，技能，知識体系を発達させたこと，無事の山仕事を祈る対象としての山の神の信仰など技術，知恵，心性，慣習も含めて，平地稲作農村とは異なる生活文化体系が存在していたことを認識することの重要性を強調する．独自の生活文化体系を持った山村という認識は，水田に適した耕地に恵まれないために生業を複合化せざるを得ないといった否定的に評価される存在としての，あるいは平地の生活文化を追いかける遅れた存在としての山村像とは異なる山村を見出させる．

牧之は小赤沢の市右衛門から，秋山には盗人はいない，畑の物が盗られたこともない，酒も賭博も知らない，土地，境界争いもないと聞かされ，人々の純朴さに感心している．一方で，着物はボロボロ，女の髪の毛はボサボサなど終始人々の貧しさを伝えている．白水は，牧之は山地の人々は純朴だが無知，山村は貧しく困窮地という平地民が思い描く「期待どおりの山村像」を『秋山紀行』で具現化しているという．白水の指摘で興味深いのは，このような平地民が考える山村像を山地の住民自ら強調して来た面があるという点である．

人文地理学・民俗学者の千葉徳爾（1990）は，平地の人々が山の世界を異界と見るようになったのは，山の人々の「文字を使用せぬ生活」と「自然物利用の日常性」が理由であり，平地の人々の異界としての山村像の出現は，文字が普及し，商品が衣食住の大半を占めるようになった近世であると述べている．白水によれば，平地民が抱く珍奇で奇怪な異界としての山村観は，山地に非日常や異質性を求める平地民の心性の反映であり，そのような好奇心に山地生活に対する蔑《さげす》みが絡まっている．蔑みの対象となったのは，一般庶民が文字を使いこなすことが一般的であった近世社会にあって文字を使えないことに対してである．では，山村の人々ははたして文盲であったのか．

秋山郷の村々が平家の落人の里であるかどうかを確かめたい牧之は，系図を見たいと小赤沢村の市右衛門にたのんだ．しかし，系図は本家に伝わってきたものであるが，秋山では皆文盲で本家さえ何が書いてあるのかわからない，貴重なものなので里の人にも見せないと断られている．牧之は秋山の人々は皆文盲という市右衛門の説明を信じたが，白水は，本家が村役人であることから文字が読めないというのは信じがたいとし，さらに秋山郷の住民の筆跡による古文書が存在していることから秋山の人々が皆文盲ということは市右衛門の嘘であるという．なぜ市右衛門は牧之にそのような嘘をついたのか．白水は，それは，平地の人々に対するホスピタリティ，すなわち貧困と無知という平地人の抱く山村像をわかっている秋山の人々が期待通りの姿を見せようとするサービス精神であるという．千葉（前掲書）も，山地の住民は遠方からロマンの香る人生を求めてやってくる来訪者を失望させまいと心を砕く人々であると述べている．

白水はさらに山地の人々が，平地人の抱く貧困の山村像をあえて自画像として利用していた面にも注目する．山村に関して支配役所に提出された文書のなかの山村像にはあるパターンがあるという．文書の目的は，山村の年貢や諸役の減免，軽減や支援の要請であるため，それらを引き出すために山村の貧困，困窮状態が綴られているが，それを彼らは水田がない故であるという説明をしているのである．平地型生活文化を基準にしてハンディを強調することで山村を劣悪な環境として見せ，平地に住む支配者から税の軽減などの利益を引き出そうとする戦略であるという．つまり，文書の読み手は平地の役人であること，平地に住む人々は生活の基準を水田稲作に置いており，したがって，水田がない山村は生活が貧しいと考えているという書き手を意識したうえで自ら貧しい山村像を描いているというのである.『秋山紀行』に描写された秋山郷の人々の語りからわかるように，山村に水田や常畑がなくともさまざまな生業があり，70 代，80 代の長寿者も何人もおり，自分たちが劣悪な環境にあるとも貧困だとも考えていない．彼らは，必要とあれば，平地人が描く山の民は貧困，無知といったイメージの自画像を利用したのである.

以上，19 世紀前半の越後国魚沼郡塩沢の文人鈴木牧之による奥山紀行から，平地の稲作農村とは異なる山地独自の生活文化の様子，さらには平地人による異界としての山村像をあえて自画像として利用する山地の人々を見た.

3.3　明治末期の山地空間へのまなざし

鈴木牧之が秋山郷を歩いた時から約 80 年後，時代はすでに近代国家として歩み出した明治の末期である．山の神が支配する神秘の空間としての山地と山地に対する民衆の認識に関心をもった人がいた．1910 年（明治 43 年）に出版された『遠野物語』は，33 歳の柳田國男が，岩手県南東部の遠野郷出身の 22 歳の佐々木喜善が口述した山の神，里の神，山人，妖怪，天狗などに関する遠野の口碑（伝承）を書き留めたものである（柳田，1963a).

20 世紀初頭の全国の山村は，自給自足態勢が崩れていく段階にあった（谷川，1983)．明治国家の高級官僚（法制局参事官，農商務省嘱託，兼任宮内省書記官，貴族院書記官長を歴任，辞任は 46 歳時）であった柳田は，30 代半ばまでは農政学者でもあった．柳田は，1908 年（明治 41 年)，5 月末から 3 カ月に及ぶ四国・九州視察旅行に出かけた．その途次，旧来の農業慣行（土地の割替）が存続しているとの話を聞き，山奥深い宮崎県東臼杵《うすき》郡椎葉村に関心を持った．村長中瀬淳宅に 1 週間滞在した柳田は，椎葉村が稲作に依存しない，焼畑と狩猟を生業としている村であること，平野部とは異なる空間に生きる人々を見出した．「山の中に入って狩の好きな村長といっしょに方々を歩いたのです．そのとき村長が話してくれた山の神の信仰，それが実に面白い，ふしぎでたまらない．これはひとつぜひ調べてみよう．――とまあ，そういうようなことが起因となって，このほうに入ったのです.」(1949 年 11 月『批評』，色川（1978）による引用)．椎葉村滞在の成果が，その翌年に自費出版された，村長が伝える狩のしきたりと伝承に序文をつけた『後狩詞記——日向国奈須の山村に於て今も行はるゝ猪狩の故実』である（柳田，1991)．

椎葉村で生まれた山や山村への強い関心が，柳田に視察旅行の年の秋に出会った佐々木の語る遠野の民間伝承に強い興味を抱かせ，翌年 2 月からその記録を本格的に始めたのである．柳田は，その年の夏に初めて遠野を訪れている．『遠野物語』の序文に，馬を借りて巡った村々の様子と高台から一望した遠野の風景が詩情豊かに綴られている．山地や山人への強い関心の成果である『遠野物語』こそが『後狩詞記』とともに，農政学者であった柳田を民俗学者へと転換させた作品であった．さらに，日本には存在していなかった民俗学という新しい学問を，当時流行していた西洋学の輸入ではなく，自らの手で樹立していく契機となった記念碑的作品である（色川，1978)．新しい学問としての柳田の民俗学とは，常民と呼ばれるありふれた人たちの生活の中から日本を計る物差しを研究する学問である（谷川，前掲書)．

北上山地の盆地にある遠野は,「青き山と原野」(『遠野物語』序文）が広がる山深い場所に位置するが,「山奥には珍しき繁華の地」（一話）であった．江戸時代の遠野は内陸の花巻と陸中海岸の釜石を結ぶ交通の要所として栄えた，遠野南部氏一万石の城下町であった（一話)．山地への近さとともに城下町かつ重要な交易地であったことでさまざまな人間が入り込み，情報が集散したことが遠野の人々の好奇心を刺激し，数多くの伝承を生み出した理由と言える（谷川，前掲書)．

『遠野物語』は，119 編の説話で構成され，各説話に番号が振られている．序文の後に「里の神」「山の神」「天狗」「山男」「山女」「狼《おいぬ》」など 34 の題目が掲げられ，各題目の下に説話番号が示されている．説話数が多い題目は,「山男」「魂の行方」の各 8 話,「家の神」「昔の人」「家の盛衰」「狼」の各 7 話,「山の神」の 6 話であり，山や山人に関する説話が多い．全体を通して，ザシキワラシなどの神々，精霊，死者，狐などが村人の家の中を自在に出入りしていることがわかる．

山奥に住む山人は村人には非常に恐ろしい存在である．山男は，毎年村の女をさらう（六，七，三一話）．山人は普通の人間に見えるが，背が高く眼の色が違う（三，七，三十，九二話）．村人は山の神にも恐ろしさを感じていた．山の神の姿は，山男に似ており，背が高く，顔が赤く，目が光り輝いている（八九，九一，九三，一〇二，一〇七話）．山の神の祟《たた》りは非常に恐ろしいものであった．遠野郷の各所にある山神塔は，そこで村人が山の神に出会い，その祟りを受けた場所であり，山の神をなだめるために造立されたものである（八九話）．一方で，山の神に出会った村人が占いの術を身につけた（一〇七，一〇八話）というように，山の神は村人に神秘的な力をもたらす存在でもある．

その他，『遠野物語』には，家の中に死者が現れたり（二二，二三話），オクナイサマという家の神が田植えを手伝った（十五話）など不思議な内容が多いが，柳田は序文で『遠野物語』の内容は昔話でもデタラメでもない，まさに「現在の事実」であると宣言している．口承文芸学の石井正巳（2016）は，『遠野物語』の世界は，嘘か本当かといった二分法でとらえるものではなく，生と死の境界さえ曖昧で，死者は死の世界と生の世界の境界を往来できると考える精神世界に生きる民衆にとってはまさに「現在の事実」であると述べる．

四周を山に囲まれた盆地に暮らす民衆は，山地をどのような空間として認識していたのか．民衆思想史の色川大吉（前掲書）は，民衆が暮らす３つの心的世界に言及している．１つは，村人がより寄り添って暮らす集落という人工的空間であり，現実世界である．民衆は，現実世界の外には延々と広がる神秘的な空間があると考えていた．神秘的空間としての山に対する崇拝には，愛着とともに畏怖を含んでいた．そこは２つの心的世界で構成されている．１つは，人間の手が入らない山奥で神，精霊，山人らが住んでいる神霊的空間．村人にとってここは恐ろしい空間である．もう１つは，人工的空間と神霊的空間の中間にある神と人との共生空間である．『遠野物語』の説話の多くは，神霊的空間と共生空間が舞台になっている．村人は，共生空間に祖先たちの霊魂が集まっていると考え，愛着を感じている．ここで村の女や子供が神隠しにあったり，ここから村に戻ってきたりする．村人は，オクナイサマやザシキワラシなどの家の神，カクラサマなどの里の神や川童《かっぱ》などが，共生空間と村とを自在に往来していると考えていた．

「神の始」と題される二話に，遠野盆地を囲む山々のうち，早池峰山（標高

1914 m)，六角牛山（1294 m)，石上（石神）山（1038 m）の遠野三山に若い三人の姉妹の女神が住むようになった由来，特に最も美しい早池峰山に三女が鎮座するようになったこと，そして女神の妬みへの恐れから遠野三山が女人禁制になったことが書かれている．一方で，男にとって遠野三山は，15 歳になった男子が一人前になるために登頂しなければならない成人儀礼の場であった．女人禁制も男子の成人儀礼も第二次世界大戦後にはなくなり，「崇高な信仰対象としてあがめてきた山との強い緊張関係は，急速に失われていった」（石井，前掲書).

柳田は，『遠野物語』を，民俗学者の谷川健一（前掲書）の言葉を借りれば，民衆の「共同幻覚が生み出した物語」，あるいは色川（前掲書）の言葉では，「東北の民衆の長期にわたる集団的な創造的想像力のたまもの」としてとらえていた．色川は，前近代の民衆が生きた伝統的共同体は，上述した 3 つの心的世界のなかで暮らしているという感覚を共有しながら日々の生活を送る民衆がいたからこそ成立していたと述べる．谷川によれば，『遠野物語』における民衆の共同幻覚は次の 4 つの交渉（コミュニケーション）で構成されている．それらは，第一に自然の精霊，祖霊，神々と村人との交渉，第二に山人と村人との交渉，第三に他界と村人との交渉，そして第四は獣たちと村人との交渉である．ここでの神とは，上述したザシキワラシやオクナイサマなど国家神道が組織的に確立する以前の民衆の生活のいたるところに存在していたきわめて人間くさい神々である．遠野の民衆にとってデンデラ野と呼ばれる場所（現在は，畑になっている）は，身近に存在する他界であった．老人は全員，60 歳を超えるとデンデラ野に捨てられたが，彼らは日中は里へ下りて農作業をし，夕方にはデンデラ野に戻った（一一一話)．生きていながら死んだ人がいるデンデラ野は，上述したように，生と死の境界さえ曖昧な精神世界に生きる民衆にとっては何ら不思議な光景ではなかったのだ．

『遠野物語』の序文の中の有名な文章，「国内の山村にして遠野より更に物深き所には又無数の山神山人の伝説あるべし．願はくは之を語りて平地人を戦慄せしめよ.」で柳田が伝えているのは，山神や山人の伝説は遠野だけの特異なものではなく，奥山の山村に多くの遠野が存在するという問題意識である．1913 年（大正 2 年）に発表した『山人外伝資料』と 1917 年（大正 6 年）の講演手稿である『山人考』で述べるように，柳田は山人を平地に住む日本人とは異なる狩猟採集民である先住民の子孫であると考えていた（柳田，1963b）．山人は，渡来した日本民族（稲作民族）との闘争に敗れ，駆逐された結果，深山への退歩を余儀なくされた人々であり，多くは平地に下りて日本民族と同化したが今なお深山には子孫が残っているとの仮説を立てた．さらに山地を漂泊するサンカと呼ばれる人々などは内外から圧迫を受けて漂泊を余儀なくされた先住民の子孫であると考えた．

柳田が山人追求に熱心に取り組んだのは日本人の起源を明らかにするためであったが，谷川によれば，山人をあたかも野獣や怪物のように扱ってきた日本人（平地人）の通念と戦うためでもあり，上述の「願はくは之を語りて平地人を戦慄せしめよ．」にその想いがこもっている．柳田は，山人追求のための研究を続け，和歌山県田辺にいた博物学者であり人類学者である南方熊楠に教えを乞う手紙を出した．

当時，南方は国家による神社合祀に対して反対運動を繰り広げていた．明治政府は，西洋諸国に精神的に対抗するために神道を日本人の精神生活の中心に据え，国民道徳の礎にしようとした．その一環として，1906年（明治39年），神社を近代的組織へと再編するためにさまざまな神が祀《まつ》られていた数多くの社や祠《ほこら》をまとめて一町村一社に合祀《ごうし》する神社合祀運動が始まった．各村に鎮守の神社1つを残して　集落ごとに祀られていた数多くの神社と祠が取り潰され，神社を包み込んでいた森や神木が次々と伐り倒され，売却されていった．南方が暮らしていた和歌山県は特に強制的に神社合祀運動を進めた（芳賀，2011）．南方は法制局参事官であった柳田に援助を求め，柳田はそれに応えた．神社合祀反対運動が一応の終息をみせてから，しかし，両者の関係は冷えていく．南方は膨大な量の書簡を柳田に送ったが，そのうちの一通，1916年（大正5年）12月23日付けの，山男とは特殊な事情で止むを得ず山に住み，世間から遠ざかった男（女）にすぎない，ただ人間の男が深山に住むだけだ，との柳田の山人仮説を論破する手紙によって両者は決裂した．

柳田の山人への関心は続き，1925年（大正14年）に『山の人生』を著したが，山人は先住民の子孫であるとの主張は影を潜め，山の神秘を山民（柳田は，山人を先住民，山民を平地民と使い分けた）の生活と宗教で示す内容になっている（柳田，1963c）．谷川は，これ以来，柳田は日本列島の歴史民俗社会を異質な複合文化として見る視点を捨て，それが柳田の民俗学，ひいては日本民俗学の大きな転回となったと論じる．山人仮説の立証に挫折はしたものの，柳田の山地や山に生きる人々への関心の根底にあった，民衆の過去を捨象して突き進んでいこうとする近代化の意味への問いかけは今なお意味を持つことには変わりはない．

おわりに

本章では，近世から明治末の山村の暮らしや山地への民衆のまなざしを見てきた．そこには多くの現代人の「認識の外」にある山地や山村の豊潤な来歴が見えてこないだろうか．多くの先学たちを惹きつけてきた山地の神秘性や山村の魅力は今も失われてはいない．ただ，残念なことに，現代人の多くは山地，山村や森林に触れる機会が圧倒的に少ないために，それらが関心の外に置かれたままである．本章は，現代人の多くの「認識の外」にある山地や山村を「認識の内」にするための小さな試みである．私たちは山地，山村，森林とどのような関係を結んでいくかを考え続けなければならない．この想いへのエールとして，長くなるが，民俗学者の谷川健一が，1972 年に発表した「私の地方文化論」（谷川，1983：430–432 に収録）を紹介して本章を終えたい．1972 年とは，高度経済成長期の終盤にあたり，首相になる直前の田中角栄が日本列島改造論を発表した年である．

日本は明治になって欧米の先進国に追いつくことを目ざして，急激な近代化をはかった．しかしその近代化の基調となるのは，富国強兵策なのであった．富国は国民から税をとりたてること，強兵は国民を兵役にかり立てることであって，そこには前近代の文化を近代と接受させようというこころみはほとんどなかった．

つまり海外の先進国の文化をとり入れるのも日本国家の富国強兵策をがむしゃらに推進することの手段でしかなかった．地方文化を統合して中央文化を形成するというのではなく，なにがなんでも中央集権によって，国民を支配層の思うとおりにすることを志した．国民は国家政策を遂行するための部品としか見なされなかった．それでも明治二十年代までは国民も近代国家を自分たちの手で作りあげようとする意欲を示したが，それ以後になると，国家意思だけが独走して，国民は取りのこされがちであった．（略）

…日本国家は破滅的な第二次大戦に突入した．そして敗戦という手ひどい傷を受けたとき，富国強兵策のうちの「強兵」の目標は一応打ち捨てられた．今度は富国だけに邁進することになった．だが「富国」も国民がGNPにうつつを抜かしたあげく，したたかな打撃をこうむる始末になった．富国もまた国民の理想とはいわれなくなった．こうしてはじめて，中央の支配層の方針が国民の目標とするものではないことが実証されたのである．富国強兵策にかわるべきものは何か．

それは上から政治家や支配層が与えるものではない，という苦い省察のはてに浮かぶものは，中央にたいする盲従への自己反省である．（略）

…かつて内村鑑三は，人がたまたまある国に生まれたから，というそれだけの理由で，その国を祖国と呼ぶことはできない，といった意味のことを述べた．このことばは味わいがふかい．そして私たちは，人はどこかの土地に生まれたからといって，それだけの理由でそこをふるさとと呼ぶわけにはゆかない，といい直すことができる．

土地と人間のかかわりが必然的なものになるためには，ひとつの自覚が必要なのである．生まれそだったから，そこに生活しているから，ということを理由とはしないという意思と自覚としてもたなければならぬ．つまり生得なものではなく，自らの手で獲得した理由によってのみ，人はその土地と必然的なかかわりをもつことができる，と私は考える．（略）

…所与の意味をまず拒否することから始めるべきである．その果てに，自分だけの意味が生まれるにちがいない．そのとき土地と人間のかかわりが必然的になる，と私は考えるのである．

引用文献

千葉徳爾（1990）山人と「世間」，体系日本の歴史と芸能　修験と神楽，pp. 160–189，平凡社．
芳賀直哉（2011）南方熊楠――いのちの森を守る闘い――，pp. 208，静岡学術出版．

原田信男（2002）列島の生業史，いくつもの日本IV さまざま生業（赤坂憲雄・中村生雄・原田信男・三浦佑之 編），pp. 3–36，岩波書店.
原田信男（2005）歴史のなかの米と肉　食物と天皇・差別，pp. 381，平凡社.
色川大吉（1978）日本民俗文化大系 1　柳田國男　常民文化論，pp. 491，講談社.
石井正巳（2016）柳田國男　遠野物語，pp. 121，NHK 出版.
米家泰作（2019）森と火の環境史，pp. 381，思文閣出版.
松山利夫（1986）山村の文化地理学的研究——日本における山村文化の生態と地域の構造——，pp. 362，古今書院.
宮本常一（1995）消えゆく山民　日本残酷物語 2　忘れられた土地（宮本常一・山本周五郎・楫西光速・山代 巴 監修），pp. 243–277，平凡社.
岡橋秀典（1988）新過疎時代の山村問題．地理科学，**43**，pp. 169–176.
関戸明子（2000）村落社会の空間構成と地域変容，pp. 400，大明堂.
白水 智（2005）知られざる日本　山村の語る歴史世界，pp. 294，日本放送出版協会.
鈴木牧之・宮栄二校注（1971）秋山紀行，秋山紀行・夜職草，pp. 1–337，平凡社.
鈴木牧之・磯部定治 訳・解説（1998）秋山紀行，pp. 117，恒文社.
谷川健一（1983）谷川健一著作集 3 民俗学編 III，柳田学と折口学，p. 438，三一書房.
渡辺尚志（2002）近世的土地所有の特質，新体系日本史 3　土地所有史，pp. 247–258，山川出版社.
柳田國男（1963a）遠野物語　定本柳田國男集　第 4 巻，pp. 3–58，筑摩書房.
柳田國男（1963b）山人外傳資料　定本柳田國男集　第 4 巻，pp. 449–472，筑摩書房.
柳田國男（1963c）山の人生　定本柳田國男集　第 4 巻，pp. 59–186，筑摩書房.
柳田國男（1991）後狩詞記　柳田國男全集　第 1 巻，pp. 427–466，筑摩書房.

コラム 1

森とつながる文化

小林 知

富山県の営林署のアルバイトで，北アルプスの山岳パトロールをして夏休みを過ごしたことがある．担当したエリアに点在した山小屋を数日単位で移動しながら，朝から夕方まで森のなかを歩いた．パートナーの学生と2人組で行動することが基本だったが，たまにひとりになることもあった．ある日，黒部川の源流の浅瀬を歩いて進んだときの感覚を，いま思い出す．腰ほどの高さの石に登って座り，濡れた足を乾かしていたとき，ふと，ある種の恐怖に襲われた．目のまえの森のなかには，いま，誰も（人間が）いない．この事実に気づいた瞬間である．自分は，森にとって異物なのだという強い感覚が湧き上がった．しかししばらくすると逆に，自分が森に溶け込んだかような安心感も覚えた．まもなく日が傾きだし，山小屋に帰らなければと意識が日常の時間に戻ってしまった．静寂のなか，森の一部として自分の存在をとらえ直したこのような感覚は，山登りをする人の多くがもつ経験だろう．

現代人が森に対してもつ一体感，そのつながりの感覚は，しかし，しょせんまやかしである．北アルプスで過ごしたその夏のわたしも，その例に漏れない．アルバイトの仕事は，高山植物を違法に採集する登山客をみつけ，注意することだった．人間（の一部）は，自然（高山植物）を切り取り，持ち帰ろうとする．そこには，自らの楽しみだけでなく，経済的な価値が付随している場合がある．また，我々が守るに値すると考える自然の状態とは何かという人間の側の都合も働いている．そのアルバイトの最中に，地元のテレビ局の取材を受けた．その時，カメラマンが「絵になるもの」として求めた作業は，登山道の木道を点検する所作だった．よく知られるように，高原の湿地帯に多くの人が入り，行き来すると，踏み跡が道になる．踏まれた植物は枯れ，土が露出し，雨風を受けて土壌浸食が始まってしまう．それを防ぐために，木道がつくられる．

それにより，高山植物の生育環境が保護される．ただ，理想の自然とは何だろうか．そこには，人間中心の「審美眼」が浮かび上がっているようにも感じる．

その後，縁あって，カンボジアの農村に住み込んで調査を行った（小林，2011）．カンボジアは，東南アジアの大陸部，インドシナ半島の南部にあり，1970 年代から 1990 年代初頭にかけて，冷戦構造の下で紛争と国際的孤立を長らく強いられた過去をもつ．その土地で，長い混乱の後に人々がどのようにして生活を送っているのかが知りたかった．トンレサープと呼ばれる大きな湖に近いある村に住むと，物質文化の質素さがまず目に付いた．カンボジアの低地に住む人々は，クメール人と呼ばれる．彼らは高床式の木造家屋に住み，牛や水牛を飼い，稲作と小規模な漁業をして暮らしてきた．テレビやラジオはまだほとんど普及していなかった．昼の間に自動車のバッテリーを街の充電屋に預けて，夕方受け取りに行き，夜の灯りとして使っていた．田起こしや荷物の運搬には牛車を使い，役牛の世話は少年たちの仕事だった．粗放的で，自然環境にほとんど手を加えずに行う稲作のかたちは，半世紀ほど前からほとんど変わっていないようにみえた．さまざまな個々人による工夫はあっても，取り立てて目を引く技術の進歩はなかった．

生業の技術が古色蒼然たるさまであったのに対して，人々の考え方には，明らかな変化がみられた．20 世紀初頭の報告によると，クメール人は，非常に豊かな宗教文化をもっていた．農耕に関する儀礼は特に多様で，フランス人のエヴリーヌ・ポレ＝マスペロ女史はその文化を 3 巻の書物にわたって記述した（Porée-Maspero, 1962；1964；1969）．日本の東南アジアの社会と文化の研究に大きな足跡を残した民族学者の岩田慶治も，1960 年代に，タイ領内のクメール人村落で稲作儀礼を観察している．岩田によると，その儀礼は段階的な構造をもち，村を挙げて，長期間にわたって行われていた（岩田，1995：193–201）．まず，雨期の初めに，家や村の先祖に供物を供えて，祖先に実りを祈る儀式があった．次いで，田にスキを入れる．初田植え，雨乞い，脱穀を始める式，そして収穫後の村をあげてのお祭りが続いた．この一連の儀礼が示していたのは，稲には魂があり，籾倉から田へ，そして再び籾倉へと循環するという思想だと岩田はいう．稲の魂の存在はさらに，家の先祖のカミ，村の先祖のカミ，土地のカミといったその他の見えない存在に支えられていた．

そのような儀礼は，しかし，1990年代末のカンボジアのクメール人のあいだには見られなかった．田にスキを入れる時期は，世帯毎の判断にまかされ，バラバラであった．一方で乾期から雨期へと移る降雨のパターンに規定されるために，苗床の準備，水田の耕起，田植え，稲刈りなどの作業のタイミングに世帯間で大きな差はなかった．しかし，かつてその節目を標づけた宗教文化は失われていた．農耕のリズムは，儀礼の専門家によって決められるものではなくなっていた．2年におよんだ住み込み調査のあいだ，集落から離れた1つの田で，竹の棒の一方の先端を細かく割いて円状に開き，食物を載せ，反対の端を地面に埋め込んで立てたチョームと呼ばれる祭祀用具を見たときは，農耕に付随する人々の宗教的な関心を感じた．しかし，それが唯一の機会であった．そして村人の多くは，そのような儀礼には効果がないと話していた．

要するに，現代カンボジアの人々は，近代的で，合理的な世界観のなかで生きるようになっていた．例えば，わたしが農作物の出来について質問すると，村人の多くは，その年の雨の量と時期，農地の水文環境，土壌，施肥などの諸条件がどう働いているのかについて意見を披露した．地表から大気中へ水蒸気がのぼり，空の上で雲となり，それが再び雨となって地面に落ちてくる．施した肥料の養分が，水に溶け，根から吸収され，作物を育てる．自然のなかで物質がこのように循環するさまはよく知っている．しかし，それが自らを含む〈生命〉の環のなかでつながっているという意識は，もはやなくなっていた．稲には魂があり，その魂を慰撫する儀礼を通して豊作を祈るといった儀礼文化の精神は，カンボジアのほとんどの人にとって，時代遅れの習俗となっていた．

農耕儀礼のほかにも，「家屋の入り口は東向きに設ける」「雨期には結婚式をしない」といった生活のなかの細やかな文化が，その理由がもはや明らかではないとか，現代の生活に合わなくなったなどといわれ，人々から見向きされなくなっていた．滞在中，雨期に干ばつの被害が広がったときに人々がみせた行動も印象的だった．一部の村人は，伝統的な雨乞いの儀礼をしようと提案した．しかしそれは，村の全体の意見としてまとまらなかった．伝統的な雨乞い儀礼は，薄く水を張った平たい盆に一尾の雷魚をいれる．次いでそれを，日照りで乾いた田の真ん中に置く．そして，その前に立った僧侶が，仏教の経典を誦経する．すると雷魚が世界に変化をもたらし，雨が降るという．しかし村のなかには，雨が降る原因はそのような行為と何も関係が無いと主張し，儀礼を行おうとする意見に強く反対する人々がいた．

ところで，1990年代のカンボジアには，それまで国内で長く紛争が続いていたおかげで，豊かな森が残されていた．タイとの国境においては，反政府軍が実効支配した地域の森の伐採をタイの業者に許可したため，1980年代から多くの木材が伐られた．しかし，国土の大半の森は手つかずのままだった．ところがそれらの森が，平和になり，治安が回復した2000年代初頭から急速に減り始めた．その一部は，和平後に農地を求めて森に移動した人々による新規の開拓を原因とする．さらに，規模の上でより大きいのは，政府が定めた「経済的土地利用権」というコンセッションを支えとした組織的な伐採である．社会が平和になったとたん，森林は資源とみなされ，巨額の投資の対象となった．とはいえ，政府と外国企業が進める開発プロジェクトによる伐採は，他地域の例に漏れず，政府高官ら一部の権力者の私腹を肥やすばかりに映る．それにより生活の場と糧（農地）を失った貧しい人々の行く先は，不透明なままである．

資源開発の恩恵が社会に還元されているとは言い難い状況を目の当たりにすると，当事者ではないとしても，どうすればよいのだろうかと考えさせられる．NGOなど市民団体は，権力者やビジネスマンによる資源の乱開発の実態を摘発し，糾弾している．しかし開発の利権は，司法，行政，警察の全てを掌握する政府与党の内部にある．そのため，実質的な歯止めは期待できない．そのなか，伐採の対象となった森の大樹を人に見立てて，僧侶の黄衣をまとわせ，出家の儀礼を開催する行為が関心を呼んでいる．それは，タイの市民社会組織が先に始めていた，仏教文化の伝統と結びつけた森林保護の一活動をまねたものである．

アジアの各地には，人間と森との濃密なつながりが伝統的に息づいていた．その様子は，森を焼いて畑を開き，生命をつないできた焼畑農耕民の世界において特に詳しく報告されている．例えば，タイと中国の国境に近いミャンマーの山地部に住むカチンの人々と長く生活を共にした吉田敏浩の著作がある．吉田によると，陸稲を栽培するカチンの人々は，昔のクメール人と同じように，稲には魂があると考えている（吉田，2001：10-25）．稲魂は，人間と同じように感情をもち，いやなことがあると逃げ出してしまう．だからこそ，陸稲を播種して，生育を見守るなかで，鳥を追いはらい，草取りをして世話をする．そして，稲が穂を伸ばす雨期の半ばには，豊作を祈願する儀礼を焼畑で行う．稲の魂を授けさせてください，どこにも行かずに，このまま無事豊かな実りをもたらしてくださいと願うその祈りの対象は，森の精霊と土地の精霊である．焼畑は森とつながっている．稲の魂は森をめぐり，畑に返って実を結ぶ．森は，〈生命〉の循環の出発点であり，終着点でもある．

吉田によると，カチンの人々は，樹高 20 m を超えて森の奥にそびえ立つインドボダイジュやインドゴムノキの大樹を霊的な生命力の象徴と見立てている．そして，空高くあがった月の表面にその樹があり，不老不死を約束する果実が実っていると信じる（吉田，1997：205）．彼らはまた，人は死後，山の奥にある祖霊の地にゆき，そこで現世とおなじように村をつくり，焼畑を拓いて暮らす他界の一員になるのだという（吉田，2000：115–121）．そして人が死を迎えると，残された家族らは，死者が迷うことなく山中の他界へ行くことができますようにと祈るのである．森は，生きている人間のものであると同じく，死者のものでもある．そして，森の大樹には天から精霊が降りてきて，人々の儀礼に応えてくれる．〈生命〉の連鎖と循環のなかで，人，死者，精霊と森はつながっている．

現代のカンボジアの人々とて，〈生命〉に対する感覚と精神が全て近代化されてしまったわけではない．彼らは，屋外で食事をするとき，ご飯をひとかたまり，少量のおかずとともに，傍らの草むらに置く．家の棟上げ式や結婚式をする際にも，火を点けた線香を一本地面に立て，その横にコップを置き，ジュースや酒を注ぐ．そうしながら，土地と水のカミに加護を願うのである．自分や家族，仲間たちの健康や幸運が目に見えない何ものかの影響の下にあるという感覚を，藪や地面との接触のなかで確認する文化が，いまのカンボジアの人々のなかにも生きている．いや，日本人の多くにだって，その感覚はまだある．京都盆地の片隅の田には，今年の正月に，小さなしめ縄飾りが立てられていた．

私は私だけのものだろうか，一幅の土地や森は，人間だけのものだろうか．おそらく，カチンの人々と我々の違いは，その〈生命〉の連鎖と循環の意識が，森にまで届いていないことである．精神の近代化が進み，森や樹がそれぞれに意思をもち，この世界で人間と同格の存在であると考えていた伝統的な思考が希釈されてしまった過程には，地域ごとに違いがある．しかし，森を資源としか見なさない近代的な世界観と異なる視座があったことを思い起こす努力は，今後の世界に必要とされる共通の課題だろう．たとえ，乱開発の防止という目的への実質的な影響力は限られたものだとしても，人間のより良き生活は，その先にあるのではないか．

引用文献

岩田慶治（1995）岩田慶治著作集 第１巻 日本文化の源流：比較民俗学の試み，476 pp.，講談社.
小林 知（2011）カンボジア村落世界の再生，450 pp.，京都大学学術出版会.
Porée-Maspero, É. (1962) *Étude sur les rites agraires des Cambodgiens, Tome I,* Paris, La Haye, Mouton & Co, 3 t.
Porée-Maspero, É. (1964) *Étude sur les rites agraires des Cambodgiens, Tome II,* Paris, La Haye, Mouton & Co, 3 t.
Porée-Maspero, É. (1969) *Étude sur les rites agraires des Cambodgiens, Tome III,* Paris, La Haye, Mouton & Co, 3 t.
吉田敏浩（1997）森の回廊――ビルマ辺境民族開放区の 1300 日，494 pp.，日本放送出版会.
吉田敏浩（2000）北ビルマ：いのちの根を訪ねて，269 pp.，めこん.
吉田敏浩（2001）生命の森の人々――アジア・北ビルマの山里にて，165 pp.，理論社.

第4章 森を区切り，所有する
ラオスと日本における「領域化」

百村帝彦

はじめに：境界にあるプレート

日本の都市部では多くの人が暮らしており，ビル，マンションや家などの建物が密接して林立している．建物と建物の隙間はわずかしかなく，隣の敷地との境界は明確に分けられており，それを示す刻印，すなわち境界標（プレート）もある．職場や買い物に行く途中など市街地を歩いている際，街角の足元でこのようなプレートに気づかれた人がいるかもしれない．この境界標は，家と家の境界や民有地と地方自治体の所有地の境界など，異なる所有者間の土地の領域を明確に示すものである．境界標は，金属やコンクリートで作られているものが多く，半永久的にその境界を示してくれている（図 4. 1）．境界が明示されていることで，土地の所有に対する争いを防ぐことができる．

宅地や建物などの所有者は決まっているので，隣家との間で境界が定められているのは当たり前のことじゃないかと思える．しかし，さまざまな事例を見ていると，必ずしもそうではないということがわかってくる．図面上の境界と実際の境界が一致していなかったり，隣人同士が境界を口頭のみで確認しており文書や図面がなかったり，境界を示す図面が大雑把であるということがある．そもそも，境界を示すという行為そのものがないということもあるのだ．

これを農山村部に当てはめてみると，境界の曖昧さがより顕著になってくる．農山村部は人口密度が希薄であり，土地や森林の利用が疎に行われており，境界に関する認識が緩やかになることがある．このため，都市部とは全く違うと

図 4.1　住宅街にある隣家との境界標
金属プレートが埋め込まれている．筆者撮影（以下，本章内で特に出典の表記がないものは筆者撮影による）．

らえ方をすることも起こりうる．さらに海外に目を向けると，土地に関する考え方が異なることもあり，森林や土地の境界に関するとらえ方もまったく異なっている．

本章では，農山村部において森の境界を決め，領域を定めるということ（領域化）がどのようなことか，またそれによってどのようなことが起こっているのかを，東南アジアにあるラオスと日本の事例を通して見ていく．

4.1　ラオスにおける領域化

4.1.1　ラオス概要

本章で取り上げるラオスは，東南アジアの内陸部に位置する国であり（図 4.2），インドシナ内戦が終結した 1975 年に，現在の社会主義体制が確立した．農山村部の人口割合は 1995 年に 82% であったものが，2005 年に 72.8%，2015 年に 67.1% と徐々に減少しているが（Lao Statistics Bureau, 2016），現在も多くの住民が農業に依存して暮らしている．主要な農産物は，日本と同様にコメであり，農山村部を訪れると水田が広がる景観を目にすることができる．

図 4.2　アジア大陸とラオスの位置

またラオスは日本と同様に山がちな地形であり，山地や丘陵地が多くある．しかしこれら山地や丘陵地では，日本のように棚田や谷津田を見ることはほとんどない．その代わりに，少数民族を中心に焼畑農業が盛んに行われている（図 4.3）．社会主義体制下でほぼ鎖国状態だったラオスであるが，1980 年代後半から市場経済導入へと政策を転換した．市場経済が本格的に浸透した 2000 年代中頃になると，キャッサバや飼料用トウモロコシといった商品作物やゴム・ユーカリ，またバナナ・スイカなど外国への輸出用の商品作物栽培が盛んに行われるようになってきた．これら 10 数年にわたる農業形態の変化のため，山地や丘陵地では，焼畑農業から商品作物栽培やゴム・ユーカリ造林などへ転換され，農山村部の農業景観が大きく変容することとなった．

本節では，ラオスで起こった森林の領域化の動きについて概説を行う．まずラオス全土において制度的な森林の領域化がどのように起こっていったのかを森林関連法令から追っていく．次に村落レベルでの土地や森林の利用形態において，政策として実施された土地森林分配事業によってどのような領域化が起こっていったのかを，村落レベルでの事例を通して見ていく．また経済・社会のグローバル化によって，村落の土地や森林の価値の変容が与えた領域化／囲い込みを見る．さらに，REDD プラスという新たな森林保全策による森林の領域化の動向について概説する．

図 4.3　丘陵地での焼畑
奥にある二次林を順次伐開して焼き，コメを植えている．→口絵 2

4.1.2　森林関連法令による全国レベルの森林区分の確定とその領域化

ラオスにおいて森林の領域化がはじまったのは，建国間もない 1970 年代後半のことであった．旧ソ連，チェコ，ブルガリアなど旧東側諸国や世界銀行など援助機関等の支援によって 9 つの国有林業公社（SFEs）が全国各地に散らばる形で設立され（図 4.4 の左端；Dwyer & Ingalls, 2015；Dwyer, 2011），木材の伐採・販売が進められていた．森林域にある木材販売を基に，国家の歳入を増大させようという考えであった．国有林業公社（SFEs）は，伐採対象となる森林域の大まかな場所を定め，その地域で伐採作業を行っていた（Dwyer, 2011）が，その「領域」がどこからどこまでという明確な境界はない状態であった．これら国有林業公社の業務はその後，軍関連の 3 つの林業公社に受け継がれたが，その際の森林域も明確な領域がなかったようであった．これら一連の林業公社による森林施業では，明確な境界はなかったとはいえ，一定の地域を公社の下に置く排他的な管理を行っていることに違いはなく，ラオスにおける領域化の萌芽であったといえる．

森林に明確な境界を定めた領域化が初めて見られたのは，1993 年になってからであった．1993 年，「保護林に関する首相令」制定によって，全国 20 か所で国レベルの保護林が設定された．保護林はその後も追加され，合計 387.9 万 ha を占めるにいたり，ラオスの森林全体の約 17% を占めるにいたった

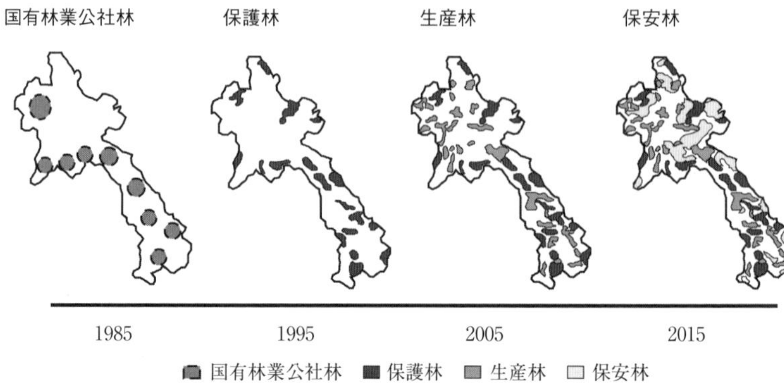

図 4. 4　ラオスにおける森林の領域化の変容
Dwyer and Ingalls (2015) を基に筆者作成．

(MRLG, 2019)．上述の林業公社による木材伐採とは目的が大きく異なり，生物多様性や希少動植物種の保護のため，国家によって森林が領域化されたのである（図 4. 5）．さまざまな区分のある森林のなかでも，保護林が最も早い段階で法令化・領域化されたのは，上述の林業公社による木材伐採を含め[1)]，1980 年代から 1990 年代にかけて進んでいったラオスの森林破壊に対して歯止めをかけたいという援助機関の考えと，それを受け入れたラオス政府の意向が合致したということであった．ただし，この時点での保護林の領域は，「地図の上での領域化」であり，境界票の設置など現地でその境界を示す行為はほとんどなされていなかった．複数の援助機関が，それぞれ担当する保護林で森林保全活動の支援を進めていったが，総面積が約 390 万 ha と広大ということもあり，現場で境界に杭を打つといった行為はほとんどなされていなかった．

「保護林に関する首相令」が制定されたのと同じ 1993 年，「森林及び林地の管理・利用に関する首相令」が制定された．社会主義国家としてのラオス建国後，それまで森林管理に関する法令がほとんどなかったが，この時点から法令整備が始められたわけである．また 1990 年代はラオスだけではなく国際的にも熱帯林破壊が大きな問題となっており（黒田・ネクストゥー，1989），持続可能な森林管理の重要性が説かれはじめたことも，これら法令整備の背景にあ

1）2002 年になると軍関連林業公社による木材伐採は，国防省から財務省の管轄に置かれ，事実上終了した（The World Bank Vientiane Office, 2004）．

図 4.5　保護林の存在を示すプレート

った．この首相令は，ラオスのすべての森林を対象とした管理方針を示したものであるが，森林を用途ごとに区分し，それぞれの用途に沿った形で森林管理を目指すものであった．上述の「保護林」を含め，砂防・土壌流出を防ぐ「保安林」，木材など森林資源を利用する「生産林」，森林の再生・維持を目指す「再生林」，荒廃や大きなダメージを受けた「衰退林」の 5 つの森林類型が定められた．これによりラオスの森林は，森林類型ごとに森林を管理し，領域化する素地ができあがったわけである．

この 5 類型の森林区分は，その後策定された森林法（1996 年）でも踏襲されたが，2007 年に改定された森林法において，「生産林」，「保護林」，「保安林」の 3 区分のみとなった．「衰退林」，「再生林」といった現状の森林を反映した森林区分がなくなり，管理目標とすべき森林区分のみに再整理されたといえる．

次いで領域化されたのは生産林であった．世界銀行などの援助機関によって 1995 年から実施された森林管理保全事業において，ラオス中南部に国レベルの生産林を 3 か所設置し，その領域や管理規則を首相令（59 号：2002 年）によって定めた．政府系林業公社による木材伐採が収奪的な形で行われていたこともあり，同じ目的を持つ「生産林」においてその持続的な森林管理規定を定めたのであった（北村，2002）．その後，全国各地に合計 51 箇所 311.3 万 ha の生産林が設置され（Barney & Canby, 2011），森林管理計画に基づいた持続的な伐採を行うことと定められた（図 4.4 の真ん中の図；MRLG, 2019）．

最後に領域化が進められたのは，水源涵養，土壌流出防止の役割を持つ「保安林」であった．全国各地に49箇所，748.2万haもの保安林が制定された(MRLG, 2019)．これら3つの森林区分の総面積は1,447.4万haで，これはラオス全体の面積の約62.8%に相当し，国土のかなりの領域を占めている．さらに，県レベルや郡レベル（地方行政機関が設置するが，管理は中央政府の県・郡支部機関なので，所有権は国となる）の保護林，保安林，生産林なども設置され，これら森林のラオス全土で占める割合は約69%にまでいたった(MRLG, 2019)．

森林を区分し領域化を後押ししたのは，外国援助機関などによる熱帯林破壊への危惧があった．これは法令の下で適切な森林管理を実施するには「区切ることにメリット」があったからであり，政策としては当然の理ともいえる．しかし，あまりにも大面積の森林が特定の類型に属することになり，現地で居住している村落住民の土地利用との間に大きな齟齬が出ることとなってしまった．農山村部には多くの村があるので，政府管轄の保護林や保安林内に村が立地していたり，村周辺の住民の農地や焼畑地までもが保護林などに含まれることも頻発してしまった(MRLG, 2019)．

次節では村落レベルでの土地森林利用に対してどのような施策が行われたのか，またどのような領域化が行われていたのかを概観する．

4.1.3　土地森林分配事業による村落レベルの土地森林区分の確定と領域化

ラオスの農山村部は，概して日本と同様に水田や畑作物といった栽培地を村落住民の世帯ごとに栽培し，その管理をしている．日本と大きく異なるのは，焼畑地に関してである．焼畑地は移動して耕作する形態であり，年ごとに栽培場所が異なっている．焼畑を行っていない年は栄養を蓄えるために土壌を休ませて（休閑），二次林として回復するのを待っている（図4.3）．これら休閑林・二次林や農地は，村落住民の間では土地がどこにあり，どれが誰のものなのかを知っているが，それは慣習的な所有権であり，法令のもとに定められたものではなく，当然正式な地図もなかった．農地だけではなく，居住地，村の共有の森林，村と村の村界についても慣習的には分けられていたが，そのほとんどが行政によって認められたものではなかった．

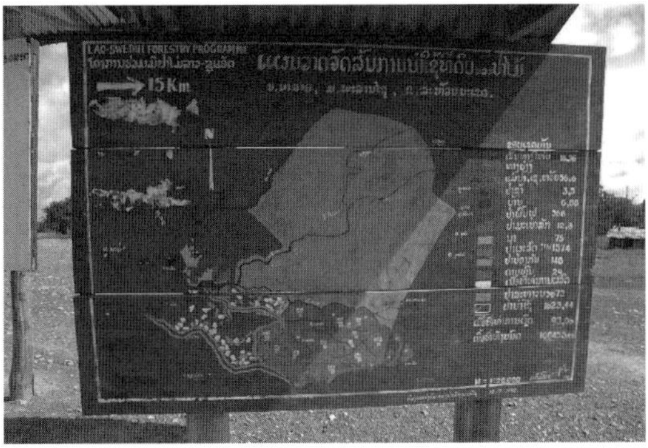

図 4.6　村で策定された土地森林区分図のプレート　→口絵 3

そこでラオスの農山村部において，土地と森林を区切る「土地森林分配事業」が，1996 年ごろから村落単位で行われてきた（図 4.6）．この事業は，村落の領域を確定し，その村落内の森林，農地や居住地を含むすべての土地利用形態ごとの区分を行うものであった．この政策の目的は，①土地や自然資源を効果的かつ持続的に利用し，自然環境の保護を図ること，②焼畑地を減少させ，水田や常畑など耕作地を固定化すること，③村落住民の食糧増産を推進させること，そして④村落住民の商品作物生産による増収をはかること，であった（農林省令 822 号第 1 項）．また行政が農地や土地の場所と面積を把握することで，税金の確保を円滑に進めることもできる．また事業によって，土地・森林の利用権が村落住民に移譲されることになる（森林法第 63 条，農林省令 535 号第 11 条）．土地や森林はあくまで国家のものであるが，村落住民に利用権を正式に認めるという点で，東南アジア近隣諸国の制度と比べてみても非常に画期的なものであった．援助機関がこの政策を支援したのも，この権利移譲の点であった．

明確に権利を与えるためには，具体的に「領域」を定めるというプロセスが必要になる．土地森林分配事業において実施される主なプロセスは以下の 4 つである．①近隣村と協議の上で村界を定め，②村落内の現行の土地・森林利用をもとに，将来の利用区分を決め，それにもとづいた土地・森林利用図を作成する（図 4.7）．そして，③それぞれの区分ごとの土地と森林の利用規則を定める．また，④村落住民への社会経済調査をもとに，農地の不足している住

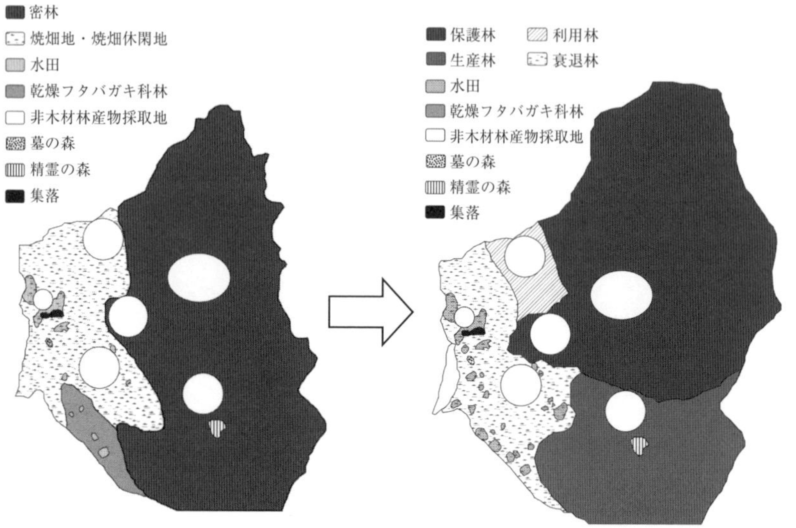

図 4.7　村の土地利用の実態（左）と土地森林区分図（右）とのズレ（筆者作成）

民に土地を分配する（百村，2005）．森林については，森林法による生産林，保護林，保安林，再生林，衰退林に加え，住民が利用する利用林や宗教的な意味のある精霊の森（村を守る精霊の棲む森）や墓の森（亡くなった人を埋葬する森）に分けられることが多かった．

実際に土地森林分配事業を行った村では，どのような土地利用形態になったのか，ここではラオス南部にある N 村の事例を紹介する．N 村にはわずかな平地と，丘陵地に二次林と密林が存在するが（図 4.7），村落住民は平地の水田と，丘陵地の二次林（休閑林）の焼畑でコメを自給していた．また密林や二次林から森の幸である非木材森林産物を採集し，それを食したり販売することで生計を立ててきた．彼らの自然資源利用には，焼畑による二次林伐採はあるが，これは自然の回復力である天然更新を使ったものであり，数年後には二次林に戻り持続的な利用とみなすことができた．このため，地方行政も村落住民のこれら生産活動を厳しく取り締まりをすることはなかった．しかし土地森林分配事業による土地利用計画の策定で，これが大きく変わることとなった．N 村の森林は豊かな密林であったことから，国レベルの保護林と生産林に指定された．またゾウの生息域と重なることから保護林の一部がコアゾーン（核心地域）として，村落住民の入山を禁ずることとなった．生産林も，国の管理の下で木材を伐採することとなり，住民の利用はできないことになった．一方焼畑と休閑林がある二次林は，主に「利用林」とされた．村落住民から見れば，焼畑地と焼畑休閑地の二次林はコメを生産する場であるとともに非木材森林産物を採取する場でもあり，多様な役割を持っていた．行政としては，これらを明確に位置づけることはなく，「利用林」すなわち一様の森林とみなしたのである．このため「利用林」での「焼畑」利用は，土地利用計画上は禁止されることとなった．これはラオス政府による焼畑抑止策とも合致するものであった．しかし現状では，焼畑利用による森林破壊はそれほど大きくない場合がほとんどで，行政は厳格に取り締まらず「目こぼし」（Hyakumura, 2011）をしている状況であり，村落住民の生計に大きな不利益を被るまではいたっていない．

また土地森林分配事業を行ったことで，別の問題が起こることもあった．N村に設置された国レベルの保護林と生産林は豊かな密林であったため，村落レベルの保護林・生産林と区分が一致した．しかし村によっては，国レベルの保護林や生産林の中に，村落レベルの保護林，保安林，居住地，農地が存在するという事態を引き起こすことがあったのである（Dwyer, 2017）．つまり村落レベルの森林区分と国レベルの森林区分とが一致しないダブル・スタンダートとなったのである．ラオスの全村落のうち，35％ に当たる 2,993 か村がこのように国レベルの保護林・生産林・保安林の中に位置する状況になってしまっていた（MRLG, 2019）．これは中央政府による国レベルの森林区分と，村落レベルで実施された土地森林分配事業による土地森林区分が，ほとんど調整をされることがなかったために引き起こされた事態ともいえる．国レベルの森林は，国家政策として一定の広さの面積で保護林や生産林を定めたものであり（図 4.4 の右），村落レベルで現地の実情を見つつ策定された土地森林利用図と齟齬が出るのは当然の結果でもあった．このようにダブル・スタンダードが起こった状況ではあるが，国レベルでの各類型の森林管理が厳格に実施されるまでにはいたっていないため，現地レベルでの村落住民による森林利用との間で目立ったコンフリクトは起こっていなかった．逆に言えば，国レベルの各類型ごとの森林管理が適切に進んでいないという皮肉なことでもあった．

4.1.4　経済・社会のグローバル化による土地・森林の経済的価値の変容

上述のとおりラオス農山村部の二次林や疎林は，高価な木材資源も少なく「貴重」な動植物種もほとんど存在しないため，経済的にも生態学的にも価値が低いとみなされ，政府や投資家などの外部アクターの関心は非常に低かった．しかしこの状況は，その後に迫りくる経済のグローバル化によって大きな変化を求められることとなった．経済活性化のため，ラオスでは 2000 年代の半ばから外国資本を積極的に導入する政策が進められていった．このため，ラオスの土地資源が農林産物の生産地として近隣諸国から注目されることとなり，これまで経済的価値を見出されてこなかった二次林や疎林など森林が，土地資源として注目されるようになった（Barney, 2008）．具体的には商品作物・バイオ燃料の栽培やパルプ材など早生樹造林などを展開する土地として囲い込まれ，領域化が図られることになった．このグローバリゼーションの進行に伴い，これまでほとんど注目されずブラックボックスであった農山村部の土地や森林が可視化されるようになり，明確な目的をもって利用されるようになり始めたのである．

この観点から対象となった森林の 1 つが，村の共有林である．従来，村の共有林は村内で使う木材や薪炭材の採取地や村落住民の非木材森林産物の採取地として村落住民の日常の生計を担う存在であった．特に経済的に貧困層に位置付けられる住民にとっては，生計の糧を確保するいわばセーフティーネットとして機能していた．これら森林が企業によって土地資源とみなされ，商品作物生産の対象地とされることが多くあった（図 4.8）．この土地獲得には，上述の土地森林分配事業のプロセスに企業関係者が関わり，村の共有林を企業に売り渡すといった計画が立てられたり，村を統括する村長が独断で企業と契約して共有林を売却してしまうという事例もあった．このように，森林が輸出用商品作物栽培用の農地へと転換されたり，森林の囲い込みで自然資源に依存していた村落住民の生業が阻害されるといった報告が出てくるようになった（Hackman *et al.*, 2009）．このように農山村部の森林・疎林に対する注目が増えたことで，関与するアクターがより多くなり，複雑化するようになり始めた．

図 4.8　外国植林企業によってパルプ用材造林地とするために皆伐された村の共有林

しかし，領域化は，企業や投資家といった外部アクターによってのみ引き起こされるものではなかった．社会・経済情勢の変化に伴い，土地・森林を慣習的に利用していた村落住民の意識にも変化が起きていったのである．村落住民自身がゴムやユーカリを造林したり，輸出用の商品作物を栽培する事例も多く見られるようになってきた（Manivong & Cramb, 2008；Barney & van der Meer Simo, 2019）．近隣の村落住民の農地を買い取り，これら商品作物栽培を拡大していく村落住民もいた．つまり村落住民自身によって，この領域化はさらに加速されていくこととなったのである．

4.1.5　REDD プラスによる森林の領域化[2]

ラオスの森林をめぐっては，これまでとは全く異なる新たな領域化の動きもある．それが「REDD プラス」（以下，REDD）という気候変動による地球温暖化対策に関するスキームである[3]．商品作物農園や大規模ゴム林など，森林を皆伐して別の土地利用に転換したり，森林を強度に伐採して森林を劣化させるなど，森林に蓄積していた炭素＝温室効果ガスが大気中に排出されると，地

2）REDD プラスの制度の側面については，本書第 8 章および本シリーズ第 13 巻（続刊）において述べているので，参照のこと．

3）途上国における森林減少・森林劣化に由来する排出の抑制，並びに森林保全，持続可能な森林経営，森林炭素蓄積の増強（Reducing emissions from deforestation and forest degradation and the role of conservation, sustainable management of forests and enhancement of forest carbon stocks in developing countries）を指す．

球温暖化が進んでいく．森林破壊など「土地利用変化」による二酸化炭素の排出量は，人間によって引き起こされる二酸化炭素の総排出量の約22%に相当し，運輸セクターや産業セクターからの排出に匹敵する大きな排出源となっている（IPCC，2019）．そして，世界の森林減少の多くが熱帯諸国で起こっている．そこで，熱帯諸国での森林減少や森林劣化を抑制する対策を行い，森林からの二酸化炭素の排出量をできるだけ削減しようとする試みが，REDDの基本的な考え方である．REDDは，国連気候変動枠組条約（UNFCCC）という気候変動に関する国際交渉の場で検討・合意されたスキームであり，森林に含まれる「炭素」に新たな価値を付与する点で，これまでの森林保全の考え方と全く異なる．

2020年以降の新たな地球温暖化対策の枠組みである「パリ協定」（2015年採択）では，地球温暖化抑制には「共通だが差異ある責任」がうたわれており，途上国も二酸化炭素の排出削減の義務を持つ．そこでラオスにおいても，REDDの実施が検討されている．REDDでは，保全された森林炭素量を温室効果ガス排出削減目標に加えたり，炭素の権利をクレジットとして他国と取引して経済的なインセンティブを与えようという考え[4)]がある．ラオスの場合，土地はすべて国家の所有であり，森林およびそれに付随する炭素の権利も国家のものとなる．

またREDDの実施は国レベルを前提としており，国土全体の森林がその対象領域となる．一国の森林にある炭素の価値を計測して数値化するためには，あらゆる森林を対象とした森林資源調査の実施が必要となる．すなわち，国内の同じ自然環境にある森林を区分し，その炭素量を推し量って総量を把握することになる．二次林でも疎林であっても森林には炭素が含まれており，価値を見出すことができる．従来の保護地域や生産林といった密林域のみに焦点を当てた森林保全策とは，この点で大きく異なる．このためリモートセンシング技術や地上調査の実施など，森林資源を把握するための技術習得が急速に進んでいる．これまで行政の目が行き届かなかった遠隔地の森林の情報も得ることが

4)　日本が途上国に対してREDD，再生エネルギー，省エネルギーなどの技術支援において緩和活動を実施し，温室効果ガスの排出削減を試み，その炭素量の一部を日本の排出削減目標の達成に活用するという考え方が，日本の二国間クレジット制度（JCM）である（二国間クレジット制度ウェブサイト http://gec.jp/jcm/jp/，2020年7月28日アクセス）．

できるようになり，管理がしやすくなる．経済のグローバル化より，「商品作物栽培の場」として新たな価値を見出された二次林や疎林は，今度は国際合意のもとで炭素という別の価値も被せられることとなり，このことが村落住民の生活に密接に繋がる森林の領域化を加速させることとなる．

ラオスにおいて実施されているREDDのパイロット事業を概観すると，その多くが焼畑や小規模な商品作物地を対象としており，村落住民の生業に大きな影響を与える可能性が高い．一方，農業開発，鉱業開発などの大規模な土地利用転換による森林破壊はあまり対象とされていない（Dwyer & Ingalls, 2015）．本来であれば大規模な森林破壊に対して実施したほうが効果的であるが，これら事業は政府や企業の支援が入っていることが多い．大規模事業のアクターの方が収益が大きくなると考えられ，REDDのアクターとのパワーバランスから，REDDの事業としての実効性が担保しづらくなると想定される．このため，弱い立場のアクターを中心としたREDD事業が主となり，これら森林の領域化が強化される可能性があり，留意する必要があるだろう．

4.1.6　ラオスにおける森林の領域化と今後

ラオスにおいて，森林資源調査が熱心に進められていた時期があった．世界の熱帯林で森林減少が叫ばれた1980〜1990年代，国連組織のFAOを中心とした「熱帯林行動計画（TFAP）」が各国で取り組まれていた時である．当時，ラオスを含めた熱帯林破壊が世界的にも大きな問題となっており，熱帯林減少をいかに食い止めるかという点に主眼があった．当時は熱帯諸国の森林がどのように分布しどのくらいの木材量があるのかといった基礎的な情報も十分ではなく，森林資源の把握はそれ以来の念願でもある．しかし逆に言えば，当時は森林の領域化が非常に限られていたということでもある．領域化のプロセスとは，「森林」に一定の価値を見出し，その地を確定して囲い込む作業であったことは間違いない．ラオスの場合，革命後の国有林業公社による森林域の設定，1990年代の生物多様性や貴重動植物保全のための保護地域の設置，過剰伐採・違法伐採を抑制するための生産林の設置，有効な森林管理を進めるための村レベルの土地森林分配事業，経済のグローバル化による土地資源としての二次林の価値の上昇，そして森林炭素としてすべての森林に対する新たな価値の創出と，矢継ぎ早に森林に対して新たな価値が付加されていき，その領域化が国土全体の森林を覆いかぶせることになったといえる．

農山村部の村落住民にとって，20年前と現在とでは，目の前にある土地や森林の価値が全く変わってしまっており，そこから利益を得ようとする者や土地そのものを失ってしまった者など，さまざまな事象も起こっている．

4.2　不完全な領域化：日本における所有者不明土地問題

4.2.1　日本における森林の所有者不明問題

前節において，いわゆる途上国であるラオスの領域化の事例を紹介した．ラオスでは，資源としての価値が低かった農山村部の奥地の森林に新たな価値を付与され，それに村落住民が翻弄されている様を紹介した．ラオスとは異なるが，日本においてもいくつかの領域化に関わる事象がある．なかでも大きな課題の1つとして挙げられるのが，所有者不明の森林が非常に多いと言われていることである．日本全土において，登記簿で所有者が判明しない・連絡できない「所有者不明」の土地の合計が九州本島（367万ha）の面積を上回る（約410万ha）という推計が報告されている（所有者不明土地問題研究会，2017）．

都市部，特に大都市圏に居住する人々にとっては，土地登記で所有者がわからなくなることが不思議に思えるかもしれない．都市部の宅地であれば，資産価値も高く登記手続きをすることでその権利を確実なものにしようと考えるのが普通であろう．しかし，農山村部の森林はその資産価値が非常に低く，管理や所有に対する意欲も非常に低くなってきたと言われている（東京財団，2014）．所有者の所在が十分に把握できていない土地を相続すると，手続きに20〜50万円程度の経費がかかるといわれているが，その収支ラインに満たない林地評価額が50万円未満の山林面積を推計すると，合計で約170万haにもなる（同上）．これだけの個人所有林が，相続放棄される可能性があるほどの「デッドストック（死蔵資産）」になるともみなすことができる（同上）．

では森林の所有者が不明とは，一体どういうことなのか．まず，森林所有者がどこにいるのかわからないということがある．過疎化などで所有者が都市部などに移住して不在地主となり所有者を特定できない場合，また所有者を特定できたとしても長期間経過したことでどこに連絡をすればよいのかわからないという場合である．さらには相続手続きが長年にわたって行われず，相続者が子や孫，場合によってはその先の代にまで相続対象者が広がっているようなこともある．土地の売買には地権者全員の同意が必要となるため，相続対象者全員の居場所を確認し，その意志を確認しなければならない．農地であるが，1904年時点で所有者が1名であった土地が相続対象者が増え，2012年時点では少なくとも148名の相続者にまで膨れ上がっていることが判明し，これら地権者と交渉し収用手続きを始めるのに3年もの月日が経過してしまったという事例もある（国土交通省，2017b）．さらに登記簿があっても，その所有者欄に「○○○○外何名」などと記載され複数の所有者の名前がわからなかったり，登記簿に所有者の住所が記載されていなかったり，登記が「字（あざ）」名義となり所有者名が書かれていない場合もある．農山村部で登記簿にこのような記載があるのは，村の共有林である入会林の場合が非常に多い（高村，2020）．

また，そもそも林地の登記がなされていないということもある．「土地の戸籍」と言われる地籍図が，林地では約45％しか作成されておらず，約1千万haの森林には地籍図がない状態が続いている（国土交通省，2017a）．地籍図に代わる「公図」というものがあるが，明治期など古くに作成された図面もあり，精度が低く極めて不正確なものが多い．特に境界に関しては現状とのずれが非常に大きい（図4.9）．また聞き取りだけで作成された公図もあり，形状すらあてにならないことがある．また税を少なくするため，公図作成時にわざと面積を小さくして申告されたものもあり，信頼性は非常に低いというのが実態である．このため地籍図のない森林では，正確な場所，形状や面積がわからない状態が続いている．

山林の所有者がわからないということで，どのような問題があるのか．近年では，東日本大震災の際の復興事業で大きな障害となったといわれている．復興事業で，高台移転事業の予定地に所有者が確定できない土地取得困難地があり，区域の変更がたびたび行われ，結果として復興の遅れになったという報告

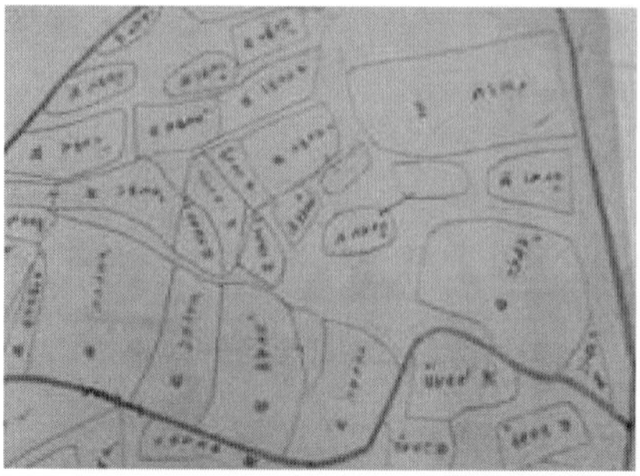

図 4.9　農山村部の公図の例
林地の境界が不明瞭で面積も正確に表していない．経済産業省（2018）より．

がある（山中ほか，2016：岡田，2014）．また農山村部での人口流出・高齢化により，過疎化が進行するとともに土地の利用価値が低下し，森林は荒廃しつつあるが，土地境界情報の把握が困難であり適切な森林経営策が取りにくくなっている（国土交通省，2017a）．

国土交通省の調査によると，登記簿上で所有者が不明な森林は 25.6% である（国土交通省，2018）．また最後の登記から 50 年以上経過しているものは，山間地域などでは 26.6% あるとされ，70 年以上経過したものも 12.0% あるとされている（同上）．50 年ということは，2 世代以上にわたって登記簿の情報が更新されていない可能性が高い．すなわち，「所有者不明土地問題」は近年になって起こったわけではなく，ずいぶん前から長い時間をかけて続いていたのである．農林水産省の調査によると，森林の境界の明確化が進まない理由として，「相続等により森林は保有しているが，自分の山がどこかわからない」と回答した割合が 64.5% と最も高く挙げられている（農林水産省，2015）．また「境界を隣接する所有者がわからない（36.4%）」ために地籍調査もできない．隣接する森林の所有者の代が変わって相続人が増えたり不在地主になると，所有者の確定も難しくなり，境界の話し合いすらできなくなることもある．かつてはその地に住んでいれば，所有者どうしでその場所や境界がわかっていたはずである．しかし祖父から父，父から子へと代替わりをした際に，次の世代に森林の位置や境界の情報が伝わっていないと，自分が所有している森林がどこにあるのかが，わからないような状況になってしまう．

4.2.2　所有者不明土地問題の「課題」：入会林と割地制度

所有者不明の土地問題において課題が大きいといわれている森林所有形態に，入会林が含まれている．調査を進めた東京財団（2014）によると，「権利関係が複雑になってしまった共有の里山の一形態」である入会林（計約105万ha）の相当数が，登記放棄が進んでいく「滞留国土」であるとの認識を示している．それでは問題となっている「入会林」とはどのような森林であったのか，関連する「割地制度」も含めて日本における慣習的な森林利用の歴史的な経緯を紐解きながら概説する．

A.　入会林[5)]

入会林に関する研究を長期間にわたっておこっている山下（2016）は，入会地を以下のように説明している「入会地とは，入会集団たるむらがルールを決めて共同で利用し，また管理してきた土地である．入会地には，かつて生活や農業生産に必要な資材を得るために使われた入会林野の他，共同墓地やため池などが広くみられる」．江戸期までの村・組・字などの村落周辺の森林は，このような村の共有であった入会林や，帰属が明確でないものが多かったが，土地官民有区分（1874）によりすべての土地が国有か民有に区分された．この際，村・組・字などの入会集団は租税を逃れるために官有地編入を望むものや，権利を確保するために共有で登記する（部落有林）という対応が行われた．1889年の町村合併の際，政府は部落有林を新町村に編入しようとしたが，旧村・組・字などの激しい抵抗にあい，旧村などが財産として持つことを認めざるを得なかった．この際，旧村では代表者名義，権利者全員，権利代表者数名など，さまざまな形での共有名義で登記が行われた．さらに1910年から30年間にわたって実施された部落有林野統一政策では，政府は再び部落有林を町村に編入しようとした．しかし再び旧村などの激しい抵抗にあう．政府は部落有林を有償で町村に編入させることや，部落に権利があるという条件で編入させることを認めた．旧村などは，代表者名義，権利者全員による名義，檀家である寺社名義や法人名義にするなど，さまざまな対応策をとり，自分たちの権

5)　この節の入会林に関する概説は主に山下（2016）による．入会林については本書第7章においても論じているので，参照のこと．

利を確保しようとしている．現在みられる入会林とその登記形態は，当時の法制度の下で村民ができうる限り権利を守ろうとした産物であったといえる．

B．割地制度[6)]

割地制度は，江戸時代ごろから始まった土地利用の慣行形態の 1 つであり，太閤検地のころにはすでに存在していたともいわれている．村人の間で，耕作地などの割替を定期的に行い，その一定期間内は個々の世帯の利用が認められた．割り振り方は，一定条件によって耕地をグループ化し，グループ化された土地を世帯数で分け，世帯ごとにクジなどで土地を割り当てるというものである．各世帯には条件の異なる耕地グループごとに，複数の耕地が村内に分散した形で割り当てられることになった．条件の異なる耕作地を利用することで，洪水・干ばつなどの災害，土壌の良しあしなどに起因するリスク分散が可能となった[7)]．このような割地制度による耕地は，日本全体の総石高数の 3 割程度という推計もある（ブラウン，2006）．森林については，耕作地に付随して「割山」として割り当てられていることが多かった．これが明治の地租改正の「一地一主」により，耕地の割替えが固定化し，分割された耕地は恒久利用にいたったとされ，付随していた割山も固定化された[8)]．また明治以降に入会林を世帯ごとに分割することもあったが，その際に図面上のみで機械的に分割され，実質的に利用困難となった林地も存在する．また 1 つの山に複数の集落の入会林が入り組むこともあり，このような入会林を各世帯に分割した場合，村から飛び地となったり隣接する所有者が他村の世帯であったり，より複雑な形態をとることとなった．これらさまざまな理由により，各世帯では小さな面積の森林プロットが各地に分散して存在する「零細分散錯圃型」の所有構造を生んだ（高村，2018）．このような土地利用形態は，現在のような効率化や労働生産性を考えた場合，非常に不利に働く．しかし当時の考え方としては，各世帯に対する危険分散を考慮し，かつ公平に分与もされており，非常に合理的

---

6)　この節の入会林に関する概説は主に高村（2018）による．

7)　降水量の多い地域に割地が多く，自然災害への備えとしての側面が強かったが，それだけでは説明できない割地もあり，何らかの社会的要因が介在していた可能性も指摘される．また割地の起源には，新田開発や領主による年貢の確実な徴収などもあったとされる（ブラウン，2006）．

8)　明治期以降も割地が継続していた事例も，また 1960 年代にも存在していた事例もあり，明治期以降に完全になくなったわけではない（ブラウン，2006）．

な進め方であったといえる．

4.2.3　日本における森林所有者「不明」の実態とズレ

日本全土で九州本島に匹敵する土地の所有者が不明であるとはじめに述べたが，これは登記簿だけでは所有者がわからないということである．実際には所有者の相続変更の確認や転居先の確認で判明することも多く，追跡調査を行っても所有者が確認できなかった土地は全体の0.41％へと激減した（国土交通省，2017）．これは問題提起された「九州以上（410万ha）」のわずか50分の1の面積（8万2,800 ha）で，東京都（21万8,870 ha）や大阪府（18万9,930ha）の半分以下となり，ずいぶんと異なった印象を受ける．林地のみの場合も，追跡調査でも所有者が確認できなかったものは，わずか0.57％である（同上）．所有者不明の土地が九州に匹敵するというメッセージはセンセーショナルではあったが，誇張して示された側面があったのではないかと感じる．高村（2020）は，所有者不明の土地が九州以上だという危機感を，政治家や行政と共有することに成功し，以下に述べる中央主体での今回の法改革が進められたとしている．

所有者不明土地問題に対処するため，2019年11月から表題部所有者不明土地適正化法が施行されている．この法令では，「変則型登記の名義の適正化」という観点から，①所有者の氏名はあるが住所が記されてない，②○○他何名と記載され他何名が誰であるか特定できない，③字（あざ）名義となり所有者名が記載されていないなど，名義上特異な変則型登記の「解消」を目指しているが，これらは入会林が対象となると考えられる．高村（2020）は，入会の歴史的経緯を考慮しないと，実態とズレた土地登記となる可能性を危惧している．また各世帯に分散している割山などの森林も，年を経て代が変わることで，所有者の子孫による森林の場所の把握が困難となる事態も出ている．隣接した森林の所有者の所在もわからなければ，境界も把握できない．このような森林も「所有者不在扱い」になり，その多くが法の対象となる可能性がある．

農山村をめぐる状況は，過疎や高齢化といった土地を集約利用できないさまざまな課題を抱えていることには変わりはなく，震災復興などの緊急時の対応に課題もある．しかしこれまでの歴史的背景のもとで入会集団は存在しており，これら慣習に対する実態を把握した上での法の実施が必要であろう．

また正確な地図である地籍図が農山村部の森林の 45% しかなされていないという課題もある．しかし地籍図の作成が遅れているのは，都市部においても同様に言えることだ．本章冒頭に述べた境界標が宅地にあれば，正確な測量がなされていることもあるが，境界標がない場合，その宅地の正確な土地の図面が存在しないこともありうる．事実，都市部の地籍測量進捗率はわずか 24% しかなく，これは農山村部の森林の半数程度である（国土交通省，2017c）．東京 23 区や大阪市の地籍測量の実施率は共にわずか 10.8% しかなく，京都市と広島市にいたっては 1.0% もなく，地籍図のある方が圧倒的に少ない（同上）．確かに都市部の宅地では隣地が誰の所有者かわからないということはほとんどないので，すぐに問題が起こるわけではない．この現状を鑑みれば，農山村部で地籍図が作成されていないことを単に問題とすることも困難であろう．領域の確定とは，必要に迫られない限り行われにくいものなのではないだろうか．

おわりに：ラオスと日本における領域化とその課題

日本の入会林は，かつて村落が共同で利用・管理してきた森林であり，農業や生活に必要な資材を得るために利用されたコモンズといえる存在であった．これはラオスの共有林と全く同じ意図・目的を持っており，明治期の入会林と近年のラオスの共有林とは，それぞれの村落住民にとって同じ機能・役割をもっていたといえる．これらコモンズの森林が，その後の時代を経てそれぞれの道で領域化がなされるようになったのである．

日本の農山村部の入会林は，「土地官民有区分」による明治期の領域化と「表題部所有者不明土地適正化法」による令和期の領域化の，2 度にわたる大きな領域化の波を受けている．明治期は土地を官と民に分けて有効に管理しようと，令和期は変則的な土地所有を解消して土地を有効に活用しようという意図がある．いずれの場合も共通しているのは，「よくわからない領域は確定しなければならない」という方針のなかで進められたものである．土地・森林の有効利用のために，所有（ラオスの場合は利用権であるが）形態を明確化しようとラオスにおいて実施された土地森林分配事業にもその意図が通じるところがある．権利の明確化のための領域化のプロセスの過程で，さまざまな課題が生まれたという点でも，日本もラオスも類似点があるといえる．上述したラオスにおける土地森林分配事業では，事業のプロセスに企業関係者が関わり，村長が独断で企業に共有林を売却してしまうという事例があった．このようなことは，領域化のプロセスにおいて森林の権利が明確になったからこそ起こった問題である．この事件は，村の有力者が共有林を自ら処分した日本の小繋事件（戒能，1964）とも類似性が高い．

日本の所有者不明土地問題では，財産権に焦点を当てて政策が進められ，村の地縁組織が十分機能していないという前提で，上からの制度で網をかけようという論調である．ラオスの土地森林分配事業も，プロセスに村落住民は参加しているが，行政による土地森林の有効利用という観点が強く，いずれも官製による森林の領域化という側面が強い．特にラオスでは，現在もこれら森林に日常の生計を依存している人が多く，現地レベルでの土地森林利用の実態があまり考慮されずに進むと，大きな問題をはらむことになる．参加型開発について分析を行った佐藤（2003）は，どのような手法を用いようとも，事業を働きかける外部者が地元の人々の声に耳を傾ける用意があるかどうかが決定的に重要であると述べている．ラオスや日本において，今後も領域化のプロセスがさらに進められていくことが考えられる．これら過程において，どれだけ村人の意向を配慮した形での事業の実施が進められていくのか，今後も注視することが必要であろう．

引用文献

Barney, K. (2008) China and the Production of Forestland in Lao PDR. In: *Taking Southeast Asia to Market: Commodities, Nature, and People in the Neoliberal Age* (eds. Nevins, J. & Peluso, L.). pp. 91–107, Cornell University Press.

Barney, K. & Canby K. (2011) Baseline Study 2, Lao PDR: Overview of Forest Governance, Markets and Trade, 64 pp., EU FLEGT Facility.

Barney, K. & van der Meer Simo, A. (2019) Forest Plantations and Smallholder Livelihoods: Evidence from Community Case Studies in Lao PDR. Project Working paper 5, In: *ACIAR Project FST/2014/047: Improving policies for forest plantations to balance smallholder, industry and environmental needs in Lao PDR and Viet Nam.*

ブラウン・スコット（2006）土地割替制度と自然環境．日本海域歴史大系第 5 巻，pp. 177–202，清文堂出版．

Dwyer, M. B., & Ingalls, M. (2015) *REDD+ at the Crossroads: Choices and Tradeoffs for 2015–2020 in Laos.* CIFOR.

Dwyer M. B. (2011) Territorial Affairs: Turning Battlefields into Marketplaces in Postwar Laos. Doctoral dissertation, University of California.

Dwyer M. B. (2017) Land and Forest Tenure in Laos: Baseline Overview 2016 with Options for Community Participation in Forest Management, UN-REDD Programme.

Hackman R. Bounphasy S. & Boualapha F. (2009) Non-Government Organisation-Facilitated Community Forestry in Lao PDR — Benefits and Challenges to LIFE (Livelihoods, Income, Forest Condition and Equity). 70 pp., Global Association for People and the Environment (GAPE).

Hyakumura K. (2010) 'Slippage' in the Implementation of Forest Policy by Local Officials: A Case Study of a Protected Area management in Lao PDR". *Small-Scale For.*, **9**, 349–367.

百村帝彦（2005）ラオスの土地森林分配事業における地域住民の対応――サワンナケート県の丘陵地域における事例．林業経済研究，**51**，79–88.

IPCC (2019) An IPCC Special Report on climate change, desertification, land degradation, sustainable land management, food security, and greenhouse gas fluxes in terrestrial ecosystems: Summary for Policymakers-. 40 pp., IPCC.

戒能通孝（1964）小繋事件 ――三代に渡る入会権紛争，pp. 220，岩波新書．

経済産業省（2018）山村部における地籍整備の実施状況と課題，p. 13. https://www.mlit.go.jp/common/001204977.pdf

北村徳喜（2002）ラオスにおける村落林業の試行と木材生産・販売制度の改善について．林業経済研究，**48**，61–68.

国土交通省（2018）所有者不明土地問題を取り巻く国民の意識と対応，pp. 113–150，平成 30 年版土地白書．

国土交通省（2017a）山村部における地籍整備の実施状況と課題，第 3 回中長期的な地籍整備の推進に関する検討会資料．

国土交通省（2017b）所有者不明土地を取り巻く状況と課題について，第 2 回国土審議会土地政策分科会特別部会ワーキンググループ配布資料．

国土交通省（2017c）都市部における地籍整備の実施状況と課題，第 3 回中長期的な地籍整備の推進に関する検討会資料．

黒田洋一・ネクストゥー・フランソワ（1989）熱帯林破壊と日本の木材貿易：世界自然保護基金（WWF）レポート 日本版，265 pp.，築地書館．

Lao Statistics Bureau (2016) *The Result of Population and Housing Census 2015.*

Manivong V. & Cramb R. (2008) Economics of smallholder rubber expansion in Northern Laos. *Agrofor. Syst.*, **74**, 113–125.

Mekong Region Land Governance (2019) Land Tenure Security in "70 percent Forestland Policy" of the Lao PDR, Vientiane, 4 pp.

西川善介（1970）境界領域の研究課題について：原田敏丸『近世入会制度解体過程の研究』を読ん

で．社会経済史学，**36**，474–480.

農林水産省（2015）平成 27 年度農林水産情報交流ネットワーク事業全国調査：森林資源の循環利用に関する意識・意向調査，61 pp.，農林水産省大臣官房統計部.

岡田広行（2014）所有者不明の土地が続出する被災地の実態．シリーズ用地買収① 復興を止めているものは何か，東京経済 Online，2014 年 04 月 19 日．https://toyokeizai.net/articles/-/35587（2020 年 7 月 11 日閲覧）

高村学人（2020）所有者不明土地問題と入会権——表題部所有者不明土地の登記及び管理の適正化法の実施に求められること．入会林野研究，**40**，5–20.

高村学人（2018）所有者不明土地問題を問い直す——アンチ・コモンズ論からの問題再定義．土地総合研究，**26**，72–79.

The World Bank Vientiane Office (2004) *LAO PDR ECONOMIC MONITOR*, 29 pp., The World Bank Vientiane Office.

佐藤 寛 編（2003）参加型開発の再検討（経済協力シリーズ 199），pp. 3–36，日本貿易振興機構 アジア経済研究所.

佐藤康行（2010）割地制度とコモンズ——新潟県西蒲原郡の事例．村落社会研究ジャーナル，**17**，23–35.

所有者不明土地問題研究会（2017）所有者不明土地問題研究会最終報告：眠れる土地を使える土地に「土地活用革命」，34 pp.，所有者不明土地問題研究会.

東京財団（2014）国土の不明化・死蔵化の危機：失われる国土Ⅲ，34 pp.

山中新太郎・佐藤光彦・落合正行・小島陽子（2016）高台移転計画における官学連携の取り組みとその課題——石巻市雄勝町を対象として——．日本大学理工学部理工学研究所研究ジャーナル，**137**，22–29.

山下詠子（2016）多数共有地の現状と認可地縁団体制度——入会林野を例に．都市問題，**107**，81–90.

山野目章夫（2017）所有者所在不明土地問題の論点整理．土地総合研究，**25**，9–16.

第5章 森に科学を導入する
科学的林業・森林管理とその現地化[1]

生方史数

はじめに

森林がつくられる歴史は西欧にはじまる近代化の歴史と大きく重なる．前章では，近代において森林と人間を結びつけるために行ってきた最も基本的な制度対応の１つとして，森に対する所有や利用の権利付与，そしてそれに伴う森の領域化と分配について論じた．本章では，これと並行して進行してきたもう１つの重要な事業である森林への近代科学や技術の導入について論じたい．

本書の趣旨に照らしてここで重要となるのは，導入された科学や技術の性質と，導入の過程およびその社会的背景である．すなわち，誰が，どのような社会的背景や目的のもとで，どのような科学や技術を森林にどのように導入したのかという問いである．後述するように，今日世界各国で用いられている森林を管理する科学技術の体系――しばしば科学的林業（scientific forestry）や科学的森林管理と呼ばれる――は西欧で生まれ，他地域を植民地化する過程で全世界に普及していった．これは，西欧という一地域で発展したローカルな体系であった科学的林業が，帝国主義の時代に普遍的なものになっていったことを意味している．

しかしながら，このプロセスは，単に西欧の科学技術を非西欧に移植するだけではすまされなかった．多かれ少なかれ，現地の事情を考慮した形への変容，

1）本章は，生方（2012）を本書向けに大幅に改稿したものである．

すなわち「現地化」を伴ったのである．本章では，19世紀から20世紀中ごろにかけての東南アジアを事例として，森林に科学技術を導入するプロセスのなかで，具体的にどのような現地化がなされたのかを検討することで，科学や技術を導入するための基盤となる社会や自然とのリンクについて考える．

5.1　科学的林業の起源とその普及

科学的林業の起源は，18～19世紀にドイツで生まれた育成林業（自然の木を伐るのではなく，木を植え育てた後で伐採する林業）にまでさかのぼる．王室や貴族など，当時の大土地所有者が所有する森林において，商業的に価値の高い森林ストックを保持しながら，いかにして最大の年間産出量を得るか――これがドイツで確立した林業の要諦であった[2)]．やがて，この目的に沿った形で科学としての林学が成立し，経営モデルとしての科学的林業や森林管理制度ができあがった．そして，アジアやアフリカの植民地支配が進んだ19世紀には，科学的林業の理論が，世界各地に植民地における資源管理という形で普及していったのである．

科学的林業は，こうした背景を持つため，西欧（特にドイツ）の自然と社会を前提としている．例えば，経営するうえで理想の森林は，同一のライフサイクルを繰り返す単一樹種の方正林（regular forest）とされ，そのように均一化された森林を想定したうえで，最大持続産出量（maximum sustainable yield）や最適伐期といった概念を駆使した理論モデルが組み立てられた．また，商業的なモノカルチャーを志向し，木材生産以外の活動を軽視する傾向があった．このような理論は，温帯や亜寒帯に多くみられる単純で規則的な自然景観や，商業的な木材生産のモノカルチャーという，当時の西欧の大土地所有者（特に国家）の目的に適った問題意識によって，妥当なものとして正当化できたであろう．

しかし，このような特定の地域に由来する前提は，世界の他地域にこの理論

2)　プロイセン王国では，18世紀に家政と国家財政の分断を断行し，19世紀の諸改革を経て，国有林からの収益を持続的なものにしようという政策が定着した．林学は，国家がその所有する森林を独占的に管理するために，官房学の一部として発展した（斎藤，2014：148）．

を適用しようとする際に大きな問題となる．特に，熱帯の自然や社会にそのまま適用できないことは明らかだろう．熱帯林のほとんどは多様性の高い天然林であり，人間にとって価値の高い有用樹は広範囲に散在している．また，商業的なモノカルチャーは，焼畑移動耕作民など，熱帯アジアの森林地帯の住民の実態からはかけ離れたものであった．

以上のような状況のなかで，西欧で教育を受け，熱帯の植民地に派遣された当時の森林官たちは，自分たちの習得した科学的林業・森林管理の制度と技術の移植を試みた．しかし，やがて彼らは，熱帯林の自然条件と現地社会の実態に適合させるためのある程度の修正，つまり現地化を行わざるをえないことを悟った．インドを中心とした植民地における科学的林業の実践のなかから成立した「熱帯林業（あるいは熱帯林学：tropical forestry)」は，西欧由来の科学的林業を熱帯の自然や社会に適応させるようにある程度修正した，いわば「熱帯バージョン」の方法論である（水野，2006；2012)．

19世紀から20世紀初頭にかけて，インドで確立した熱帯林業は，他の熱帯地域で森林管理を行う際の「ひな型」として，植民地ネットワークや科学者・専門家のネットワークを通じて世界に普及していった（Barton，2002；水野，2006)[3)]．また，この「ひな型」をもとに，もう一段，現地化を進めた技術や管理方法を開発した地域もある．以下ではそのような例として，東南アジアで採用された特徴的な森林管理手法のうち，コンセッション・システム（あるいはコンセッション方式)，天然林での天然更新技術（マラヤン・ユニフォーム・システムや択伐天然更新法)，および造林技術（タウンヤ法）を紹介し，その導入の背景，経緯と導入後の展開について，同様に科学的林業・森林管理を導入した明治期の日本と対比しながら論じていきたい．

3）例えば，水野（2006）は大英帝国内の「帝国林業」の専門家によるネットワークが熱帯地域の林業の実践に果たした役割を論じている．また，同様に葉山（2003）は，フィリピンの林業・森林管理が，「帝国林業」ネットワークの影響を受け，米国農務省の森林局長官として科学的林業の確立に辣腕を振るったギフォード・ピンショー（Gifford Pinchot）の影響を受けていると論じている．

5.2　東南アジアにおける熱帯林業の成立と蹉跌

5.2.1　林野の所有制度とコンセッション・システム

一般に，コンセッション・システムとは，長期契約で設備施設や運営事業などを民間に肩代わりさせ，その収益の一部を政府に上納させる方式のことを指す（河森，2000：365）．このシステムは，財政難にあえぐ日本の公的機関が，公的な事業（例えば水道事業や道路事業など）を民間に運営させるPPP（public private partnership）の手法の1つとして近年脚光を浴びている．しかし，東南アジアにおいては，森林分野を含め，この手法あるいは類似の制度が古くから用いられていた[4]．森林に関していえば，これは森林所有者（多くは国家）が利用者（多くは企業）に対して契約を結んである領域を一定期間貸し出し，期間中にその場所における特定の森林資源の利用権や管理権（森林コンセッション：forest concessions）を認める制度のことを指す（Gray, 2002）．植民地期以来東南アジアを含む熱帯地域でひろく用いられてきており，さらには関連する類似の制度が，森林利用や管理のみならず，企業によるプランテーション造成などの大規模な森林開発の許認可にも用いられている．例えば，20世紀初頭以降の東南アジアでは，さまざまな企業が造林や農園開発の権利を政府から取得し，ユーカリやアカシアなどの樹木をはじめ，ゴム，ココヤシ，アブラヤシなどのプランテーション作物の栽培を行ってきた（図5.1）．

この制度では，土地および資源の所有者である国家，利用者である伐採会社（植民地期には西欧系の企業が主であった）といった具合に，森林の所有者と利用者の分離が想定されている．また，森林の領域を時間的・空間的に区切ったり，伐採や施業に関するルールを設定したりするなど，所有者と利用者が一定のルールを定めるとともに，主な所有者である国家が適切にコンセッションの発行や料金を設定・管理することで，理論上は森林の産業利用と持続的な管理を少ない費用で両立させることが可能となる．

4）例えば絶対王政期のシャムで行われていた徴税請負は，コンセッションを意味するタイ語であるサムパターン（Sampathan）と呼ばれていた（河森，2000）．

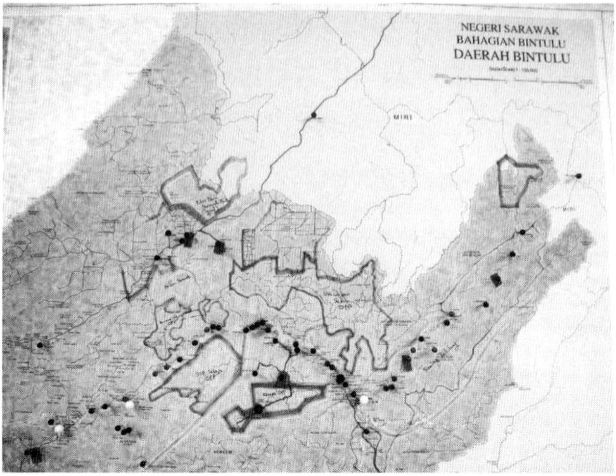

図 5.1　マレーシア・サラワク州のある地域における森林・農園開発の状況
かつて森林であった場所の多くがアカシアやアブラヤシの植栽地（枠に囲まれているところ）になっていることがわかる．ビントゥルにて筆者撮影（2012 年）．

この制度の原型は，森林所有者と利用者の間で結ぶ単純な森林のリース契約にあると考えられる．しかし，以上のような特徴は，森林資源の主な需要先である欧米列強と，資源を保有する熱帯地域という植民地期以来の熱帯林業の市場構造に適合してできあがった歴史的な産物である．当初この制度の対象となった資源は，チーク材に代表されるような欧米市場で価値の高い木材が中心であった．チークは今日家具材として使用される高級材であり，19 世紀当時は船の建材としても使用されていた．英領ビルマ，蘭領ジャワ，シャム（現在のタイ）北部には良質のチーク林が存在し，これらの国々ではチーク材は 20 世紀初頭まで主要な輸出品目の 1 つであった[5]．とりわけビルマとシャムでは，ボンベイ・ビルマ社やボルネオ社といった西欧系（特に英国系）の伐採企業が多くのコンセッションを取得していたのである．

また，上のような性格ゆえに，この制度は森林の所有制度と密接に結びつきながらつくられてきた．東南アジアのほとんどの国では，森林は国家が所有している．これは，以下に述べるような歴史があるからである．近代以前の東南

5）シャムでは，チークはコメ，ゴム，錫とともに 4 大輸出品の 1 つであった（Ingram, 1971）．

アジアは，ジャワ島など一部の人口稠密地域を除き，一般に「小人口世界」（坪内，1998）であった．そうした地域では，相対的に豊富な未利用資源を利用しながら生活が営まれ，流動性が高く，またタイトな地縁組織をもたない社会ができあがる傾向があった．「フロンティア社会」（田中，2002）や「ルースな社会」（Embree, 1950）などといった性格規定は，いずれもこのような農山村社会の特質を的確に表現したものといってよい．

このため，19世紀頃までにこの地に栄えた国家は，土地よりも人を治めることに大きな関心があった．したがって，領域を制御することのできる土地制度は発達せず，パトロン・クライアント関係の連鎖を統括することによって権力と富の基盤を維持発展させてきた（Kitahara, 2008）．このような国家の領域は，支配者である王の影響力によって伸縮し，周辺に行くほど弱くぼやけたものになってゆく．なかでも森林の多い山間部は，平野部や盆地にある国家権力の影響が及びにくい地域であった．したがって，森林地域は未利用資源の宝庫であり，開拓フロンティアであったと同時に，国家による支配から逃れる人々にとっての避難場所であり，相対的に自律性の高い社会を保っていたのである（Scott, 2009）．

しかし，19世紀以降，東南アジアは次第に植民地支配下に入り，辺境地域も植民地政府による国家統合のプロセスに巻き込まれていく．そして，商品作物の導入やプランテーションの開発に伴う土地需要の増大，地税の安定的徴収の必要性といった理由から，近代的土地制度の導入が図られていった．農地制度の導入は，この点から考えて特に重要な制度変革であったが，同時に林野（森林や原野）に関しても制度の導入が図られた．

農地制度が土地制度の「表側」であるとすれば，林野の制度はその「裏側」である．農地は森林や河川沿いの低湿地などの荒蕪地を開拓することによって得られるからである．これら荒蕪地は「残余地」としての性格を持つ．だれかが権利を持ち利用していることが明確にわかる私有農地とは異なり，権利実態も利用実態も多様かつ流動的で，これらを明確に規定し区分する近代法にはなじみにくい．したがって，近代的土地制度の導入は，農地開拓と農地制度の導入による私的所有権の強化と，林野の国有化による転用規制とその強化という2つの面で，多様性・流動性を法的に解消させる方向に作用した．例えば，サラワク（現在のマレーシア・サラワク州）では，1863年土地法により所有権の立証できないすべての土地は国有地であると宣言された．シャムにおいても，森林局の初代局長になったスレード（S. Slade）が1896年に北部に視察旅行を行い，その報告書において，森林の国家所有の原理を打ち出した（北原，2009）[6)]．

ここで特筆すべきは，林野の制度においては国家所有の論理が貫徹され，現地化がほとんどなされなかったことである．その理由は2つ考えられる．1つは，「残余地」である林野を「無主の土地」とみなし，国有化して一元的管理に移すことで，少なくとも法律上は実態を解釈することなく「残余地」の権利主体を明確に規定することができたからである．その結果，東南アジア全域で領域（植民地）国家が成立する過程で，「残余地」が持つ多様な実態は国家によって画一化され，国有地として国の管理下に置かれたのである．

もう1つは，辺境地域の「領域化（territorialization）」による領域国家形成への寄与である．領域化とは，「人々を特定の地理的領域内に包含したり，そこから排除したり」することで，「その領域内で人々がすることや天然資源へのアクセスを制御する」概念を指す（Vandergeest & Peluso, 1995：388）．つまり，領域の確定とその領域の権利主体の確定という2つの作業を行うことで，辺境地域の政治統合を促進する働きを担ったのである[7)]．

もちろん，実際にはコンセッション・システムを導入するプロセスは，地域や国家の事情を反映して多様な径路をみせていた．例えば，英国人であるブルック一族によって統治されていたサラワクでは，前述したように，19世紀末の時点ですでに森林は国有化されていた．その後，1919年に森林局が設立され，国家による森林管理体制が強化された．コンセッション・システムは，この森林管理強化の一翼を担う制度として，森林の国家所有のもとで整備されていった（Kaur, 1998）．

一方，列強による植民地化を免れるための「チャクリー改革」を進めていたシャムでは，森林管理の問題は，単に科学的森林管理の問題にとどまらず，国

6）ただし，シャムでは国家が森林の国家所有を正式に規定したのはかなり後のことで，1938年の森林保護法が最初であるといわれる（北原，2008）．

7）実際には，国家レベルだけでなく，村落や個人のレベルでも行われる複雑なプロセスでもある（第4章を参照）．

家の中央集権化と国家の独立を維持する対外政策という2つの大きな政治課題に密接に関連していた．このため，コンセッション・システムの中央政府による統制や森林の国家所有を含む科学的森林管理の制度導入は，欧米系の企業や地域の有力者の権益に配慮しながら，30年以上かけて漸進的に進んだといわれている（北原，2012）．

すなわち，森林局が設立された19世紀末の時点で，価値の高いチーク林の存在するシャムの北部地域では，チェンマイ王に代表されるような旧領主が森林への権利を主張し，英国を中心とする企業に森林をリースするという状況が続いていた．このリースが無秩序に行われていたため，契約をめぐって紛争が絶えず，森林の乱伐をも招いていた．シャムで科学的なコンセッション・システムが定着していくプロセスは，このような商慣習が制度化され，契約の許認可権が北部の旧支配者たちからバンコクの中央政府へと漸進的，段階的に集中していくプロセスだったのである．そして，この動きはやがて欧米系企業への許認可の制限，森林局等による森林の直接経営，そして森林の国家所有といった資源ナショナリズムの方向へと転回していった（北原，2012）．

以上のような地域的な違いはあるにせよ，コンセッション・システムという制度は，帝国主義という歴史的文脈のもとで，（植民地）政府が森林への国家権力の浸透をはかる管理法として導入された．近代化の緒についたばかりの（植民地）政府当局にとって，限られた情報，予算や人員で広大な森林を直接管理・経営することは容易ではなかったし，そもそも森林の利用主体は西欧系の伐採企業や地域住民であり，国家が直接森林を利用する機会は当時それほど多くはなかった．そこで，国家はコンセッションを付与する政治的権力を手にすることによって，森林とそれを利用する主体を制御しようとしたのである．

5.2.2　天然更新技術

一方，コンセッション内で行われる林業生産の技術——すなわちコンセッションから効率的・持続的に木材や林産物を得る方法に関しては，熱帯の自然条件にある程度適応させる試みが行われていた．熱帯林は，一般に温帯や亜寒帯の森林に比べて多様な樹種構成を有しているため，有用樹の密度が低く，伐採可能な有用樹が限られていることが多い．したがって，有用樹を選んで抜き伐りする技術や，伐りながら将来的に有用樹を着実に更新させる技術が必要になる．マラヤン・ユニフォーム・システム（Malayan uniform system：MUS）や択伐天然更新法（selective management system：SMS, selective cutting）などの技術は，このような目的で編み出されたものである．これらの林業技術は，一部修正されながらアフリカの各地やアメリカでも採用された（メイサー，1992）．

マラヤン・ユニフォーム・システムは，植民地期の英領マラヤで考案され，1949年ごろからマレー半島で実施されていた天然更新法である．商業的に価値の高いフタバガキ科樹種が多い森林において，それらの稚樹が十分に発生しているとき，林冠を構成する直径50 cm以上の有用樹を短期間で伐採する．このとき，非有用樹や損傷木などを亜砒酸により枯死させて有用樹の稚樹の成長促進をはかり，10年後につる切りと除伐をする．計画通り更新してくれば，次の伐採時（50～80年後）にほぼ同一年齢・同一サイズの有用樹がそろっていることになる．ただし，この方法が有効なのは，有用樹種の構成比が比較的高い森林に限られた．時代が進むにつれ，この方法が適用可能な森林は少なくなっていったのである．このため，マレーシアでは1980年にこの方法は中止され，択伐天然更新法に置き換わった（渡辺，1996：125）．

択伐天然更新法は，10年あるいは20年ごとに，ある径級に達した樹木だけを伐採し，そのあとへの稚樹の発生や中小径木の生育を期待する方法である．マラヤン・ユニフォーム・システムに比べ，更新にかかる期間（25～30年）が短く，薬殺での無駄が少ないなど大きな破壊を起こさないメリットがある．マレーシアのみならず，インドネシアでもこの方法が用いられた．後者では，直径50 cm以上の有用樹のみを伐採対象とすること，伐採の前後に蓄積調査をし，更新に問題のある個所は除外すること，伐採後に更新補助作業をすることなどといった規則が定められていた（同上書：126–127）．

これらの技術は，多様性の高い熱帯林に適合した方法であると同時に，森林の国家所有とコンセッション・システムを前提としていた．国家が定めた標準化された方法論として規則化され，企業がコンセッション内で伐採を行う際の指針として開発されたのである．森林資源は再生可能資源であるため，森林（厳密には森林内の伐採対象樹種）の成長量と等しい材積を伐採するという原則を守っていれば，持続的に木材が生産できる[8)]．つまり，国家当局による適切なコンセッション・システムのもとで，コンセッション内での企業による適切な施業がなされれば，原理的には森林は保たれ，持続的な木材生産が可能だったはずである．これこそ，科学的林業の熱帯バージョンである熱帯林業が意図するところであった．しかし，実際にはそれはさまざまな実施面での問題を抱えていた．

まず問題となったのは，国家が森林を管理する能力である[9)]．多くの場合，政府当局は業者にコンセッションを濫発し，業者への監督業務も不十分であった．コンセッション・システムの問題点については，北原（2009）が紹介している20世紀初頭のシャムにおけるチーク林管理が参考になる．この時期，シャムでは小規模なコンセッションの濫発と不適切な伐採管理が問題となっていた．そこで，西洋人専門家の助言に従う形で，コンセッションの大規模化と長期化を推進した．しかし，それらが実際に実施された森林はごく一部に過ぎず，結果として良質なチーク林の荒廃と枯渇は止められなかった．当時の森林局が，人員や予算面で限られた能力しか持たなかったことを考慮すれば，このようなトップダウンのやり方が遵守されなかったのは，想像に難くない．

つぎに，林業技術が確立するまでに時間がかかったことである．Bryant (1994) は，チークの野火に対する耐性について，興味深い例を挙げている．ビルマでは，当初チークは野火に弱い樹種だと考えられていたため，防火対策が重視され，野火の危険性がある焼畑を敵視していた．しかし，後になって，野火はむしろチークの更新を促進する効果を持つことが判明したのである[10)]．林業は生産期間が長く，技術の試行錯誤にも時間がかかるため，このような問題は森林資源の維持に大きな障害となったであろう．

さらに，試行錯誤の末に確立した技術体系にも，思わぬ問題が潜んでいた．マラヤン・ユニフォーム・システムの欠点はすでに述べたが，択伐天然更新法

8)　加えて，森林を構成する樹木の年齢構成が偏らないよう配慮する必要もある．

9)　じつは，第6章で述べるように，東南アジア（特に島嶼部）の森林開発においては，そもそも国家が森林を真剣に管理しようとしていたかどうかも疑わしい．森林管理の失敗は，政治的な目的を達成するための意図的な手段ですらあったといえる（アッシャー，2006）．

10)　焼畑が森林に与える影響に関する議論は，大英帝国内の森林資源を管理するための専門家会合である「帝国林学会議」において議題として取り上げられ，後述するタウンヤ法の普及にも道を開いた（水野，2012）．

にも技術的問題があったのである．生長量が十分に把握できないことや，伐採の際に周辺の樹木がかなりの程度損傷してしまうこと，有用樹ではなく非有用樹が更新されてしまう可能性が課題となっていた（渡辺，1996）．

そして，おそらく最大の問題点は，住民による焼畑や農地開拓がしばしば管理区域内に及ぶことによって当初の計画が狂ってしまうなど，在来社会との不調和の問題が管理を実施する際の障壁となっていたことであろう．森林の国家所有という画一化された所有形態は，その場所における多様な利用者や利用形態を排除するものであったため，特に在来社会との間で深刻な不調和を引き起こしてしまったのである．コンセッション・システムや天然更新技術がこの森林の国家所有を前提として導入されたことを考えれば，これがいかに深刻なものであったかがわかるであろう．結果として，これらの制度や技術の浸透は未徹底であり，効果は限定的でしかなかったのである．

5.2.3　造林技術

天然林施業の失敗によって良質の木材が枯渇するようになると，次第に採取林業から育成林業への転換が図られ，造林技術による人工林造成が試みられるようになる．タウンヤ法は，19 世紀の英領ビルマにおいて成立したチーク造林技術であり，熱帯地域で成功したといわれる数少ない造林方法の 1 つである[11)]．土地を所有しない人々（タウンヤ農民）に造林地での一定期間の耕作を認めるかわりにその土地での造林・育林を義務づける，一種のアグロフォレストリーでもある[12)]．東南アジアの山岳少数民族のなかには，樹木のような永年作物を焼畑に組み合わせる際に，樹木がまだ小さい間は同じ土地で 1 年生作物を栽培する者がいるが[13)]，タウンヤ法はそのような在来のやり方を参考に開発されたのである．

11） タウンヤ（taungya）とは，ビルマ語で丘陵地の焼畑の意味である（渡辺・竹田，1996）．ジャワではトゥンパンサリ（tumpang sari）と呼ばれ，1873 年より導入が始まった（Peluso 1992）．

12） アグロフォレストリーとは，同じ土地に一年生から多年生の作物や果樹などの樹木を垂直的に組み合わせたり，森林内で家畜を放牧したりマングローブ林内でエビや魚を養殖したりするような，複合的な土地利用方法を指す．焼畑の後の土地利用を含め，古くから世界各地に存在するが，1970 年代半ばより持続的な土地利用の技術的オプションとして科学者の注目を集めてきた（World Agroforestry のウェブサイト http://www.worldagroforestry.org/　2020 年 1 月 2 日閲覧）．第 2 章で触れたジャングルラバーもその一種である．

Branford によれば，概ね以下のように行われていた（Branford, 1925：竹田, 1990 による引用）．まず，前年に造林予定地においてタウンヤ農民への用地の割り当てを完了し，予定地を伐採する．伐採完了後，3～4 月に採種を行う．4～5 月に火入れをし，林木種子を播種し，支柱を立てる．5 月中旬ごろからは農作物の播種を始め，11 月ごろまで農作物と苗木を保育する．11～12 月の農作物収穫後，1 月には活着した苗木を数え上げ，その数に応じて農民に支払いをする．3 月からの乾季には，防火作業を行う．2 年目以降農作物は育てず，5 年目まで防火，除草，補植などを継続して行う．これら一連の作業を新たな地区で次々と繰り返すことで，造林地を拡大していく．

これらの施業の大部分は，耕作地提供と引き換えにタウンヤ農民の義務となっていた．タウンヤ農民として，主に山間地で焼畑を行っていたカレン族が用いられた．彼らを造林拠点に集め，「森林村」と呼ばれる政策村がつくられることもあった．この方式によって，当局は通常の造林と比べて経費を 25% ほど節約することができたといわれている（竹田, 1990）．やがてタウンヤ造林は，チーク材生産の先進地域であるバゴー山地の国有地内で実施され，ビルマ以外の地域にも普及していった．大量の土地なし農民を利用することのできたジャワでは，この方式は一般的なチーク造林法になった（Peluso, 1992）．

しかし，東南アジアの林業全体のなかでこの方式の持つプレゼンスは，じつは限られたものだった．ビルマでは，1930 年代の大恐慌下における政府支出削減の必要性から天然更新が優先されたため，事業が拡大しなかった（Bryant, 1994）．いかに安上がりとはいっても，造林は天然更新と比べれば当然ながらコストのかかる更新法である．伐採が奥地の森林に及ぶにつれて，タウンヤ造林を行う経済的メリットは小さくなっていった．

ところで，当局や企業にとってのタウンヤ法の利点は，単に経費節約にとどまらない．焼畑民を労働力として利用することで，彼らとの共存関係を築いていく手段，さらには住民による森林へのアクセスを制御する手段としても期待されていた．当初は単なる造林方法として利用されていたタウンヤ造林は，造

13）　じつは，樹木の植栽当初に耕作を行うやり方は，東南アジアのみならず世界各地で古くから行われてきた．日本では，木場作や切替畑などと呼ばれている（渡辺・竹田, 1996）．なお，かつての日本の焼畑については本書第 3 章も参照されたい．

図 5.2 「森林村」によってつくられた造林地
看板には「フアイテー森林プランテーション（suanpa)」と書いてある．貧相な看板が印象的だが，「森林村」ではインフラ基盤も家のつくりも脆弱で，一見して周辺の村々より生活水準が低いことが見て取れた．タイ・コンケンにて筆者撮影（1999 年 7 月）．

林目的のみならず，次第に山間地住民の制御という政治上の目的を帯びるようになってくる．また，第二次世界大戦後には，多くの地域で優良な天然林が失われ荒廃林が増加したため，人工林造成の必要性が高まった．そのような理由から，タウンヤ造林は生き残ってゆくことになる．

タイでは，1960 年代後半以降，林業公社や森林局による「森林村」がつくられた．その１つの目的は，荒廃した国有林の植林に加え，国有地内に居住する「不法耕作民」の問題を解決することであった．各地から集められた農民は，「森林村」に入植し，そこで修正タウンヤ法と呼ばれる方法によってチークやユーカリなどの造林作業に従事した（図 5.2）．また，独立後のビルマ（現在のミャンマー）では，内戦や国内産業の不振などからチーク材は主要な外貨獲得手段であり続けたため，政府は低地ビルマ人などを動員してタウンヤ造林によるチーク材生産を推進した（谷，1998）．

しかし，森林が急速に減少し，一方で各国が急速な経済発展を達成するにつれて，タウンヤ造林と「森林村」は深刻な問題に直面するようになる．森林内住民の移動と森林へのアクセスを制限するには，住民を「森林村」につなぎ止めておかなければならないが，これは，労賃はもとより，彼らの生活や福祉を事業者が丸抱えすることを意味する．タイでは経済発展が農村に及び，関連費用が増大するにつれて，「森林村」事業は次第に高くつくようになり，財政上の理由から政府は事業を拡大することができなくなったのである．

また，樹木と農作物の競合は，タウンヤ造林が不可避的に抱えてきた技術的ジレンマであった．それは，土地所有者である政府や事業者と耕作者であるタウンヤ農民との間の利害対立を意味した．造林された樹木は耕作者のものではないため，彼らに樹木を育てる動機は存在しない．それどころか，樹木が育ってしまうとその土地で耕作できなくなり，別の場所に移動させられることになる．それゆえ，耕作者は造林をなまけたり，樹木の生育を阻害したりして事業者に抵抗を挑んだ．これに対し，事業者はボーナスを支払って懐柔したり，モニタリング能力を高めて違反行為を取り締まったりするなど，あれこれと対処しなければならなかった[14]．さらに，造林地周辺が農地として開拓されてしまうと，新たな造林地の確保が難しくなってくる．こうした理由から，タイでは，当初野心的に進められた「森林村」計画は，1980 年代には停滞を余儀なくされた．

東南アジアにおいて，焼畑と密接な関わりを持つ在来の森林管理技術がみられたことは，よく知られている[15]．タウンヤ法は，そのような在来の技術が近代的な林業体系の中に取り入れられた稀有な例である．しかし，この方式も，森林の国家所有という土地制度を前提として，国家の意向に沿った形で実施された．タウンヤ造林を実施する事業者のほとんどが国家機関や国営企業であり，経済活動に加えて森林再生や政治的統合といった公益・国益重視の役割を担わされたことが，これを裏付けている．

一方で，事業者の現地の住民に対する態度は概して冷淡であった．一時的な耕作以外，住民の土地に対する権利をほとんど認めず，森林再生の担い手としては位置づけなかった．その結果，在来社会との不調和は解消されず，ビルマのような極端な閉鎖体制のなかで経済停滞を経験したような特殊な例を除いて，タウンヤ造林や「森林村」が主要な制度として存続することはなかったのである．

14)　中部ジャワでは，このような事業者と耕作者のせめぎあいの結果育林に失敗し，1984 年には植林後 1～3 年の齢級が卓越する森林構造になってしまっていた（Peluso, 1992）．

15)　例えば，ラオスでは，ラックや安息香など市場価値の高い非木材林産物の生産を焼畑に組み合わせる事例が報告されている（竹田，2008）．

5.3　自然・社会・制度・技術のリンク

以上，東南アジアの森林にどのように科学的林業や森林管理が導入されてきたかを，コンセッション・システム，天然更新技術，造林技術に分けて概説してきた．本書の目的である森林の「ハイブリッド性」に照らしてこの話が示唆することは，自然・社会・制度・技術のリンクのあり方が，林学という科学に裏付けられた技術が意図通り機能するかを考えるうえで決定的に重要であったということである．以下では，上述の東南アジアの例を，この「リンク」という視点から日本の例と比較しながら考察する．国家と社会との関係性という森林がつくられるうえでの初期条件の違いが，その後のリンクのあり方を規定し，森林管理の実績に影響を及ぼしたことを指摘したい．

5.3.1　東南アジアの森林管理におけるリンク

自然・社会・制度・技術のリンクという視点から上述の事例をおさらいすると，大まかに言って２点の指摘が可能である．その第１点は，森林に科学や技術が導入されるに際して，それらを機能させるための土台となる制度が存在したということである．上の例では，択伐天然更新法やタウンヤ法といった林業技術は，コンセッション・システムという森林をリースする制度を土台にして成立するものであったし，コンセッション・システムの制度は，森林の国家所有という土地の所有を規定する制度と密接な関連を持っていた．つまり，森林のうち「上物」である植物の利用を調整する技術は，森林という「土地」へのアクセスを制御する制度に規定されていたのである．コンセッション・システムは，両者を仲介する役割を担ったといってよい．

第２点は，これらの制度や技術が現地の自然や社会とうまくリンクできているかどうかが，制度や技術を機能させるために必要な条件の１つであったことである．つまり，図5.3で表されるような三層構造――現地の自然・社会という基礎の上に，制度という土台がのり，その上に植物利用を調整する技術が存在する――がうまく積み重なることで，はじめて技術がその意図通りに機能する．冒頭で述べた現地化は，このハイブリッドの構造に整合性をもたら

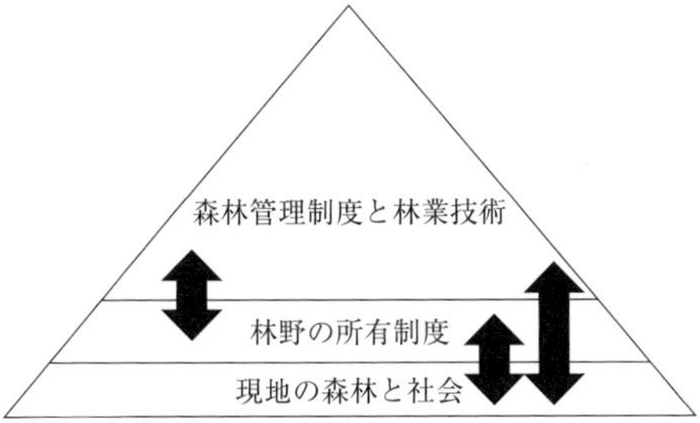

図 5.3　森林における自然・社会・制度・技術の関係
黒い矢印は共進化の相互作用を表す．筆者作成．

すという点で非常に重要な意味を持つのだが，問題はどのような性格を持った現地化がどのようになされたのかである．

前節ですでに述べたように，本章で紹介した制度や技術には，現地の森林植生に適応するための工夫がある程度なされていた．その典型的な例は，多様性が高い熱帯林の有用樹を抜き伐りしつつ，更新を促す択伐天然更新法であろう．また，野火の影響に関する議論からもわかるように，西欧由来の科学的林業の「常識」を覆すような考え方が，現地の森林植生に技術を適応させる過程で育ってきてもいた．

では，在来社会とのリンクはどうであろうか．焼畑移動耕作民の持つ在来技術をある程度取り入れたタウンヤ法という技術が開発されたことなどから，在来社会を無視していたわけではないことはわかる．ただし，このような現地化は，概して植物利用を調整する技術のレベルにとどまっており，その発展の方向性は土台となる制度に規定されていた．そして，肝心なその土台となる土地へのアクセスを制御する制度に関しては，近代国家や植民地経営の論理が優先され，森林の国家所有という制度が画一的に導入された．そこでは在来社会（特に地域住民）との整合性は乏しく，その後時代が進み，各国が独立後に国家の管理能力が強化されるにつれて，国家と在来社会は対立の様相を強めていったのである（図 5.4）．既存研究においては，管理能力を強化した国家が在来社会に課す強制に対して，人々がさまざまな抵抗を試みたこと，そしてこれらの抵抗が森林資源の行方にも大きな影響を与えていたことが指摘されている（Bryant, 1997；Guha, 2000；Peluso, 1992）．

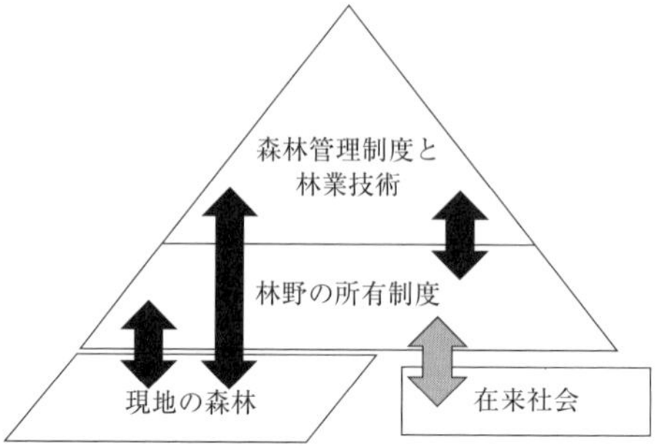

図5.4　東南アジアの森林における自然・社会・制度・技術のリンク
黒い矢印は共進化の相互作用を，グレーの矢印は対立関係を表す．筆者作成．

しかし，国家に対する住民のそのような抵抗は，東アジアでも欧州でも近代化の過程でひとしく起こっている．何がこれらの地域と東南アジアを分けたのだろうか．ここでは，近代化の過程で西欧由来の制度や技術の衝撃を同時期に受けた，東南アジアの在来社会と日本のそれを対比しながら，社会のあり方の相違――特に国家と社会の関係性――という点に着目して論じたい．

5.3.2　国家と在来社会の関係性

東南アジア農村では，前述したように，「フロンティア社会」や「ルースな社会」などと性格づけられる社会が成立していた．この地域の辺境社会では，豊富にあるフロンティアの活用が社会を規定する重要な要因となっていた．これは，近世以降に開拓フロンティアがほぼ失われ，主に家族労働によって農業を行う小農が支配的となる社会が成立した日本の農村と典型的な対比をなす．

日本では，小農は政府による支配の対象であるだけでなく，徴税，資源管理，治安維持，インフラ整備といった地域の統治の担い手としても位置付けられた．江戸時代に，藩政府との「双務的関係」のなかで農村の自治能力が高まり，単なる住民の相互扶助的なコミュニティではない「自治村落」（齋藤，1989）が形成されていったのである．

森林は，日本の農村においてはそのような「双務的関係」が交差する空間の1つであった．江戸時代の最初の百年である17世紀は，人口増加や新田開発・都市開発に特徴づけられる「開発の世紀」であり，その結果森林が荒廃したといわれる．この生態的危機に際して，支配者，市場，住民が多様な対応をすることで，森林の荒廃に歯止めがかかったのである．

例えば，幕府や各藩の領主は，留山（森林全体の禁伐措置）や留木（特定の樹種の禁伐措置）制度を設けることで，領主直轄林における伐採規制の強化を打ち出していった（タットマン，1998；ダイアモンド，2005）．しかし一方で，イエ，村落，藩政府の関係性と交渉の中から，年季山（森林のリース），部分山（分収林）などと呼ばれる制度が形成され，森林の住民への開放も行われた（斎藤，2014）．第4章ですでに触れ，第7章でも扱っている「入会制度」が定着するのもこの時期である．また，近世日本では商業的な林業も独自の発展を遂げた．江戸時代に都市における木材市場が発達し，民間の育成林業が自生的に発展したことが知られている（タットマン，1998；斎藤，2014）．吉野林業，北山林業などの高度な育林技術体系は，欧州の科学的林業に匹敵するものであったといってよい．しかもその中心的な担い手は，国家や大土地所有者ではなく地域の小農や商人であった（斎藤，2014）．

森林管理に関連して，東南アジアの在来社会が日本のそれと決定的に異なっていたのは，西欧由来の制度が導入される以前の時期に培われた，以上のような制度や集約的な林業技術の存在である．そして，それらは江戸時代の平和で安定した社会のもとで発達した国内の木材市場と，国家と社会との交渉によって培われた自治能力の賜物だといえる．もう少し詳しく説明すれば，以下2点が指摘できる．

第一に，東南アジアでは，日本のような在来の木材市場や育成林業の技術体系が発達しなかった．東南アジアに在来の林業技術が存在しなかったわけではないが，その多くは焼畑や非木材林産物と密接に結びついたものであり，土地制度や在来木材市場の構造・発達度が大きく異なっていた．その点では，日本のほうがずっと西欧由来の科学的林業と親和性が高く，在来社会と整合的なリンクが容易であったと考えられる．東南アジアでは，タウンヤ造林が唯一在来技術の延長上にあったが，結局支配的な技術体系にはならなかった．また，木材市場やその担い手も欧州を中心とした外需に偏っていた．さらに，豊富な天然林の存在，科学的林業技術の政府当局や伐採企業への偏在，森林の国家所有と土地制度の不備などの諸要因も相まって，在来の育成林業の自生的発展を妨げたのである．

第二に，社会の性格が，特に支配者層との関係の強さという点において決定的に異なっていた[16)]．日本においては，農民は集落や行政と「双務的関係」を構築しており，集落内の関係および集落と行政との結びつきは概して強かった．このことは，行政の方針に異議があった場合にも，集落での話し合いを通じた請願や陳情など，組織的・継続的に異議を申し立てる正規のチャンネルが存在したことを意味する．そのような意味で，日本における「自治村落」の成立は，住民にとって自らの交渉手段を確保する一種の制度適応であったといえるだろう．

しかし，東南アジアにおいては，行政との関わりは薄く，農民は属人的な関係を役人と結んでいるだけであることが多かった．なんらかの自治機能を備えた在来のコミュニティが存在し，また多くの場合それらが政府の行政の末端として位置づけられていたものの，それらが行政と組織的に相互交渉する機会は，日本と比べて乏しかった．しかも，背後にある豊富なフロンティアは，彼らに対して行政からの格好の避難場所を提供した．ゆえに，政策に何か不都合なことがあったとしても，それらに対する抵抗は組織的でフォーマルなものにはなりにくく，逃亡や忌避といった消極的な退避行動か，突発的で暴力的なものになりがちであった．一方の行政側も，住民と交渉する経験や意志に乏しく，住民の意向をある程度反映した制度改編や制度運営を行うことが難しかった．多くの地域が植民地化され欧州の人間が当局の高官となることで，より直接的に西欧由来の科学的林業・森林管理が導入され，在来社会を軽視するような傾向が促進されたことも否定できない．

つまり，両者を分けた重要な要因は，結局科学的林業・森林管理の導入以前からつくられてきた国家，市場，社会のあり方と関係性の相違にあったと考えることができる．この点における違いは，制度変革の方向と速度を規定し，結果として，制度や技術が現地の自然や社会に整合性を持つ形で現地化できるかどうかの大きな分かれ目になったのである．実際に日本では，明治期のドイツ

16）同様に，佐藤（2019）は，近代化初期にタイと日本の政府がそれぞれ林業と鉱業においてとった対応の差を比較し，その原因を，地理的・歴史的・政治的な諸条件のもとで形成された国家・社会関係の違いに帰している．

流森林管理の導入がそのお手本に忠実に実施されたわけではなかった（斎藤, 2014）．旧来の権利を奪われた地域住民による森林犯罪の増加に直面した当局は，場合によっては江戸時代の制度を反映した形で再修正をせざるをえなかったのである[17]．

おわりに：森林に科学・技術を導入するための基盤

本章では，近代化のなかで，森林に西欧由来の科学的林業や森林管理が導入される歴史的プロセスを，19 世紀から 20 世紀中ごろにかけて東南アジアで導入された技術や制度を例として，同時期の日本の対応との比較から省みた．科学的林業の発祥地である西欧の自然と社会は，東南アジアなどの熱帯の自然や社会とは全く異なる．このため，19 世紀に欧州から植民地に派遣された森林官たちは，試行錯誤を重ねながら科学的林業や森林管理の手法を現地化しようとした．この「現地化」が持っていた特徴は，以下の 3 点に要約できる．

第 1 点は，林業技術の現地化が，それらが機能するための基盤となる上位の手法や制度のもとで行われたことである．マラヤン・ユニフォーム・システムや択伐天然更新法は，国家によるコンセッション・システムのもとで機能するように設計された技術であったし，より根本的には森林の国家所有という土地制度を前提としていた．「上物」である植物の利用を調整する技術は，土地へのアクセスを制御する制度に規定されていた．このように，制度と技術が階層構造を保ちながら現地の自然や社会とリンクしていたといえよう．

第 2 点は，このようにしてつくられた制度や技術は，現地の自然とはある程度整合的にリンクしたが，在来社会とは整合性のあるリンクを創出することができなかったことである．現地化は，階層構造の下位にあった植物利用を調整する技術にとどまっていた．その土台となる土地へのアクセスを制御する制度に関しては，近代国家や植民地経営の論理が優先され，森林の国家所有とコンセッション・システムが画一的に導入された．そこでは在来社会との整合性

17）その典型的な例が，国有林における部分林や委託林制度などの導入である（岩本, 2012）．これらは先述した部分山や年季山の事実上の再導入だともいえる．なお，入会地をめぐる住民のたたかい（第 7 章）も参照のこと．

が乏しかったため，後年国家の管理能力が強化されるにつれて，国家と在来社会は対立の様相を強め，森林が失われる過程で技術と自然とのリンクの整合性も失われていった．

第3点は，科学的林業や森林管理が導入される以前の在来社会のあり方，特に国家と社会との関係性や在来の木材市場の発展度などが，導入後の森林管理のあり方（および自然や社会とのリンク）と制度進化の過程に影響したことである．「フロンティア社会」であった東南アジアでは，日本のような在来の木材市場や育成林業の技術体系が成立しなかった．また，在来社会が行政と組織的に相互交渉する機会は，日本などと比べて乏しかった．このため，国家に組織的・継続的に異議を申し立てる正規の交渉チャンネルが存在しなかった．行政側も住民と交渉する経験や意志に乏しく，住民の意向をある程度反映した制度改編や制度運営を行うことが難しかったのである．

以上のような性格を持った現地化を進めることで，東南アジアでは，科学や技術が森林を構成していく上での強力なツールになっていった．ここで特筆すべきは，ツールの利用者と利用するための制度的な基盤である．この基盤の整備が（植民地）国家による国家のためのものであったことで，それ以降の技術の導入方向がロックインされてしまった．そしてこの過程で，ツールの主な使用者である国家の森林への権限と実効力は強化され，現在みられるような国家を中心とした森林管理の仕組みがつくられたのである．

もちろん，誰の権限が強まろうと，森林を持続的に保つことができていれば，森林行政として問題にはならなかったかもしれない．しかし，東南アジアの国家を中心とした科学的林業・森林管理が，残念ながらその目的を達成したとはいえないことは，その後の歴史を見れば明らかである．この「失敗」の歴史から得られる1つの教訓は，科学や技術を機能させるには，それらが現地の自然だけでなく，社会（や市場）とも整合的にリンクさせていく必要があるということである．この意味で，技術と現地をつなぐ制度の役割は決定的に重要である．現地に根ざした適切な制度設計とたゆまぬ改善こそが，技術を意図したとおりに機能させるための大きなカギになる．

現代では，科学技術の力は当時と比べて比較にならないくらい強大になっている．ここでの教訓とは逆に，大規模かつ専門的な技術がイノベーションを通じて自然や社会をドラスティックに変えることで，新たなリンクをつくろうとする傾向が強まっているようにも見える．人工知能（AI）や生命工学などは，まさにそのような性格を持つ技術であろう．森林管理においては，データサイエンス，例えば衛星データを用いた地理情報システムなどがこれに相当するかもしれない．しかし，というべきか，だからこそ，というべきか，これらの技術を役立てるためには，リンクに整合性をもたらすための議論，すなわち自然や社会がどうあるべきかという規範的・倫理的な議論を避けることができない．技術や制度を通じて人間や社会が自然をつくるという側面がある以上，技術や制度に自然や社会と整合的なリンクが必要であることはほぼ自明であるはずだが，当たり前であるわりには見過ごされがちであるように思われる．

引用文献

アッシャー，W.（2006）発展途上国の資源政治学――政府はなぜ資源を無駄にするのか（佐藤 仁 訳），pp. 298, 東京大学出版会.

Barton, G. A.（2002）*Empire Forestry and the Origins of Environmentalism,* pp. 192, Cambridge University Press.

Branford, H. R.（1925）Regeneration with the Assistance of Taungya in Burma. *Indian Forest Records,* **11**, Part 3, 81–121.

Bryant, R. L.（1994）The Rise and Fall of *Taungya* Forestry : Social Forestry in Defense of the Empire. *The Ecologist,* **24**, 21–26.

Bryant, R. L.（1997）*The Political Ecology of Forestry in Burma 1824–1994,* pp. 257, Hurst and Company.

ダイヤモンド，J.（2005）文明崩壊――滅亡と存続の命運を分けるもの（下）（楡井浩一 訳），pp.433, 草思社.

Embree, J. F.（1950）Thailand – A Loosely Structured Social System. *Am. Anthropol.,* **52**, 714–716.

Gray, J. A.（2002）*Forest Concession Policies and Revenue Systems : Country Experience and Policy Changes for Sustainable Tropical Forestry,* pp. 107, World Bank.

Guha, R.（2000）*The Unquiet Woods : Ecological Change and Peasant Resistance in the Himalaya, Expanded Edition,* pp. 244, University of California Press.

葉山アツコ（2003）フィリピンにおける森林管理の 100 年――地域住民の位置づけをめぐって．経済史研究，**7**，87–105.

Ingram, J. C.（1971）*Economic Change in Thailand 1850–1970,* pp. 352, Stanford University Press.

岩本純明（2012）日本の森林管理制度と林業技術．歴史のなかの熱帯生存圏――温帯パラダイムを超えて（杉原 薫ほか 編），pp. 359–381，京都大学学術出版会.

Kaur, A.（1998）A History of Forestry in Sarawak. *Mod. Asian Stud.,* **32**, 117–147.

河森正人（2000）電気通信事業政策――コンセッション方式と政党政治．タイの経済政策――制度・組織・アクター（末廣 昭・東 茂樹 編），pp. 343–370，アジア経済研究所．

Kitahara, A. (2008) Public Management of Local Resources in Thailand: A Historical Perspective for the Role of Government and Community. In: *Proceedings of the Third Afrasian International Symposium "Resources under Stress: Sustainability of the Local Community in Asia and Africa"* (eds. Kawamura, Y. *et al.*), pp. 279–297, Ryukoku University and Kyoto University.

北原 淳（2008）近代タイの土地・資源管理政策の枠組――公共用地設定による資源保存政策を中心に，pp. 29，龍谷大学アフラシア平和開発研究センター．

北原 淳（2009）近代タイのチーク材管理政策――伐採リース契約を中心に．龍谷大学経済学論集，**48**，23–47.

北原 淳（2012）タイ近代土地・森林政策史研究，pp. 532，晃洋書房．

メイサー，A. S.（1992）世界の森林資源（熊崎 実 訳），pp. 324，築地書館．

水野祥子（2006）イギリス帝国からみる環境史――インド支配と森林保護，pp. 240，岩波書店．

水野祥子（2012）イギリス帝国における林学の展開とインドの経験――帝国林学会議の焼畑移動耕作に関する議論を中心に．林業経済研究，**58**，27–36.

Peluso, N. L. (1992) *Rich Forests, Poor People,* pp. 336, University of California Press.

齋藤 仁（1989）農業問題の展開と自治村落，pp. 375，日本経済評論社．

斎藤 修（2014）環境の経済史――森林・市場・国家，pp. 191，岩波書店．

佐藤 仁（2019）反転する環境国家――「持続可能性」の罠をこえて，pp. 366，名古屋大学出版会．

Scott, J. C. (2009) *The Art of Not Being Governed: An Anarchist History of Upland Southeast Asia,* pp. 442, Yale University Press.

竹田晋也（1990）ビルマにおけるタウンヤ式造林法について――1920 年代の熱帯造林技術の一側面．京都大学農学部演習林報告，**62**，108–121.

竹田晋也（2008）非木材林産物と焼畑．ラオス農山村地域研究（横山 智・落合雪野 編），pp. 267–299，めこん．

田中耕司（2002）フロンティア世界としての東南アジア――カリマンタンをモデルに．地域形成の論理（坪内良博 編），pp. 55–83，京都大学学術出版会．

谷祐可子（1998）タウンヤの社会経済的成立条件に関する研究――ミャンマー連邦バゴー山地を事例として，pp. 221，筑波大学大学院博士課程学位論文．

タットマン，C.（1998）日本人はどのように森をつくってきたのか（熊崎 実 訳），pp. 200，築地書館．

坪内良博（1998）小人口世界の人口誌――東南アジアの風土と社会，pp. 312，京都大学学術出版会．

生方史数（2012）熱帯アジアの森林管理制度と技術――現地化と普遍化の視点から．歴史のなかの熱帯生存圏――温帯パラダイムを超えて（杉原 薫ほか 編），pp. 333–358，京都大学学術出版会．

Vandergeest, P. & Peluso, N. L. (1995) Territorialization and State Power in Thailand, *Theory and Soc.,* **24**, 385–426.

渡辺弘之（1996）熱帯の林業．熱帯農学（渡辺弘之ほか 編），pp.124–134，朝倉書店．

渡辺弘之・竹田晋也（1996）アグロフォレストリーと社会林業．熱帯農学（渡辺弘之ほか 編），pp. 134–141，朝倉書店．

第6章 森を開発する

マレーシア・サバ州における森林開発とその後の森のゆくえ

内藤大輔，生方史数

はじめに

森林を単に自然物（特に植生）としてみれば，森林植生がなくなれば森林は消失したといえる．しかし，そのあとはどうなるのだろうか．農地その他の土地利用に転換されたり，あるいは「荒廃林」と呼ばれながら森林再生が期待されたりするのが普通だろう．そして，前者の場合は他の土地利用となることで森林とは呼ばれなくなり，森林政策の対象からも除外されることが多い．

一方で，後者の場合は，第2章での「木のない森林」の説明にあった通り，森林植生がなくなったとしても森林でなくなったとまではいえない．森林をハイブリッドとしてみたときには，森林植生や土壌，動物などといった森林を構成する自然物だけではなく，それらの存立基盤の一部となっている土地や大気や水などの他の自然物，さらにはそこに暮らす人間の意図や文化，社会制度にも目を向けなければならないのである．

では，森林が開発されることでハイブリッドの何が変わり，何が存続するのだろうか．ここで重要になるのは，森林開発から得られる資源や利益と，それらを生み出すための制度である．昔も今も，森林は有用な天然資源を提供し，林業という資源産業の原料基盤である．また，森林は農業や他産業に土地を提供することで，さまざまな産業を支える役割も担ってきた．このような特徴を持つ森林は，石油や鉱物などの天然資源と同じように，しばしばレント（rent）と呼ばれる一種の「超過所得」を生み出してきたのである[1]．

「濡れ手で粟」的な側面をもつレントは非常に魅力的であるため，これが大量に生み出せる場合は多くの企業や個人がこぞってこれを求め，配分にあずかろうとする[2]．一方，森林や資源の所有者（多くは国家や有力政治家）は，自分に有利なかたちでレントを配分するための制度やルールを創出することで，政治的に強い立場に立つことができる[3]．これらが織りなす政治経済的構造は，天然資源と国家・社会双方のゆくえに大きな影響を与える要因だといわれてきた（カーンほか，2002；Ross，2001）．本章では，マレーシア・サバ州を例に，レントを生み出し分配する制度に着目しながら森林が開発されるプロセスをみていくことで，森林開発によって変わりゆくもの，また存続するものについて考察する．

本章の構成は以下のとおりである．まず，サバ州における森林開発の歴史を概観することで，19 世紀から現在にかけて誰がどのような制度や手法のもとで森林を開発し，そこから得られるレントがどのように配分されたのかをみる．次に，森林開発後の土地利用とその担い手について検討するとともに，残された森林の扱いをめぐる最近の動向を紹介し，森林が開発されることでハイブリッドの何が変わったのか，何が存続したのかを考察する．

6.1　マレーシア・サバ州における森林開発の歴史

6.1.1　サバ州の社会と木材産業

マレーシアのサバ州は，ボルネオ島北西部に位置し，面積は約 740 万 ha でマレーシア国土全体の約 23% を占める[4]．マレーシアは，マレー半島部 11 州と連邦直轄領，ボルネオ北部にあるサラワク州，サバ州から構成される連邦国

1）より厳密な定義をすれば，レントとは，「正常な（多くは競争市場を想定した場合のもの）」水準を上回る所得のことであり，供給に制限のあるものにしばしば関連する．土地や自然がもたらす恵みは，典型的な「天然資源レント」である（カーンほか，2002）．

2）これはレント・シーキング（rent seeking）と呼ばれている．

3）Ross（2001）は，このようなレントの供給側の行動をレント・シージング（rent seizing）と呼んでいる．

4）2016 年におけるサバ州の１人あたり名目 GDP は 21,169 RM（約 5,100 米ドル），経済成長率は 5.1% となっている（Department of Statistics, Malaysia, 2020a）．

家である．このうちボルネオ島にあるサバ州とサラワク州には独自の財政基盤と内政を伴う高度な自治が認められており，さながら1つの独立国家のような様相を呈している．

東南アジア諸国の例にもれず，この地域の近代史も植民地支配の影響から切り離すことはできない．ただ，その時期は比較的遅かった．マレー半島部は15世紀後半から列強の支配下に入るが，ボルネオではブルネイ・スルタンやスルー王国スルタンの影響下にあり，その統治も比較的緩やかなものであったからである（Jomo *et al.*, 2004）．現在のサバ州にあたる北ボルネオでは，1877〜1878年に駐香港オーストリア領事のG. オフェルベグ（G. Overbeck）と英国人アルフレッド・デント（Alfred Dent）が，ブルネイのスルタンとスルー・スルタンからボルネオ島北部の領有権を取得したときから欧州（特に英国）の影響が強まる．1881年には北ボルネオ特許会社（(British) North Borneo Chartered Company）が設立され[5)]，1881年から1946年までの約60年間この会社による統治が続いたのである．その後1963年まで英領の直轄植民地となり，1963年にマレーシア連邦に加盟するかたちで植民地支配から脱し，現在にいたっている．

サバ州の人口は2010年のセンサスで約312万人とされており，ムスリム系と非ムスリム系からなる先住民族はそのうちの約6割を占める（Department of Statistics, Malaysia, 2010）．サバ州には先住民族が古くから暮らしてきており，北東部にはルングス（Rungus），北西部の低地や山岳地域には焼畑農耕民であるカダザン・ドゥスン（Kadazan Dusun），南東部には狩猟採集民であるムルット（Murut），キナバタンガン川沿いに代表される中西部に河の民オラン スンガイ（Orang Sungai），そして海岸部には海の民であるバジャウ（Bajau）が暮らしている．この地域は歴史を通じて移民の流入が続いてきた地域でもある．植民地期以降は労働者として華人が移入し，都市部を中心に定住するようになった．また，第二次大戦後は，伐採労働者やアブラヤシ・プランテーションの労働者として，フィリピンやインドネシアから流入する移民が増加してきている．多民族で構成されるこの州では，政治的な支持も基本的には民

---

5)　北ボルネオ勅許会社ともいう．1941〜1945年までは日本軍政下にあった．

族を母体としており，歴代の政権もムスリム系，非ムスリム系，華人系の政党による連立政権が担当してきた．

マレーシアは1980年代以降高い経済成長を遂げ，主要産業は農林業や錫，原油，LNGなどの鉱業から電気機器などの製造業やサービス業などに移っている（立花，2003）．ただし，製造業などの中心的な工業地帯はマレーシア半島部に集中している．ボルネオ島北西部に位置するサバ州は，州全体の面積のおよそ半分が森林で覆われており，隣接するサラワク州とともに，相対的に自然の豊かなフロンティア地域であった．このため，半島部よりも比較的第一次産業が占める割合が高く，2018年の州内産業構成は農林水産業（16.3%）鉱業（28.3%），製造業（7.7%），建設業（3.4%）サービス業（44.0%）などとなっており，農林水産業の内訳は，農業が74.2%，林業が7.2%となっている（Department of Statistics, Malaysia, 2020b）．森林資源に恵まれていたことから，かつては木材産業が主要産業の１つであったが，開発による森林減少や質的な劣化に伴う有用木材の減少とともに衰退し，1980年代から森林伐採は同じボルネオ島北東部に位置するサラワク州へとシフトした．そして主要産業の地位は1990年代から盛んになったパーム油産業に取って代わられたのである．

6.1.2　森林開発の担い手と制度

サバにおける大規模な森林開発は，植民地支配とともに始まる．もともと森林豊かなこの地域では，古くからラタン，ダマール（樹脂），サイチョウの嘴，ツバメの巣などの希少な非木材林産物の採集が行われており，それらは華人などの仲買人を通じて主に中国に輸出されていた（Dunn，1975）．しかし，木材を大規模に伐採し輸出するようになったのは，この地域が植民地化された19世紀末以降である．この目的のために多くの組織が関わり，土地や森林に関するさまざまな制度が導入されたのである．

以下ではまず，植民地支配以降の森林開発のなかでも，特に木材産業による森林伐採と森林管理の歴史を，関連する土地政策と併せて概観する．①北ボルネオ特許会社による統治期，②英領の直轄植民地期，③マレーシア連邦加入後の木材ブーム期および④ポスト木材ブーム期の４期に分け，そのうち３期までの担い手と制度の変遷についてみていこう．なお，4期に関しては別途節を設けて紹介する．

A. 北ボルネオ特許会社による統治期（1881-1946）[6)]

この時期においてまず重要であったのは，土地の公有化を基礎に土地・森林の所有区分がつくられていったことである．1881年にサバの土地を受け継いだ北ボルネオ特許会社は，オフェルベグとデントがブルネイとスルーのスルタンと結んだ土地に関わる協約も引き継いだ．そして，英国政府からの勅許状によって，先住民族の慣習法を尊重するという条件つきで，土地を含む統治の権限が承認され正当性を与えられた．当時この地域はほとんどが森林に覆われ，人口は10～15万人と少なかった．そして，先住民族コミュニティの多くは，それぞれの慣習法に従って土地を管理，利用しているのが一般的であった．しかし，政府は一部の先住民の慣習的保有地を除く土地（その多くが森林植生で覆われていた）を公有地（state land）化した．以後，政府はこの公有地の払い下げ・長期貸借や保留，あるいは公有地内の立木の払い下げというかたちで土地や森林に関わる制度をつくっていく．政府は土地を公有化することで，森林資源やプランテーションの開発などといった将来的な開発を行ううえで重要なこれらの土地における権限を手にしたのである．ただし，それには曖昧であったこれらの土地と先住民の慣習的保有地との区別を明確にする必要があった．

政府の以上のようなねらいが体系化されたのが，1880年代以降の土地に関する法律をまとめた1930年土地条例（Land Ordinance）である．表6.1はこの法律によって体系化された土地所有区分を示しているが，この基本構造は独立後のサバ土地条例（Sabah Land Ordinance）に引き継がれ，現在にいたるまで踏襲されている．この条例では，土地所有は公有地と私有地（alienated land）に分類され，公有地は，公共目的のために利用を保留される保留地（reserve）と通常の公有地に分けられる．公有地には，後述する農地への転用を含め，さまざまな利用に供するための森林が含まれる．保留地は，公共・居住の目的を持つ保留地と先住民保留地（native reserve）に分かれる．前者は，後述する保存林（forest reserve）をはじめ，国立公園，保存林，公的機関など

6) 本項の記述は，特に断りのない限り，前半の土地制度に関しては都築（1999c）に，後半の森林管理制度に関しては都築（1999a）に依拠する．

表 6.1　1930 年土地条例による土地所有区分

公有地（state land）			私有地（alienated land）			
		ネイティブの土地				
	保留地	先住民保留地	永代不動産物権（free-hold）		貸借不動産物権（lease）	
	公共・居住の目的を持つ保留地		先住民慣習的保有地（native costomary tenure）	公有地の申請による譲渡	地方地	市街地
特別な保留目的はない土地で，多くが森林である．場所によっては商業伐採許可権が許可されていたり，将来の農地転用が予定されていたりする．	保存林，政府の庁舎やその他の公的利用に供する土地など．	埋葬地等，暫定保留地	コミュニティの保有地（communal native title），個人の保有地（native title）		プランテーション開発などのために一定期間租借される．	市街の住宅，店舗，工場など．

都築（1999c）の表をもとに作成．

の公共・居住目的の保留地を指す．後者は，先住民保留地（村落，信仰の土地，放牧地，埋葬地など）や暫定保留地（先住民族の自給用消費のための用材・薪材・竹を採取するための森林，自家用耕作地，焼畑耕作地など）がある．

私有地の所有形態は，3 つに分類されている．第 1 形態は，先に述べた先住民族の慣習的保有地である．この土地は，登記がなされれば永続的な不動産物権（free-hold）として認められる．第 2 形態は，公有地が先住民に，水田，自家用栽培，総督に承認された特別目的によって譲渡された土地である．これも，1930 年土地条例で規定された先住民保留地の範疇に入る．第 3 形態は，999 年以内の期間で長期貸借された土地である[7)]．これには，地方地と市街地がある．地方地とは，農園として企業や個人に与えられる 99 年から 999 年以内の期間の賃借不動産物権（lease-hold）であり，後述するカントリー・リース（あるいはプロビジョナル・リース）の枠組みである（都築，1999c）[8)]．

森林開発のための制度は，以上のような土地所有の体系化と並行してつくら

7）ただし，抵当権や相続権もあり，事実上の私有地として扱われる．
8）実測を伴う登記をしたものをカントリー・リースと呼び，実測を伴わない暫定的なものをプロビジョナル・リースと呼ぶ．また市街地は，999 年以内の租借期間から，99 年以内の租借期間に 1920 年代頃に短縮された．その後，地方地に関しても，99 年の期間に短縮された（都築，1999c）．

れていった．当初，木材産業の位置づけはそれほど高くなく，森林産物といえば上述した中国向けの非木材林産物が主な輸出品であった．しかし1880年代後半になると，清国での鉄道建設の需要に対応するために，公有地において立木を払い下げる制度として伐採コンセッションが開始された（都築，1999a）．この時点で，多くの熱帯諸国と同様に，コンセッション・システム（第5章参照：森林資源の利用権を一定期間企業に付与しながら森林を管理するシステム）が森林管理と利用を統合するための制度となったのである．

さらに，20世紀に入ると体系的な林業・森林管理の必要性が認識されるようになったため，特許会社政府は森林行政の中核を担う林業局を1914年に設立した[9]．そして，前述した1930年土地条例や1936年森林条例を制定することで，公有地内に将来にわたって森林施業を行う土地を確保するために，保留地の1区分である保存林（forest reserve）を指定できるようにした[10]．商業伐採の方法として，マラヤン・ユニフォーム・システム（Malayan uniform system：MUS，第5章参照）による天然林の択伐施業が始まったのもこの時期である[11]．このようにして，それまで曖昧だった土地や森林に関する制度がつくられ，科学的林業や森林管理の方針が徐々に確立していった．

第一次大戦後に木材需要が高まると，政府は大規模な森林開発を目指して貿易会社と合弁で既存の木材会社を吸収し，1920年にロンドンに英領ボルネオ木材会社（British Borneo Timber Company：BBT）を設立した．この年から25年間，同社にすべての木材生産を許可する独占権を与えることで，木材生産を軌道に乗せていった[12]．

B.　英領の直轄植民地期（1946–1963）[13]

その後，日本占領期を含む第二次大戦の混乱によって北ボルネオ特許会社が

---

9)　設立にあたってモデルとしたのは，米国の影響を強く受けていたフィリピンの森林行政であった．1941年までは多くのレンジャーがフィリピン人であった（Ross, 2001）．

10)　保存林の制度が最初に法制化されたのは，「1916年法令第11号木材およびジャングル産物条例」の第三条（解釈）であり，最初に保存林が指定されたのは1920年のことである．しかし，実際に保存林指定が拡大するのは，英領ボルネオ木材会社（BBT）による独占権が解消された1952年以降のことである（都築，1999a）．

11)　これを応用し，後にサバ・ユニフォーム・システムと呼ばれる方法が開発された．

12)　BBTの設立後，従来からの大手木材企業3社（欧州系や華人系）は以前からのコンセッションで伐採を継続した．新規参入企業はBBTの下請けとして操業しなければならなかった（都築，1999a）．

疲弊し，自力での復興が困難になったため，戦後の1946年からは英領北ボルネオとして英国の直轄植民地となった．この時期には，植民地政府のもとで持続的な木材生産を行うためにいくつかの重要な制度が導入された．その第一は，独占権を好ましくないと考えていた植民地政府が1952年にボルネオ木材会社の独占権を買い取り，1954年森林条例（Forest Ordinance）を制定したことである．これによって，それまでボルネオ木材会社の独占権のもとで力をもたなかった林業局による森林管理の権限が，コンセッションの付与なども含め大幅に強化され，森林管理組織としての独立性も確保できることになった．また，この時期には先に触れた保存林の指定が本格的に開始され，それは独立後の森林行政にも引き継がれた．

都築（1999c）によれば，保存林指定のプロセスは以下のとおりである．まず保存林の候補地が提案され，それが官報などに公示され，権利確定宣言がなされる．仮に候補地内を慣習的に利用してきた先住民がいた場合，一定期間内に彼らが慣習的利用権を請求し，それが認められれば，そこに慣習的保有権が認められる．その場合には，保存林の区域が変更されたり，保存林に収容するための代償金が支払われたりする．しかし実際には，先住民がその情報を知ることができなかったり，適切に請求することができなかったりしたため，彼らが慣習的な利用権を請求する事例は少なかった．伐採会社が入ってきて初めて，彼らの暮らす地域が保存林として制定されたことを知るといった場合が多かったのである．そして保存林がいったん規定されると，慣習的土地保有権を消失したとみなしていた．政府はこうして入会林的に利用されてきた森林の慣習権を無効化していった．

第二はコンセッション・システムの再整備である．林業局は80年という伐採サイクルを想定した大規模コンセッションを企業に与え，高いロイヤリティや，コンセッション面積の1% を上限とする厳しい年間伐採規制を課しながら，これらを運営させたのである[14)]．1963年までには，これらのコンセッションは商業林（保存林の一形態）の7割を占め，国内外の12社に与えられて

13）　本項と次項の記述は，特に断りのない限りRoss（2001）に基づく．

14）　当初コンセッションを与えられたのは，英国系（4企業）と米国系（1企業）であった（Ross, 2001）．なお，名目上の伐採サイクルは100年間であるが，20% の森林を伐採せずにおくことになっていたため，実質的には80年サイクルとなる．

いた．一方で，林業局は地元の木材需要を満たすため，または一部の森林を農地へ転用させるために，主に華人系の中小零細企業に年間伐採ライセンスを与えた[15)]．さらには，これらのライセンス企業の一部に長期コンセッション取得を促すための暫定的な特別ライセンスが創設された．

なお，1963 年には，1930 年土地条例を引き継ぐかたちで 1962 年土地条例（Land Ordinance）が制定された．それまで厳しかった先住民族による慣習的保有地の取得に関する手続きを緩和したのである．慣習的保有地は華人などの「非先住民」に転売することができなかったため，商業伐採の無秩序な拡大の抑制に貢献した．

林業局の権限強化と独立性の確保，長期コンセッション・システムの整備，高いロイヤリティ，限定的ながら先住慣習権を認知する方向性（ただし保存林指定などをめぐって先住民族に不利な状況は続いた）など，この時期に導入された制度は，それらがうまく機能すれば持続的な森林管理に貢献したかもしれない．実際にこの時期においては，木材生産量もほぼ持続的なレベルにとどまっていた．短期ライセンスの制度をつくったことは，持続的生産という目的に反することではあったが，この時点ではまだ深刻な問題は発生していなかった．しかし，1963 年の独立以降，このような持続的木材生産への政治的意図は大きく変貌していくことになる．

C. マレーシア連邦加入後の木材ブーム期（1963–1990 年代初頭）

1963 年に英領北ボルネオはマレーシア連邦に加盟して植民地支配から脱し，サバ州と呼ばれるようになった．独立後のマレーシアでも森林資源は州の管轄下におかれ，サバ州は植民地期の森林管理制度を引き継いだ．しかし，この時期から丸太の輸出価格は上昇を続けるようになる．フタバガキ科の樹種を中心とした大規模な商業伐採が行われ，丸太は州最大の輸出品として日本などへ輸出されるようになった[16)]．かくして森林は経済的・政治的に重要な資源を獲得する場となってゆく．木材ブームの到来である．

1963 年から 1967 年までの暫定政権期においては，州の政治勢力はムスリム

15）　この措置はすぐに持続的生産を脅かしかねないことがわかったため，林業局はライセンスを取り消そうとした．しかし，ライセンス企業の反対にあい，断念せざるを得なかった（Ross, 2001）．
16）　1960～1980 年代を通じて日本は最大の丸太輸出先であった（都築，1999b）．

系の1政党（USNO：United Sabah National Organization）と非ムスリム系の1政党（UNKO：United National Kadazan Organization，のちのUPKO）の勢力が拮抗した状態にあり，これらはそれぞれムスタファ・ハルン（Mustapha Harun）とドナルド・ステファン（Donald Stephens）に率いられていた．そして，両者とも，それぞれの支持者をつなぎとめるため，または華人系や残りの非ムスリム系政党と連立するために，伐採ライセンスに関わる利権を利用するようになったのである．熾烈な競争は，1967年の選挙で最終的に華人の支持を取り付けることに成功した前者の勝利に終わった[17]．より大規模に短期の伐採ライセンスをばらまいた政治家が選挙で勝利をおさめ，続く切り崩し工作により野党勢力を著しく弱体化させたことが，悪しき前例となった．木材ブームの到来は，高い利益が期待される短期伐採ライセンスのばらまきによって政治家とその支持者のパトロン・クライアント関係を強め，結果として「木材政治（timber politics）」を招来させることになったのである．

政権を掌握し州首相となったムスタファ・ハルンは，自らの権力を安定させるため，植民地期に築いてきた森林管理制度を形骸化させる作業に着手する．まず，彼は1954年森林条例を1968年サバ森林法に置き換えた．これによって，伐採ライセンスを含む森林管理に関する権限の多くが林業局から州首相や担当大臣の手に渡った．森林行政の独立性が大きく損なわれるだけでなく，有力政治家の裁量の余地が著しく拡大したのである．また，この法律によって，州首相が森林に慣習地を持つ先住民の権利を随意に取り消すことができるようになった[18]．

そして，植民地時代に与えられた長期コンセッションの発行領域に関しても，制度の実質的な切り崩しを開始する．当初21年間のコンセッションとして与えられた面積は37万5千haであったが，その後80年間のサイクルとするためにコンセッション権者に追加的に与えられる予定の保存林が153万ha残っていた．政権はこの森林を収用したのである[19]．そして，州民からの反対を

17）華人系企業は先述した1年間の伐採ライセンスの多くを保持していた．ドナルド・ステファンは彼の支持母体であるカダザン・ドゥスンの立場から，華人に短期間の伐採ライセンスを与えることに批判的であった（Ross, 2001）．

18）すでに非ムスリム系の政党（UPKO）が解散し，カダザン・ドゥスンなどの焼畑民を代表する政治勢力が弱体化していたことが大きく作用していると考えられる（Ross, 2001）．

防ぐために，その6割にあたる85万5千haの森林を，1966年に全州民の福祉向上のために設立されたサバ財団（Yayasan Sabah：Sabah Foundation）へと移した[20]．サバ財団に与えられた森林は，林業局からも議会からも管轄外となった[21]．残りの約70万haは，州首相が年間ライセンスや特別ライセンスをばらまくための保存林となった．

このようにして，ムスタファ・ハルンの政権は1969年の末までに植民地期から続いてきた森林管理制度の規制を実質的に形骸化し，強力な党派政治の道具とすることに成功したのである．彼の政権は1975年に交代するが，後続の政権も，政権与党がどこであるかにかかわらず，基本的には彼がつくりだしたやり方を踏襲し，同様の「木材政治」に深く関与を続けていくことになった．

もちろん，この最大の犠牲者は森林である．持続性を無視した過剰な伐採を続けた結果，1990年代までには広範囲の保存林が伐採されていた．サバ州の森林面積は1972年から1995年の23年間で，636万ha（全面積の86%）から421万ha（同57%）に減少し，原生林はほぼ枯渇するなどその質も大きく劣化した（都築，1999b）．サバ州の財政歳入に占める木材関連収入の割合は，1970年代末の約7割から1990年代半ばの4割へと減少した．そして，1993年には当時の政権が丸太の輸出禁止政策に踏みきり，2000年頃にはこの数字は2割にまで落ち込んだ（Jomo *et al.*, 2004）[22]．前述した通り，木材産業は衰退したのである．

19)　もはや連立政党であるSCA（Sabah Chinese Association）の支持なしでも議会で3分の2の多数を占めるようになっていた政権与党は，当時コンセッションの3分の2を持つようになっていた華人系の人々を恐れる必要などなかった．おりしも西マレーシアで1969年の暴動（5月13日事件）があった時期で，政権はこれを口実に反対派を抑圧することもできた（Ross, 2001）．

20)　この組織は活動の透明性の欠如が問題となっており，資源からのレントを一般大衆に分配するための道具となっているという指摘がある（アッシャー，2006）．

21)　1967年から1989年までの間に，77%の伐採可能な森林が林業局の権限から除外されたという（Ross, 2001）．

22)　ただし，製材された木材の輸出は可能である．なお，これはサバ団結党（PBS：Parti Bersatu Sabah）が率いた当時の政権が，連邦政府の与党連合から離脱したことへの連邦政府の報復措置だともいわれている（Jomo *et al.*, 2004）．

6.2　森林転用の担い手と制度

1990年代まで，サバ州の経済は木材産業に大きく依存していた．それゆえ森林の劣化・減少は，州の経済が危機的状況に追いやられることを意味する[23]．しかし，実際にはそうはならなかった．パーム油産業が，特に1990年代以降，衰退する木材産業と入れ替わるかたちで発展していったからである．以下では，森林開発のもう1つの形態，すなわち森林の農業への転用のプロセスを，その担い手と制度に着目することでみていきたい．

6.2.1　カントリー・リース

サバ州における大規模農業開発は，北ボルネオ特許会社による植民地支配のもとで，農地開発と商品作物輸出のための土地制度が整えられたことに始まる[24]．開発のために外資の導入を必要とするため，土地の法的な保証は非常に重要であり，当初から登記という法的保証のある土地が払い下げられていた(都築，1999c)[25]．先述したカントリー・リースの枠組みがこれに該当する．

この枠組みは，植民地期に制定された土地法で規定されている一種の長期的な借地であり，植民地企業等による大規模なプランテーション開発を想定してデザインされていた．公有林はコンセッション・システムやその他木材ライセンスの対象であるが，これがプランテーションに転換されるためには，保存林から解除され，農地転用に適しているとみなされる（そして最後には「森林」ではなくなる）必要がある．そして，依然として土地は州のものであるものの，99～999年の長期のリース契約（その後99年までに変更）として企業に貸し

---

23)　Ross（2001）はサバ州が木材産業に代わる基幹産業を見つけることが難しいことを予想し，悲観的な将来を予見していた．

24)　1913年法令第7号土地布令（修正）(The Land Amendment)

25)　登記法としてはトレンス・システムを適用した．トレンス・システムは当時英国植民地であった南オーストリアの首相，ロバート・トレンス（Robert Torrens）によって考案され，1858年に南オーストラリアで導入された．以来，英連邦諸国において広く普及登記上の権利者を国が保障する制度である．権原（title）の登記によって土地の権利を付与するシステムであり，公有地の申請が行われ，土地局によって受理されれば仮租借証書が付与される．その後，土地測量に基づき正式な登記をし，租借権原登記証書が作成される．その際，規定された土地税を支払う義務も発生する(都築，1999c)．

出される．企業はこれを事実上の「私有地」として，他者に売買したり賃貸したりすることも可能である．そして，このような権利が与えられている分，土地の租税も高くなっている．

植民地期においては，1890年頃からこの制度を使ってゴム，タバコ，ココヤシ，サゴなどの商品作物が導入され，主に欧州系の企業によって農地拡大が行われた[26]．一方で，先住民は概して生業として狩猟採集や焼畑を行っていた．熱帯地域の特性を生かした焼畑移動耕作は，植民地当局にとって前近代的で森林資源の「ムダ」にうつり，資源の浪費，非効率として批判の対象とみなされ，焼畑規制がなされるようにもなった．

当時商業用に栽培されていた作物のなかで，最も重要であったものはゴムである．ゴムは1906年に北ボルネオ特許会社が50年間ゴム輸出税を免除したことから，やがてマレー半島の後を追うかたちでその植栽面積が拡大した．1907年には1,200 haだったものが，1920年に21,457 ha，1940年には52,097 haへと拡大したのである．ゴムの栽培拡大に伴い，ゴム植林企業による農園開設のための土地の囲い込みと労働者の移入が促進された．また，プランテーションの労働力や開拓者として中国とジャワから労働者が移入するようになった(Jomo *et al.*, 2004)．

第二次大戦後には，ゴムの生産拡大のためにさらなる制度が導入される．1950年に，半官半民組織としてRubber Fund Board（RFB）が設立されたのである．RFBは土地の整備，植林，ゴム生産までの支援などを行い，樹液の生産量の多いクローン苗の普及などの成果によって，1963年には93,510 haとなった．1970年度半ばには，外資による土地農業投資の規制緩和と支援制度の導入が促され，1974年のピーク時にはゴムの栽培面積は11万haにまで拡大した（Jomo *et al.*, 2004）[27]．

しかし，1990年代までの農業生産の拡大は，概して森林の劣化・減少の速度に比べれば緩やかなものであり，到底木材産業の衰退分を相殺できるようなものではなかった．1990年代までに約200万haの森林が減少したのに対して，

26）ただし，作物によっては先住民を含む小規模生産者による栽培も行われていたことは，無視できない重要な事実である．
27）その後価格下落等により減少し，2000年には約9万haになっている（Jomo *et al.*, 2004）．

これらの農業生産は70万haほどにとどまっていたのである（都築，1999b）．この時点では，Ross（2001）のいうように，森林の劣化・減少が州の基幹産業である木材産業を衰退させ，経済に大きな負の影響をもたらす懸念は深刻であっただろう．

6.2.2　アブラヤシ栽培への転用

しかし，実際にはそうはならなかった．ちょうどその時期に，パーム油の原料となるアブラヤシ生産が生産を著しく拡大したからである（図6.1）．サバ州の森林資源が減少していくなかで，アブラヤシが木材伐採後の森林の転用先になったのである[28]．実際に，1990年代以降のサバ州における森林減少の最も大きな要因は，このアブラヤシへの転換であった（McMorrow & Talip, 2001）．アブラヤシの栽培面積は，1960年代初めの植栽当初は2千haほどであったものが，1990年には28万ha，2000年には98万ha，2009年には133万 haにまで拡大した（UNDP, 2012）．そして2018年には，アブラヤシ栽培面積は154万haを占めている（Kugan, 2018）．これは，先述した200万ha

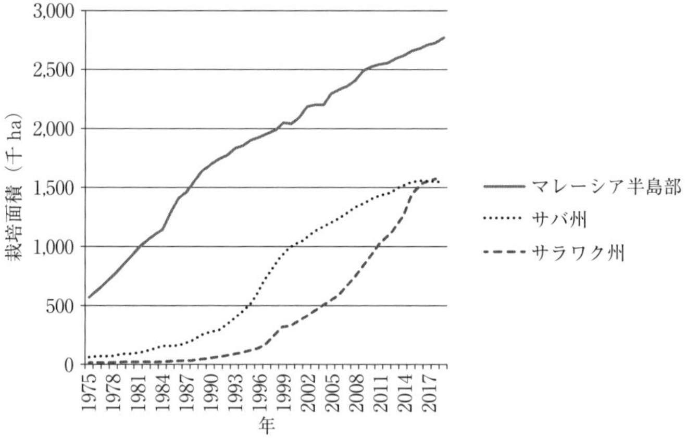

図6.1　マレーシアにおける地域別アブラヤシ栽培面積の推移
マレーシア・パーム油評議会（MPOB）資料をもとに作成．

28）アブラヤシの開発は，伐採が1950年代から先行していたサバ東岸のサンダカン，タワウ地域から着手され，それが次第に各地に拡大したという拡大プロセスをたどっている．森林伐採後，その跡地の活用法としてプランテーション化が推進されたことが伺える．

の森林減少分のうち4分の3以上を占めている．現在サバ州にはアブラヤシ・プランテーションやパーム油の搾油工場が集積しており，国内におけるアブラヤシ生産の一大拠点となっている．

アブラヤシのサバでの導入の歴史は独立直後にまで遡る．1963年のマレーシア連邦加入に際し，アブラヤシはカカオとともに新しい商品作物として導入され，半島で導入されていたFELDA方式の森林開発と農業開発，貧困削減と入植政策プログラムが実施されるようになったのである[29)]．同様に，1976年に州政府によって設立されたサバ土地開発協議会（Sabah Land Development Board：SLDB）は，このFELDA方式を導入し，土地開発による小規模生産者への土地配分とアブラヤシ栽培による経済発展を目指した．これらの政府系プロジェクトは，初期におけるアブラヤシ開発の推進の旗振り役を担ったが，アブラヤシの生育が不良であったり，当初予定していた規模の入植が実施できなかったりして，成果はあまり芳しいものではなかった．そして1990年代の第6次マレーシア計画（1991～1995）以降，民活や民営化に重点を置く政策のなかでFELDAやSLDBは再編され，担い手は次第に民間企業に移っていった（Bernard & Bissionnette, 2011）．

例えば，1990年の時点では，FELDAやSLDBといったFELDA方式をとる公的機関のもとでのアブラヤシ栽培面積は5割を占めていたが，2007年には2割弱へと後退した[30)]．代わりに同時期に5割弱から74% へと大きくシェアを伸ばしているのが，パーム油の搾油工場を併設する民間企業のプランテーションであった（Bernard & Bissionnette, 2011）[31)]．なお，マレーシアにおけるアブラヤシ栽培面積の推移を地域別にみると，サバ州の急激な増加は半島部より後になって始まっている（図6.1）．つまり，国内の新たなフロンティアと

29）FELDA方式とは，マレーシア半島部で行われた政府主導の農業開発方式で，FELDAは連邦土地開発庁（Federal Land Development Authority）の略である．FELDAの設立当時の目的は，未開発地域を開拓し農村貧困層を入植させ，彼らの生産・生活に関わるサービスを包括的に提供することで，彼らの社会経済的な近代化を推進することであった．プランテーション作物を栽培する際には，入植者に土地を分配し生産契約を結ぶことで各自を経営主体として農業生産に従事させるとともに，FELDAは彼らをサポートして入植地全体の調整を図った．つまりプランテーションの論理を兼ね備えた小経営の集合体といえるような方式をとっていたのである．この方式によってFELDAは目覚ましい実績を上げ，FELDA方式として称揚されることになった（岩佐，2005）．

30）なお，FELDAプロジェクトの多くは民営化され，事実上民間企業のプランテーションと同様の経営が行われるようになった（Bernard & Bissionnette, 2011）．

してマレー半島から企業が進出し，森林をアブラヤシ・プランテーションに転用する動きが本格化したのである[32]．もちろん，この時期には半島の企業のみならず，サバ州内の企業による参入も盛んになった．このうち最も象徴的なのはサバ財団である．木材産業の衰退と放漫な経営によって財政状況が悪化しつつあった財団は，2000 年代以降はその広大な管轄地域の一部をプランテーションに転用することで，パーム油産業に進出するようになったのである[33]．

以上のような多くの企業のアブラヤシ・プランテーションへの参入は，木材の伐採ライセンスに代わって，私有地転用の許可が急増するようになったことを意味する[34]．そして，これを可能にしたのが 1960〜70 年代にうちだされた森林の農地転用を促進する一連の政策であった．まず，独立直前の 1962 年，植民地政府は公有地のうち農地に転用予定の森林を林業局の管轄外とし，森林を手入れするための規制の対象外とした．これが独立後に流用され，農地転用の名目で，公有地において年間ライセンスや特別ライセンスが濫発されることになった（Ross, 2001）．続く 1963 年の土地払い下げ政策（Land Alienation Policy）では，長期コンセッション以外の公有地からの伐採利益が農業開発にあてられることになった（Jomo *et al.*, 2004）．

さらに，1971 年以降は第 2 次マレーシア計画（1971〜1975）のもとで農業重視政策がとられ，農業に適しているとみなされた保存林の解除も盛んになった（都築，1999b）．特に，1976 年に導入された土地区分分類（the Land Capability Classification：LCC）では州全土が開発適性に応じた 5 つの等級に分

31）アブラヤシ生産に関しては，最近多くの地域で地元住民を含む独立小規模生産者の増加が指摘されている（Cramb & Curry, 2012）．サバ州でも独立小規模生産者のシェアは 1990 年の約 2% から 2007 年には 8% へと上昇しているが（Bernard & Bissionnette, 2011），マレーシア半島部と比べてもそのプレゼンスは低い（生方，2016；Ubukata & Sadamichi, 2020）．一般に，プランテーション作物の普及では，小規模生産者の増加は企業のプランテーション拡大が落ち着いた後におこる．開発フロンティアとしてのサバ州の性格がこのような担い手構造を温存していると考えられる．

32）なお，2000 年代以降にフロンティアはサラワク州へと移っていった（図 6. 2）．

33）The Star（Dec. 13, 2003）Yayasan Sabah Venturing into Oil Palm Plantation. https://www.thestar.com.my/news/nation/2003/12/13/yayasan-sabah-venturing-into-oil-palm-plantation（2020 年 8 月 13 日閲覧），Butler, R. A.（2014）Tradeoff：Sabah Banks on Palm Oil to Boost Forest Protection, *Mongabay* Dec. 5, 2014. https://news.mongabay.com/2014/12/tradeoff-sabah-banks-on-palm-oil-to-boost-forest-protection/（2020 年 8 月 13 日閲覧）

34）カントリー・リースが市場価格よりも低いレートで与えられていたことから，州政府のプランテーション拡大に対する政治的な意図が伺える（Jomo *et al.*, 2004）．

類されたため，広大な「農業開発に適した森林」を区分上生み出すことになった[35]．これらの結果，1980年代には広大な荒廃林がアブラヤシ栽培のために森林から除外されたのである（Jomo *et al.*, 2004；Dayang *et al.*, 2011）．このように，1990年までには劣化した森林を大規模に農地転用するための準備はすでに整っていた．アブラヤシ・プランテーション急拡大への種は，はるか以前の時期にすでに蒔かれていたのである．

以上のように，サバにおける森林の農地への転用は，コンセッション・システムと同様に，公有化された土地を前提とした制度──すなわち植民地時代に北ボルネオ特許会社によって導入された土地制度と，植民地政府によって本格化した公有地の一部を森林管理から除外する方針──のもとで行われた．特筆すべきは，これらの制度が独立後に当初の意図をこえて流用され，積極的に活用されたことである．その結果，植民地期以来の方針どおり，大企業中心で輸出志向のプランテーションを基本とした農業を形成したのである．当初はさまざまな作物が栽培されるなか，世界市場向けのゴムが有望になり，20世紀初頭から1980年代にかけてはゴムが最も重要な商業用作物となった．しかし，1980〜90年代にアブラヤシが急拡大するまでは，依然として複数の農産物が比較的小規模に行われており，ゴムも含めて地元の人々などによる小規模生産もそれなりの規模を占めていた．1990年頃までは，アブラヤシですらFELDAやSLDBによるプロジェクトのもとで，貧困削減の名のもとに小規模生産者の育成が試みられたのである．

アブラヤシの急拡大以降は，多様な農産物が全面的に駆逐される形で縮小し，アブラヤシが独占的に州内の土地を覆い尽くすようになった．ゴムやカカオなどの栽培が振るわなくなり，2003年の時点で農作物栽培面積の87%がアブラヤシになったのである（Toh & Grace, 2006）．この「独占」の理由としては，もちろん他の作物の魅力が失われるなかで，パーム油産業が継続して有望な輸出産業であり続けたという偶発的な側面が大きい．しかし，サバ州がマレーシア国内の開拓フロンティアの1つでもあり，広大な劣化した森林を抱えていたため，半島部などのプランテーション企業がカントリー・リースの取得によ

35）ただし，実際の開発では必ずしもこの土地分類が守られたわけではなく，農地への不適切な転用が続いた（Jomo *et al.*, 2004）．

り参入してきたことも指摘できるだろう．木材ライセンスと同様に，政治家は森林伐採跡地などの荒廃地を保存林指定から解除し，またその後カントリー・リースの権利取得を経た農地転換に関与することで利権を得てきたからである．

一方で，アブラヤシの小規模生産は，開発初期にはFELDAやSLDBなどの政府主導のプロジェクト等のもとで一定のプレゼンスをもったものの，1990年代以降は民活や民営化に重点を置く政策がとられていった．近年は独立自営の小規模生産が徐々に増加しているが，その規模はいまだ全体の14%程度に限られている（Kugan, 2018）．収穫後に油分が劣化しやすいアブラヤシは，搾油工場との一貫生産が可能な大規模プランテーションに適している．現在サバ州は，世界第2位のパーム油生産国であるマレーシアにおいて，サラワク州に次ぐパーム油原料の生産拠点となっているが，それは植民地時代以来続く制度的な枠組みのもとで，広大な森林を転用することによって形成されたのである．

6.3　開発後の土地利用と残された森林

かつて豊富に存在したサバの森林は，以上のように，過去1世紀にわたる開発によって減少し，その多くはアブラヤシ・プランテーションへと姿を変えた．最近の傾向としては，森林の転用後にできたプランテーションにおいても残された森林においても持続性への配慮が必要になってきている．以下ではそれぞれにおける近年の状況を紹介することで，ハイブリッドとしての森のゆくえを考察したい．

6.3.1　森林転用後の農地管理

前述したように，1980年代以降のアブラヤシ・プランテーション造成のための森林転用によって，サバ州はマレーシア随一のパーム油生産拠点になった．しかし，やがてパーム油生産の拡大による問題点が指摘されるようになり，以下のような世界的な批判の高まりのなかで，産業は変革を求められている．

第一に，アブラヤシの収穫後24〜48時間以上経過すると油が酸化し劣化してしまうという特質上，パーム油の生産には，大規模な搾油工場の生産量にみあう大規模なプランテーションが求められ，その結果森林を含めた環境破壊も大きいという批判である．例えば，アブラヤシ転換の際に森林の皆伐が行われ，またテラス状に植えることから，地域の景観が大きく改変されてしまう．また，アブラヤシが大きく成長し林冠を形成するようになるまではかなり多くの農薬を散布しなくてはならない．土壌流出によって肥沃な養分を蓄えた土壌の表層を失い，その結果大量の肥料に依存することにもなる．周辺の河川の水質汚染も深刻な問題となっており，健康被害も起きている．

第二に，プランテーションでの労働条件の問題である．重労働のわりにマレーシア人にとっては給与が低いために，インドネシアからの労働者が単純労働に従事していることが多い．正規のビザをもっていなかったり，劣悪な環境で働かされていたりする場合もある．そして第三に，アブラヤシ・プランテーション造成に関連して，先住民族の慣習的な土地保有権とのコンフリクトも多く起きている点である．先に述べたように，公有地のなかには，先住民族の慣習的保有権の実質的無効化を経た土地も多く含まれていた．そのような森林が私有地化によって農地へ転用された場合には，コンフリクトが生じるのも当然のことであろう．

このようなパーム油産業に対する批判に対応するために，持続可能なパーム油のための円卓会議（Roundtable on Sustainable Palm Oil：RSPO）と呼ばれる国際認証制度が2004年に設立された[36]．EU諸国では非認証アブラヤシの禁輸などがうたわれるようになってきているため，欧米企業と取引をしている業者は対応を迫られている．認証を得るためには，法規制の遵守はもちろん，土地紛争がないことや，適切な栽培法，環境への責任，地域住民への配慮などをうたったRSPOの原則と基準に従わなければならない．サバ州では，2014年5月の段階で約25%の搾油工場がRSPO認証を取得しており，これはマレーシア全体の平均（26.9%）とほぼ同程度である（生方，2016）．

さらに，現在サバ州は，州全体でRSPO認証を取得しようというJurisdictional Certification（管轄権認証）というスキームの2025年までの取得を目指して手続きを進めている．パーム油産業の取組みであるにもかかわらず，1990年代以来の森林認証制度導入の実績（後述）からこのような取組みが林

36) さらには，2013年にはマレーシア政府がMSPO（Malaysian Sustainable Palm Oil）と呼ばれる独自の認証制度を立ち上げている．

業局主導で進められていることも特筆すべきことである．しかしながら，認証のプロセスにおいて，小規模農家の土地権の問題や，保存林内にあるアブラヤシ栽培の認定，また過去のアブラヤシ転換の際におきた環境破壊，先住民族への権利侵害などをどのように扱うのかが問われることになるだろう．

6.3.2　ポスト木材ブーム期における残された森林の管理

一方，サバ州の森林は1990年代までに急速に劣化減少し，木材産業は衰退していた．1990年代に入ると，それに追い打ちをかけるように，熱帯林の過剰伐採がもたらす生物多様性や地域社会への影響が国際的な問題として大きなうねりを起こし，欧米を中心として不買運動などを引き起こした．なかでもマレーシアのサラワク州における森林伐採は特に注目を集め，国際熱帯木材機関（International Tropical Timber Organization：ITTO）などのサラワク州への査察，持続的な森林管理の導入に向けた取り組みが進められるようになった．危機感を強めたサバ林業局は，1989年からドイツ政府の援助機関であるドイツ技術協力公社（GTZ）と共同で[37]，「持続的な森林管理（sustainable forest management：SFM）」の導入に向けたプロジェクトを開始した．その結果，1997年からは，SFMの概念と指針がサバ州の林業局管轄の保存林においても導入されることとなった．つまり，残された森林をより持続的な森林管理へと導くよう森林政策を大きく転換したのである．

SFMの達成を目標とするこの政策では，かつての伐採に特化した木材ライセンスを変更し，森林管理に伐採計画の立案，低インパクト伐採（reduced impact logging）の導入，生物多様性の配慮，地域社会への配慮を求めている．例えば，持続的な森林管理へコミットできる企業と持続的な森林管理協定（Sustainable Forest Management License Agreement：SFMLA）を結び，上記の配慮を条件に99年の長期伐採ライセンスを付与するようになった．これまでに200万ha 以上のライセンスがSFMLAに変更され，民間企業11社とサバ財団の計12社に付与されている（Toh & Grace, 2006）．

また1997年には，国際的な森林認証制度の1つである森林管理協議会（For-

37）現在のドイツ国際協力公社（GIZ）．

est Stewardship Council：FSC）による認証を，キナバタンガン川中流域に位置するD保存林においてマレーシアで初めて取得している．やがて，この森をモデル林として，サバの他地域でも認証が導入されるようになった．国際森林認証を取得するという州の方針は，持続可能な森林管理を推進する際の客観的な評価方法としての位置づけを持っていた．2018年現在，サバ州では約85万haの森林が国際森林認証を取得している（Naito & Ishikawa 2020）．

以上のように，1990年代後半以降，サバ州ではアブラヤシ・プランテーションにおいても残された森林においても世界的な世論の動向を無視することはできず，認証制度の適用などを通じて持続性への配慮を迫られている．その際の制度的な基盤となるものは，SFMLAに典型的にみられるように，やはりコンセッション・システムなどの既存の土地森林制度であった．逆に言えば，持続性確保への対応が行われるのは，あくまでこれら既存の制度のなかで対応できる範囲内であったといえるかもしれない．

おわりに：開発で変わりゆくもの，変わらないもの

本章では，森林開発によって変わりゆくもの，また存続するものについて考えるために，マレーシア・サバ州において森林が開発される歴史をみてきた．サバでの森林開発の歴史をごく大まかに振り返ると，英領植民地期の北ボルネオ特許会社によって，それまで先住民が慣習的に利用してきた広大な森林と土地が公有化され囲い込まれ，その公有地をリースする制度の下で過剰に木材が開発された結果として，木材資源の枯渇の後に大規模なアブラヤシのプランテーション開発へつながっていったというストーリーになる．これは未利用資源が国際市場によってつながることで経済発展を駆動する「余剰のはけ口（vent for surplus）」型の発展（ミント，1981）として理解できる．このようなタイプの経済発展では，資源から得られるレントが生み出され，配分され，再投資されるプロセスとその結果に関する検討が欠かせない．本章の締めくくりとして，それらを開発によって変わりゆくものと変わらないものに整理してみよう．

第一に，この森林開発の歴史のなかで数多くの物事が変わっていった．植生や土地利用がその代表例であることはいうまでもない．森林開発の最前線で活

躍した直接の担い手も，植民地時代の欧米系企業，独立後にプレゼンスを強めた華人系などの地元企業やサバ財団，そして，1990年代以降に参入した州内外のプランテーション企業というように移り変わってきた．ただし，顔ぶれこそ変わってはいるものの，担い手の多くが大企業や支配階層であることは変わっていない[38)]．これらは主として，森林を開発することで得られるレントが誰に分配され，資源自体がどうなったかという「結果」の部分に該当する．

第二に，森林開発のプロセスに関する部分，特に開発の担い手が従うべき森林管理のシステムに関しては，変わる部分と変わらない部分があった．コンセッション・システムのような，公有地を前提とした植民地時代由来の制度は独立後も存続した．ここに，植民地時代に導入された森林開発に関する制度的基盤の頑健性をみることができる．ただし，それらは独立後の「木材政治」のなかで変容あるいは形骸化し，政治的に流用されることになった．その結果，持続可能な森林経営という当初の目的は実質的に無効化され，有力政治家による裁量の余地を高めてきたのである．そういう意味では，第5章で指摘したハイブリッドの基盤の階層性——より強固な低層の部分と相対的に変化しやすい中層の部分——の概念がこの事例でもあてはまるといえるだろう．

ここで興味深いのは，木材という1つの資源が枯渇しても，アブラヤシ栽培へと舵を切ることで，レントが継続して生み出されてきたことである．これまでの関連研究では，レント・シーキングとその帰結はある特定の資源との関係で分析されることが多かったが，サバ州の事例は「資源開発以後」の再投資のステージに焦点をあてることの重要性を示している．さまざまな偶然によるところが大きかったとしても，サバ州政府と社会は木材資源の枯渇にもかかわらず，パーム油産業によって経済の深刻な低迷から免れることができた．それは，森林がハイブリッドとして土地自体を含むさまざまな資源や価値を内包する存在であるからに他ならない．

これを可能にした仕組みが，開発計画の指針となる土地区分分類，公有地の一部を森林管理から除外する方針，カントリー・リースといった農地への転用

38)　2018年にサバでの政権交代がおこり，「木材政治」の転換をうたっていたが，2020年に行われた州議会選挙で旧政権を中心に任ってきた人々が返り咲いた．その影響の評価についてはもう少し時間が必要である．

に関わる諸制度であった．基盤となる制度を存続させながら，それらを流用し対象範囲を拡大することで，産品や担い手を変えながらもレントを生み出し続けたのである．そしてこの手法は，持続性への配慮が求められるようになった現代においても，パーム油産業における RSPO や，森林管理における SFM や森林認証といった取組みを支える手法として機能している．サバ州でみられた「余剰のはけ口」型の発展は，木材という特定の森林資源からみれば明らかに非持続的なものであった．しかし，木材ブームのときまでにできた制度の多くはブームが去った後にも残る．この制度がときに流用され，思わぬかたちで次につながることもあるのである．

しかし，以上のような指摘によって，サバ州での森林開発が正当化できるというわけではもちろんない．パーム油産業へのシフトがスムーズに進んだのは偶然の要素を多分に含んでいたし，このプロセスで多大な犠牲も払っているのである．ゆえに第三点として，レントを生み出すために支払ったコストに関して，植民地時代とまったく変わらない偏った配分が続いてきたことを挙げたい．レントを生み出してきたその「つけ」の多くは，森林を構成する生物と，長く森に暮らし，また資源を利用してきた先住民などの人々に押し付けられ続けたのである．経済成長が続いているとはいえ，サバ州はマレーシアで最も貧しい州の１つであり，貧困層の多くはこのような先住民族や地域住民である（Bernard & Bissionnette, 2011）．森林開発により彼らの生業が可能な余地は劇的に狭まり，しかも都市部での安定的な雇用や大規模アブラヤシ園経営などの機会に恵まれる者は一部に限られるからである．

さらに第四点として，森林開発に関連する制度を操作することでレントを自らの支持層に配分しようとする政治権力の強い動機付けも変わっていないことも加えるべきだろう[39)]．近年持続性への配慮がなされるようになったといっても，政治家と企業のパトロン・クライアント関係が維持されたまま，強引な開発は依然として続いている．

このようなハイブリッドの頑健性，すなわち制度的基盤の存続と，社会政治的構造や発展径路の「ロックイン」は，サバでは今後も存続していくことが予

39）そういう意味では，森林管理の失敗は半ば意図的であり，政治的目的を達成するための手段であったということもできる（アッシャー，2006）．

想される．サバ林業局は，その管轄下にある広大な保存林の管理をめぐり，国際森林認証制度の導入や合法性認証の実施などの動きを先取りしながら，国際的な認知と連邦予算獲得などによって，開発圧力とバランスを取ろうとしているからである．では，今後「持続可能な社会」という世界的アジェンダがさらに浸透しても，新たなハイブリッドのかたちがつくられることはないのであろうか．次章では，この点に関して環境主義の浸透によるまなざしの変化に焦点をあててみていきたい．

謝辞

本章の内容は，総合地球環境学研究所，地球環境研究総合推進費，科学研究費補助金，外務省 CGIAR 拠出金プロジェクトによる国際林業研究センターとの国際共同研究成果の一部である．調査に協力いただいたマレーシア・サバ州の方々に感謝の意を表したい．

引用文献

アッシャー，W.（2006）発展途上国の資源政治学——政府はなぜ資源を無駄にするのか（佐藤 仁訳），pp. 298, 東京大学出版会.

Bernard, S. & Bissionnette, J-F.（2011）Oil Palm Plantations in Sabah: Agricultural Expansion for Whom? In: *Agricultural Expansion in Southeast Asia: Borneo in the Eyes of the Storm*（eds. De Koninck, R., Bernard, S, and Bissionnette, J-F.), pp. 120–151, NUS Press.

Cramb, R. A. & Curry, G. N.（2012）Oil Palm and Rural Livelihoods in the Asia-Pacific Region: An Overview. *Asia Pac. Viewp.*, **53**, 223–239.

Dayang Norwana, A. A. B., *et al.*（2011）*Local Impacts of Oil Palm Expansion in Malaysia: An Assessment Based on a Case Study in Sabah State*, pp. 17, Center for International Forestry Research.

Department of Statistics, Malaysia（2010）Preliminary count report 2010. https://www.mycensus.gov.my/index.php/census-product/publication/census-2010/679-preliminary-count-report-2010（15 September 2020).

Department of Statistics, Malaysia（2020a）Sabah at a Glance. https://www.dosm.gov.my/v1/index.php_r=column/cone&menu_id=dTZ0K2o4YXgrSDRtaEJyVmZ1R2h5dz09（15 September 2020).

Department of Statistics, Malaysia（2020b）Poket Stats Sabah ST1 2020. https://www.dosm.gov.my/v1/index.php_r=column/cone&menu_id=akpKUHNrT21UNlExUEpvaDAwZy9OQT09（15 September 2020).

Dunn F. L.（1975）*Rain-forest collectors and Traders: A Study of Resource Utilization in Modern and Ancient Malaya, Monographs of the Malaysian* (Branch Royal Asiatic Society No. 5). pp. 151, Malaysian Branch Royal Asiatic Society.

岩佐和幸（2005）マレーシアにおける農業開発とアグリビジネス――輸出志向型開発の光と影，pp. 254，法律文化社．

Jomo, K. S. *et al.* (2004) *Deforesting Malaysia: The Political Economy and Social Ecology of Agricultural Expansion and Commercial Logging*, pp. 253, Zed Books.

カーン，M. H.・サンダラム，J. K.（2002）レント，レント・シーキング，経済開発――新しい政治経済学の視点から（中村文隆・武田 巧・堀金由美 監訳），pp. 437，人間の科学社．

Kugan F. (2018) Jurisdictional Approaches: Delivering Sustainable and Deforestation-free Palm Oil, RT 16th, RSPO 2018, ppt presentation, https://rt16.rspo.org/ckfinder/userfiles/files/PC4_2%20Frederick%20Kugan.pdf (15 September 2020).

McMorrow, J. & Talip, M. A. (2001) Decline of Forest Area in Sabah, Malaysia: Relationship to State Policies, Land Code and Land Capability. *Glob. Environ. Change*, **11**, 217–230.

ミント，H.（1981）開発途上国の経済学（木村修三・渡辺利夫 訳），pp. 231，東洋経済新報社．

Naito, D. & Ishikawa, N. (2020) Certifying Borneo's Forest Landscape, In: *Anthropogenic Tropical Forests: Human-Nature Interfaces on the Plantation Frontier* (eds. Ishikawa, N. & Soda, R.), pp. 543–562, Springer.

Ross, M. L. (2001) *Timber Booms and Institutional Breakdown in Southeast Asia*, pp. 237, Cambridge University Press.

Toh, S. M. & Grace, K. T. (2006) Case Study from Malaysia: Sabah Forest Ownership. In: *Understanding Forest Tenure in South and Southeast Asia*, pp. 253–280, FAO. http://www.fao.org/3/a-j8167e.pdf (19 August 2020).

立花 敏（2003）木材産業の地域経済への貢献――マレーシアの事例，アジアにおける森林の消失と保全（井上 真 編），pp. 202–218，中央法規出版．

都築一子（1999a）北ボルネオ勅許会社統治時代の林業史（1881～1946年）――マレーシア・サバ州における商業伐採と森林保全の起源と法制化過程．林業経済，**52**，27–36．

都築一子（1999b）マレーシア・サバ州における開発政策と熱帯林減少の関係――第二次世界大戦後からの商業伐採・農地転換による熱帯林減少のメカニズム．現代社会文化研究，**14**，239–280．

都築一子（1999c）マレイシア・サバ州における植民地時代の土地制度――北ボルネオ会社統治下に制定された土地法と現行土地法との関連．国際協力研究，**15**，61–69．

生方史数（2016）開発フロンティアにおけるRSPOパーム油認証――マレーシア・サラワク州を事例に．国際資源管理認証：エコラベルがつなぐグローバルとローカル（大元玲子・佐藤 哲・内藤大輔 編），pp. 201–220，東京大学出版会．

Ubukata, F. and Sadamichi, Y. (2020) Estate and Smallholding Oil Palm Production in Sarawak, Malaysia: A Comparison of Profitability and Greenhouse Gas Emissions. In: *Anthropogenic Tropical Forests: Human-Nature Interfaces on the Plantation Frontier* (eds. Ishikawa, N. and Soda, R.), pp. 497–515, Springer.

UNDP (2012) *Biodiversity Conservation in multiple-use forest landscapes in Sabah, Malaysia.* United Nations Development Programme. https://www.my.undp.org/content/malaysia/en/home/operations/projects/environment_and_energy/80468_forestlandscapes.html

第7章 森に環境価値を付与する

グローバルな環境主義が変える森林のあり方

生方史数，内藤大輔

はじめに

人間との関係において森林という自然をみたときに最も特徴的なことは，森林資源や土地から環境サービス（生態系サービス），そして炭素にいたるまで，それがきわめて多様な便益を社会にもたらすということである．それゆえ，これまでもみてきたように，森林が人間にとってどのような価値を持つものとしてみなされるかという「まなざし」が，森林が社会にどのようにまもられ，かつ生かされるのか，という両者の関係性をつくりだす発端になる．

この点からみて，森に対する最近の最も大きなまなざしの変化は，もちろん環境問題のグローバル化であろう．それまでどちらかというとローカルな自然として重要であった森林は，環境問題のグローバル化が叫ばれるようになった1990年代以降，森林破壊による温室効果ガスの排出源として，あるいは森林保全や植林によるそれらの吸収源として，はたまたグローバルに環境サービスを提供し，未知の資源を提供する生物多様性の宝庫として，世界的に重視されるようになってきた．そして，このようなまなざしが，森林をめぐる制度的な枠組みに反映されるようになってきている．森林は，いわばグローバルな環境価値を付与された自然として社会で扱われるようになったのである．

このような森の扱われかたは，これまで私たちがみてきたような森と人間との関係性のかたち——すなわちハイブリッドのあり方をどのように変えてきたのだろうか，そして，社会や森林をどのように変えていくのだろうか．本章では，上記のような森へのまなざしの変化が実体化するプロセスをみていきたい．

まず，上記のようなまなざしの変化を「資源から環境へ」，「ローカルからグローバルへ」という2つの変化として簡潔に整理する．そのうえで，それらの変化がどのように争点となり，国家における制度政策の再編が行われるのか，その具体例を日本の里山とインドネシアの泥炭湿地の事例を挙げ，里山や泥炭湿地に関するまなざしや争点の変化がどのように実体化されることにつながってきたのかを考察する．最後に，これらからの含意を整理し，ハイブリッドの変化について考えてみたい．

7.1 まなざしの変化

7.1.1 日本人の森林認識から

先に述べたように，森林は多様な便益を社会にもたらしている．しかし，私たちはそのうちいったい何を重視しているのだろうか．私たちは，本書の第2章で森林とは何であるかを写真から紐解いてみた．そこで今回は，森林の何に価値を見出すかを考えてみよう．読むのをしばし止めて，次のページのBox 7.1にある質問に答えてみていただきたい．

この質問は，じつは内閣府の世論調査である「森林と生活に関する世論調査」における森林に期待する働きに関する質問である．図7.1は，繰り返し行われてきたこの世論調査（および類似の世論調査）の回答を，年度ごとに集計し時系列で傾向をみたものである[1]．

これをみると，日本人の森林をみるまなざしが，時代とともにどのように変化してきたかに改めて気づかされる．まず初めに気づくのは，土砂崩れや洪水などの災害防止機能が継続してトップに位置づけられていることである．災害多発国である日本ならではの特徴だといえよう．第2点は，水資源の確保や大気浄化といった項目が安定して上位に位置づけられていることである．森林と，水や大気といった他の自然との結び付きが重要視されていることが伺える．

1） 年度により質問の文面や回答の選択肢の表現にはある程度の相違がみられるが，ここでは概ね同一項目であるとして比較した．

Box 7.1　森林に期待する働きに関する質問

質問　あなたは，今後，森林のどのような働きを期待しますか．この中から3つまであげてください．

(ア)　住宅用建材や家具，紙などの原材料となる木材を生産する働き
(イ)　きのこや山菜などの林産物を生産する働き
(ウ)　水資源を蓄える働き
(エ)　山崩れや洪水などの災害を防止する働き
(オ)　空気をきれいにしたり，騒音をやわらげる働き
(カ)　二酸化炭素を吸収することにより，地球温暖化防止に貢献する働き
(キ)　心身の癒しや安らぎの場を提供する働き
(ク)　自然に親しみ，森林と人とのかかわりを学ぶなど教育の場としての働き
(ケ)　貴重な野生動植物の生息の場としての働き
　　　その他
　　　特にない
　　　わからない

内閣府「森林と生活に関する世論調査」平成23年12月のQ2を転載（https://survey.gov-online.go.jp/h23/h23-sinrin/3_chosahyo.html　2019年7月12日閲覧）．

第3点は，1980年の段階で上位にあった木材生産の機能が，特用林産物（キノコや山菜など）の生産とともに減少し続けていることである．森林から林産物を得るという働きが，木材輸入が自由化した1960年代以降の林業の低迷とともに軽視されるようになったのであろう．ただし，21世紀に入ってからの木材自給率の回復傾向を反映してか，木材生産の位置づけが若干上昇しているのは興味深い．そして第4点は，新しい機能として，野外教育，野生生物保全や地球温暖化防止の機能が選択肢に追加されたことである．これらは1980年の時点では調査者の視点にも入ってこなかった新しいまなざしである．そしてもちろん，そのうち地球温暖化防止の機能が上位に位置づけられるようになっている．一方，野生生物保全が1990年代後半以降大きく順位を下げていることも興味深い．これは，おそらく山間部における獣害の拡大が関係していると考えられる．過疎化に伴う地方の生活環境の変化がもたらした，日本に特徴的な動向かもしれない．

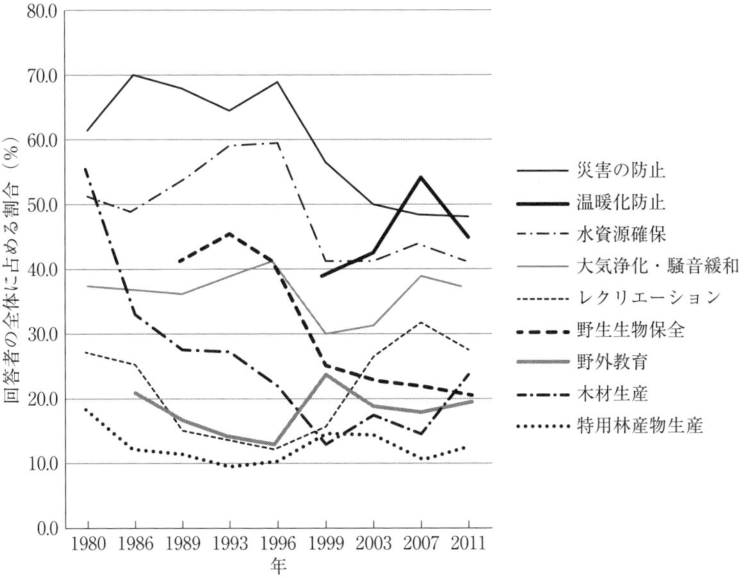

図 7.1　森林に期待する働きに関する日本の世論の推移

3 つまでの複数回答で，選択肢のうち主なもの（Box 7.1 の(ア)から(ケ)）を表示．レクリエーションに関しては，Box 7.1 にあるように，2007 年調査より「心身の癒しや安らぎの場を提供する働き」という項目になっている．各年度の内閣府（および総理府）による「森林と生活に関する世論調査」をもとに筆者作成．なお，1980，1996 の両年の調査名は「森林・林業に関する世論調査」，1986 年は「みどりと木に関する世論調査」，1993 年は「森林とみどりに関する世論調査」となっている．

以上をまとめると，森林に期待する働きは，①災害防止機能や水資源確保・大気浄化のような，古くから認知され，現在も重要視されている機能，②木材生産や特用林産物生産のような，古くから認知されているが，現在はあまり重要視されなくなっている機能，③野外教育，野生生物保全，地球温暖化防止など，新たに認知されるようになった機能に大別することができる[2]．この結果は最近 30 年ほどの変化を表しているに過ぎないが，世界的に共通するような変化や日本固有の傾向など，多くの変化を反映している点で興味深い．

2)　ここで③は，野外教育や野生生物保全のように重要度があまり高くなかったり，低下を続けていたりする機能と，地球温暖化防止のように重要度が高いとみなされている機能に分類することもできる．本節の論旨から外れるので，ここでは詳述しない．

7.1.2 拡張された便益認知

以上の結果を考慮して，人間が森林から得られる便益のうち代表的なものを「資源・環境」「ローカル・グローバル」の2軸から大まかに整理したものが図7.2である．ここで資源とは，人間が利用可能な自然の産物のことであり，環境とは，私たちを取り巻き，影響を与える周囲の状態や要因の総称のことを指している．前者は「モノ」であるが，後者は必ずしも「モノ」ではないという特徴も伴っているため，横軸は「非モノ性」の度合いとイメージしてもよいかもしれない．また，縦軸は，便益が及ぶ地理的な範囲を表している．もちろん，各機能の便益が及ぶ地理的な範囲には幅があるので（例えば，木材は国際貿易によってグローバルに便益をもたらす），各機能の位置づけは厳密ではない．あくまでも相対的な目安として考えていただきたい．

これらの便益のうち，人間が古くから認知してきたものは，図の左下にある領域で示された範囲，すなわち木材や非木材林産物（NTFP）といった，もともとローカルな資源としての便益と，土壌保全機能や水源涵養機能など，ローカルあるいは流域単位の環境サービスである．これらの多くは，一部に無形のサービスを含むものの，生活に役立つ有形の資源であり，市場さえあれば，そのまま，あるいは加工を施して商品とすることも可能である．また，財やサービスの性質という点からみれば，これらは私的財と地域公共財（ローカル・コモンズ）からなり[3)]，特定の地域に住む人間が経験的に認知することができる「経験知」（あるいは「在来知」，「地域知（ローカル・ノレッジ）」，「民俗知」といった知識）や古くから受け継がれてきた制度が役に立つ領域でもある[4)]．

一方で，図の右上にある領域は，野外教育や野生生物保全にみられるような，生態系や環境という概念の浸透，あるいは気候変動問題などのグローバルな環境問題がコンセンサスを得ることによって認知されるようになった新しい便益

3）財やサービスは，その競合性（財の利用をめぐって他人との競合が起きるか）と排除性（他人の利用を排除できるか）という性格の有無から，私的財（private goods），地域公共財（common-pool goods あるいは common-pool resources），クラブ財（club goods あるいは toll goods）および公共財（public goods）の4つに分類される．私的財は競合性も排除性も持つ財であり，公共財は両方とも持たない財を指す．地域公共財は，排除性はないが競合性がある．そしてクラブ財はその逆の性格を持つ（Ostrom *et al.*, 1994）．

4）これらの知識の詳細は，本シリーズ第12巻に詳述されている．

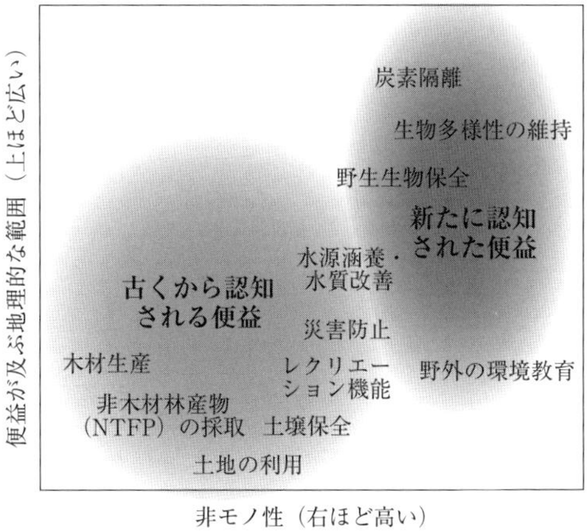

図7.2　森林に関する便益認知
筆者作成.

の領域である．これらは，古い領域とは対照的に，主に無形の概念によって占められており，地域公共財から地球公共財（グローバル・コモンズ）まで幅があるものの，準公共財的な性質を持っている[5)]．また，その認知には人間の経験だけでは不十分であり，科学による発見が不可欠であった．よって，科学技術がこれらの新たな便益の形成に果たした役割には特筆すべきものがある．

以上のような便益の拡張は，単純化すれば，「資源から環境へ」，「ローカルからグローバルへ」という2方向の拡張だとみなすことができる．前者は森林がもたらす直接的な産物から間接的なサービスへの拡張であり，後者はそれらを享受する空間的な範囲の拡張である．もちろん，これらのまなざしの影響は現実の社会にも着実に現れている．「資源から環境へ」を反映する変化のなかで象徴的なのは，学会の名称だろう．例えば，現在「森林科学」と呼ばれる学問分野は，以前は「林学」と呼ばれており，現在の日本森林学会は2005年以前には日本林学会という名称であった[6)]．この名称変更の背景には，資源産業である林業とそれを持続させるための森林管理を主な使命としていた学問か

5)　公共財については注3を参照．ここでは公共財的な性格を多少なりとも持つ財という意味で，注3の4分類のうち私的財以外の財を指す．
6)　日本森林学会ウェブサイト（https://www.forestry.jp/introduction/outline/about-us.html）より（2019年7月12日閲覧）.

ら，環境を含む多様な便益を考慮に入れた森林の総合的な科学へと発展させるというミッションの再定義があった[7]．また，「ローカルからグローバルへ」のわかりやすい例は，森林に関するさまざまな国際的な言明にみることができる．例えば，2014年の気候サミットで宣言され，2030年までに森林を保護・回復し，天然林の減少を終わらせるということを目標に掲げた「森林に関するニューヨーク宣言（The New York Declaration on Forests）」は，世界中の国，企業，NGOや先住民族団体などを含む190もの組織による支持を受けている[8]．

当然のことながら，森林に対するまなざしや意味づけの変化が現実の社会に与える影響は，学会の名称変更や国際的な宣言のような名目上のものにとどまらない．さまざまな制度再編を通して，より森林と社会の関係が具体的に変革される仕組みが築かれてきたのである．以下では日本の里山とインドネシアの泥炭湿地を取り上げ，この点についてもう少し考えてみよう．

7.2　まなざしの変化とその影響

7.2.1　日本の里山

A. 里山と入会

ご存じの読者も多いかもしれないが，まずは日本人に親しみのある里山について振り返ってみたい．里山とは，文字通り人里に近い山のことであり，現在その多くは，雑木林などと呼ばれるような二次的な植生で覆われている．武内（2001）によれば，古文書にも言及のあったこの里山という言葉を，「農用林」という林学用語に代わる言葉として現代に蘇らせたのは，森林生態学者の四手井綱英であったという．里山という言葉は，今でこそすっかり人口に膾炙しているが，1960年代頃には必ずしもなじみのある言葉ではなかったようだ．

皮肉なことに，里山が日本人と密接な物質的つながりを持っていたのは，こ

7）この動きは，多くの大学の林学科が森林科学科などへと名称変更した時期に生じている（中村，2018）．

8）NYDF Global Platform Website（https://nydfglobalplatform.org/）（2019年7月15日閲覧）

の言葉が一般的になる以前のことである．かつて，この人里近い森の多くは，生活に必要な薪炭や，農業に不可欠な堆肥をつくるための落葉落枝，下草等の供給源としてひろく利用されていた．そして，多くの場合，住民が古くから村の「おきて」のような慣習的なルールに従って共同管理していたのである．このような管理慣行は，「入会（いりあい）」と呼ばれ，入会に供される土地は「入会地」や「入会林野（または入会林）」などと呼ばれる．住民生活に不可欠な資源の採取に関わるため，集落内の住民ほぼ全員が，その集落に属する入会地を薪炭採取や採草などの目的で利用する慣習上の権利（入会権）を有していた[9)]．

このような慣習的な森林利用はかなり古くからあったと思われるが，入会林野が慣習制度として各地の史料に登場してくるのは江戸期の元禄・享保頃（18 世紀）である．幕藩体制下の林野のほとんどは，村が事実上の管理主体となっており，村山・村持山・野山・百姓山など，地域でさまざまな呼び名がついていた（室田ほか，2004）．この時期の新田開発で林野利用が拡大し，これらの入会地をめぐって多くの争議が生じるにつれて，幕府がそれらを裁定したり，慣例の整理体系づけを行ったりするようになった．この過程で，入会の実質的な管理運営は各地の入会慣行にまかされるものの，その大枠に関してはある程度の統一的な制度化がなされていった（杉原，1994）．これが，今日私たちがみる里山の管理制度，すなわち入会の原型である．

B. 入会林野の近代化

明治期に入ると，日本が近代国家として歩むべく導入した諸制度が，里山や入会に大きな影響を与えるようになっていく．そのうち最も決定的であったのが，地租改正と官民有区分である．第 4 章と第 5 章の「領域化」概念にみられるように，近代の土地制度は，明確な土地所有者と土地領域を要求する．これを契機に，それまで土地所有の概念を含めてゆるやかな制度として機能し，住民生活を保障していた入会林野の制度は，近代化や開発を急ぐ政府のもとで，前近代的な制度の残滓とみなされるようになった．そして，官民有区分による

9) 入会権は林野だけでなく，漁業権や水利権なども含み，山野河海すべてにみられる．また，複数の集落にまたがる入会もみられるなど，その実態は地域の実情を反映しており，かなり多様である（杉原，1994）．

国有化を皮切りに，町村制施行（1889）に伴う公有化，そして華士族や商人等への払い下げを含む私有化，さらには入会林野近代化法の導入（1966）による入会権の解体といったように，度重なる変革への圧力を受けていく（室田ほか，2004）．

これらの圧力に対して，多くの住民は自分たちの生活をまもるべく，さまざまな抵抗を試みた．前述したように，入会林野から得られる薪炭や下草は，地域住民の生活に不可欠であったからである．例えば，明治期に官有林（国有林）における「盗伐」などの「森林犯罪」の増加が数多く報告されているが，これは住民の意に沿わない形で入会地が官有林へと編入されたことに関係があった（岩本，2012）．また，小繋事件[10)]に代表されるように，農民一揆，林野の払い下げ運動，訴訟などの激しい抵抗も各地で起こった．

このような抵抗を受けて，やがて政府も住民の事情に配慮せざるを得なくなっていく．明治から大正にかけて導入された林野に関連する新しい制度（実際には江戸期の制度の再導入としての側面が強かった．第5章参照）は，近代的な森林所有と実態としての森林利用の間に横たわる大きなギャップを埋めるためのものであった．例えば，部分林や委託林という制度は官有林の一部の管理を住民に委託する代わりに，住民の便益にも供することを可能にした制度である．また，財産区制度は，町村制のもとで公有地化された林野に住民利用の余地を残す制度的対応であった（室田ほか，2004）．現在まで残っている入会は，多くがこのようにしてできた制度の下で運営されている．これらの制度は，当時の住民による生活をかけたたたかいの「戦果」なのである．

C．入会林野の解体：燃料革命とリゾートブーム

里山とその管理の仕組みである入会は，以上のように，一部で近代化の圧力により崩壊の危機に瀕しつつも，制度として存続の余地を残された．しかし，戦後の社会経済の変容が，制度上存続の道を残した入会林野を内部から切り崩すことになっていく．

10）岩手県二戸郡一戸町字小繋でおきた入会林野に関する一連の抗争・裁判．江戸時代より小繋の住民が利用してきた入会山が，明治維新後の官民有区分で住民の了解なく民有地として区分され個人名義として売却され，1917年に山の利用をめぐって住民と所有者が対立するにいたった．対立はやがて訴訟となり，1966年に最高裁で小繋村が敗訴し上告が棄却されるまで，じつに50年余も続いた（室田ほか，2004）．

そのうち最も大きな打撃は，「燃料革命」と呼ばれる薪炭から化石燃料への燃料の転換と，化学肥料の普及による下草等の需要低下である．これらの変化によって，住民にとって不可欠な資源の供給源であった入会林野の重要性は著しく低下した．それ以降，同時期の拡大造林政策と造林ブームに乗って，入会林野を個人分割して造林地にしたり，個人あるいは共同の牧草地や放牧地に転換したり，あるいは都市への人口移動に伴う過疎化のなかで，利用価値を見出せずに放棄されたりするなど，地域住民の資源利用制度としての入会は解体あるいは形骸化し，同時に入会林野も大きく変貌を遂げるようになっていった．

さらに，林業の低迷によって，林野全体に対する住民の関心が薄れていき，単なる未利用地としての意義しか持たなくなっていく．1980 年代のいわゆるバブル経済期には，リゾート開発ブームがスキー場やゴルフ場の開発として山間部に波及したが，開発対象となった場所の多くは利用目的を失い放棄されていた入会林野であった．そして，現在では里山の荒廃がさらに進行した結果，シカ，イノシシ，クマなどによる獣害も深刻になってきていることは周知のとおりである．ただし，ここでいう里山の荒廃は，森林植生の劣化という意味合いとは異なることには注意が必要である．むしろ，第 2 章でも若干触れたように，人間の森林への物理的介入が失われることで里山のあるべき姿からかけ離れてきたという意味での「荒廃」として理解すべきだろう．つまり，里山は私たちが明確に認識しているハイブリッドの典型例なのである．

D. 再評価：生物多様性とコモンズ

先に述べた里山としての再評価は，里山が荒廃し，獣害などの問題が顕在化していく以上のような社会的文脈で起こったのである．じつは再評価には，2 つの学問的な流れが存在する．まず 1 つ目は，人文社会科学者による入会制度の再評価である．彼らは里山を管理する入会をコモンズとして取り上げ[11]，近代土地制度としての私有化や公・国有化に代わるもう 1 つの資源管理のありかたを提示するとともに，近代化によって失われてきた「共的」な世界の可

11)　コモンズ（commons）は共有地のことであるが，それが転じて現在では地域で共有される資源とその管理体制のことを指すようになっており（井上，2004），本章注 3 の地域公共財に分類される準公共財の一種である．「コモンズの悲劇」という言葉が示す通り，これまでコモンズは，資源管理の失敗を助長する資源の代名詞的存在であった．しかし現在では，Ostrom（1990）の研究が示した通り，一定の条件のもとで適切に管理することができると考えられている．

能性を体現する仕組みとして論じるようになった（McKean, 1982；室田ほか, 2004；2009；三俣ほか, 2010）．そして２つ目は，保全生態学者の貢献である．里山を，単なる資源としてよりも，身近な生物多様性の宝庫として重視する彼らは，里山の自然が持つ特徴を研究するとともに，それらを里山の魅力として伝え，住民や行政との協働を基礎とした保全のための現実的な方策を検討してきた（武内ほか, 2001）．

これらに共通するのは，里山が決して前近代の残滓などではなく，生物多様性や「共的」なつながりといったポスト近代の価値観を体現する重要な場であるという，それまでと180度異なるまなざしである．なかには，里山に現代の日本社会が抱える課題を解決するためのヒントがあると考える論者も出てきている（藻谷ほか, 2013）．一方，このような理念とは別に生じてきた，親しみのある風景や社会が失われていくことに対する人々のノスタルジックな思いも見逃せない．専門家ではない人々のこのような思いが学問的な動きと共鳴し，里山ブームとでもいえるような現場における里山保全の活動を生み出していったのである[12)]．例えば，長崎県対馬市の「舟志の森」では，絶滅が危惧されているツシマヤマネコの生息地の保全を目指し，行政や企業，ボランティア等の多様な主体を巻き込みながら，地元の舟志地区が中心となって森林を管理している[13)]．このように，全国的には荒廃が進行しているなかで，学者のみならず，一部の住民や市民ボランティア，そして民間企業が，里山の保全活動を意義あるものとしてみなすようになっている．さらには，兵庫県豊岡市における里地里山のイメージを利用した農産品のブランド化の事例にみられるように，なかには中山間地における地域おこしのツールとして里山の自然を用いるところも出てきているのである[14)]．

そしてついには，かつて里山を近代化し解体しようとした日本政府が，生物多様性保全というグローバルな潮流に便乗することで，このような里山再評価

12）松村正治（2014. 10. 1）寄り道15　現代里山考，よこはま里山研究所NORAウェブサイト（http://nora-yokohama.org/reading/archives/2014/1001000045/　2019年8月9日閲覧）．

13）環境省「事例集　自然とともに生きるにぎわいの里づくりのために（15～17頁）」（http://www.env.go.jp/nature/satoyama/satonavi/initiative/jireishu.pdf　2020年1月14日閲覧）．また，「舟志の森」における民間企業の取組みに関しては，住友大阪セメントのウェブサイト（https://www.soc.co.jp/tsushima/　2020年1月14日閲覧）を参照．

14）環境省，前掲資料を参照（9～11頁）．

の動きを後押しするようになった．2010 年に名古屋で生物多様性条約の第 10 回締約国会合（COP10）が開催されたときに，日本政府は「里山イニシアティブ（Satoyama Initiative）」という国際的な生物多様性の保全と持続的利用に関するイニシアティブを主導し，それは「里山イニシアティブ国際パートナーシップ（The International Partnership for the Satoyama Initiative：IPSI）」として結実した．Satoyama という名のもとに，二次的な自然の重要性が国際的に認知されることとなったのである．

7.2.2　インドネシアの泥炭湿地

A.　泥炭湿地の生態と社会

次は，事例を海外に移し，インドネシアの泥炭湿地を取り上げよう．熱帯の低湿地では，水が溜まりやすい場所で植物遺体の分解が抑えられ，泥炭とよばれる有機質土壌が堆積して熱帯泥炭湿地が形成されることがある．この泥炭の層は，厚さ数十 m に達することもあり，泥炭の厚さにしたがって，さまざまな植物群落が発達する泥炭湿地林を形成することが知られている（嶋村，2012）．このような自然環境は，スマトラ島やボルネオ島[15)]，そしてマレー半島の低地を中心に，東南アジアに広く分布している．

「瘴癘《しょうれい》の地」などと呼ばれる熱帯の泥炭湿地は，人間が生活する場としてはきわめて厳しい自然環境である．マラリアなどの風土病の蔓延，足場が悪いので道路などの生活インフラを建設しにくいこと，農業生産性が低いことなど，開発を妨げる要素には事欠かない．このような特殊な自然条件のため，泥炭湿地で暮らす住民は，河川による水上交通を通じて土地を転々と移動しながら，採取，漁労，狩猟，農耕，交易などのさまざまな生業を状況に応じて組み合わせる「通過型文化」と呼ばれる生活様式をとり，生産基盤を蓄積しない社会をつくっていた（古川，1992；増田ほか，2012）．一方，スマトラ島の泥炭湿地域では，香木や金などを産する内陸部のミナンカバウ高地と，マラッカ海峡側の勢力との河川交易の中継地として，パンカランと呼ばれる河川沿いの集積地が発展した．やがてこの交易を基礎として政治勢力が出現し，19 世紀初頭に

15)　ボルネオ島は，インドネシアではカリマンタン島と呼ばれる．

は交易網の一大中心地として繁栄するところもあったという（増田ほか，2012）．

ともあれ，移動する生活も，河川交易も，自然改変型の開発とは無縁である．人々は，自然が厳しいがゆえに，自然に逆らわずに適応し利用する道を選んだといえよう．したがって，この地の自然が本格的な開発の波にさらされることは，近年までほとんどなかった．

B．泥炭地開発がもたらした問題

しかし，国家や社会の近代化は，このような地域へもやがてやってくる．周辺の自然が農地やプランテーション，あるいは油田や錫鉱山としてつぎつぎに開発されていくなかで，「最後のフロンティア」となった泥炭湿地においても，自然改変と土地や資源の開発への圧力が高まっていった．

そのような動きは，植民地時代と独立後の混乱期を経て，スハルト大統領（当時）のもとで中央集権的に開発を推進した1960年代頃から顕著になっていく．道路網の整備や村落移転，人口稠密なジャワ島からの移民政策[16)]，森林伐採などが本格的に実施されるようになったが，なかでも特筆すべきは，コメの増産を目指して1990年代に中央カリマンタン州で開始された「メガライスプロジェクト」と，スマトラ島とカリマンタン島で同時期に活発化した大規模なプランテーション開発である．

前者は政府が直接関与した大規模開発である．1995年の大統領令（大統領令NO. 82）により，中央カリマンタン州で100万haの泥炭地を水田に転換する事業が始まったのである．大規模な森林の皆伐とともに，総延長4,000 kmに及ぶ排水路の掘削が行われた（嶋村，2012）．そして，そこでは主にジャワ島などからの入植移民がコメ増産の担い手として期待されていた．一方，後者は政府からコンセッションを取得した民間企業によって主に進められた．泥炭湿地を大規模開発するためには，排水路を掘削して湿地の水を抜く必要がある．企業による大きな資本投下がこれを可能にしたのである．植栽の対象は，当初はアカシアなどの紙パルプ用材であり，のちにはパーム油の原料であるアブラヤシが増加した．その結果，広大な泥炭湿地林が消失した．例えば，これらの

16）トランスミグラシと呼ばれる．

プランテーションが多く存在するスマトラのリアウ州では，1982年から2007年の25年間で約400万ha（全森林の65%）の原生林が消失し，うち180万haは泥炭湿地林であったと報告されている（Uryu *et al.*, 2008）.

これらの大規模開発は，総じて多くの深刻な問題を現地にもたらした．特に前者は，インドネシア政府ですら公式に認めざるをえないほどの大失敗となった．まず，開発された100万haの土地の8割が極度に劣化したかたちで放棄され，その結果事業の目的であったコメ増産にはつながらなかった（嶋村，2012）．この原因は，排水路の掘削による過剰な排水が，水田への水供給を不足させてしまったことや，過剰な排水によって泥炭が分解され，その下にある硫酸酸性土壌や石英砂がでてくることで，不毛な土地になってしまったことにある（同上）．さらに悪いことに，皆伐と排水によって泥炭は乾燥し，燃えやすくなる．火災に対して脆弱な土地となってしまい，その後泥炭地火災がたびたび発生することになった．そして，気候変動問題が脚光を浴びるにつれ，この火災による大量の温室効果ガスの放出が問題とされるようになったのである．

もちろん同様の問題は，後者のプランテーション開発においても生じている．プランテーション自体の生産性の低さに加え，泥炭地火災が各地で発生しており，膨大な量の温室効果ガスが放出されている．1997年の大規模火災だけで，インドネシアでは0.8〜2.6 Gtの炭素が泥炭地から大気中へ放出されたと推定されており，これは同年の地球上における化石燃料消費量の13〜40%に相当するという（Page *et al.*, 2002）．さらに，泥炭地開発の中心地であるスマトラ島の泥炭地火災で生じた煙（ヘイズ）は，風に乗ってマラッカ海峡対岸のシンガポールに運ばれ，現地で深刻な煙害を引き起こしており，ASEAN全体を巻き込む国際政治問題にも発展している（Nguitragool, 2011；生方，2018）.

C. 泥炭と環境

泥炭地開発によって生じた以上のような問題は，まなざしを環境問題へと劇的に変化させることになった．泥炭地の火災には，気候変動や煙害の原因の1つとして，国際的に高い関心が集められるようになったのである．現在，泥炭や泥炭地を扱う主要なウェブサイト（例えば，国際自然保護連合（IUCN）やWetlands International など）では，必ずといってよいほど火災による温室効果ガスの放出に触れている．

一方で，煙害の問題に関しては，ASEAN 加盟国による行動計画の策定や，2002 年の越境煙害に関する協定（Agreement on Transboundary Haze Pollution）締結などの国際的な対策がとられるようになった（ただし，インドネシア政府は国内事情を理由に協定への批准には長らく消極的であった）．さらに 2014 年には，シンガポール政府が越境煙害法（Transboundary Haze Pollution Act 2014）を可決した．この法律は，シンガポールの国内法ではあるものの，シンガポールへ影響をもたらす煙害発生に直接的あるいは間接的に関与した場合には，国外の組織や個人に対しても法の適用（民事および刑事責任を負う）を主張する画期的な法律である．

このようなシンガポール政府の強い姿勢は，インドネシア政府や企業へのシグナルとしての効果を生んだ．事態を受けて，インドネシア政府がそれまで消極的であった先述の ASEAN 協定を批准したほか，2015 年には泥炭地の新規開発を禁止する通達を出している（生方，2018）．また，ジョコ・ウィトド大統領は，2015 年にパリで開催された気候変動枠組条約（UNFCCC）の COP21 でインドネシア泥炭復興庁の立ち上げを発表し，この組織は 2016 年 1 月に設立された．そして，泥炭地の開発規制，地下水位の保持規制，Zero burning 政策，泥炭湿地荒廃地の再生を矢継ぎ早に打ち出すなど，政府はようやく泥炭地火災対策に本腰を入れるようになった．さらには，インドネシアが中心となり，コンゴ共和国，コンゴ民主共和国とともに熱帯地の泥炭保全再生を目的とした国際熱帯泥炭地センター（International Tropical Peatland Center）と呼ばれる国際機関を設立した．

以上のように，1960 年代以降，人々（これが誰を指すのかは後述する）が泥炭湿地をみる支配的なまなざしは，「瘴癘の地」から土地・資源開発の場へ，そして温室効果ガスの放出やヘイズなどの国際的な環境問題が生じる場へと，比較的短期間のうちに劇的な変遷を遂げた．そして，それらは法制度の制定や組織の設立を介しつつ，官民のさまざまな事業となって実体化していったのである．

7.2.3　まなざしの担い手と実体化

以上，里山と泥炭湿地の事例を簡単に振り返ってみた．もちろん両者は全く背景が異なるので，単純な比較が乱暴であることは否めない．それを認識したうえで，まなざしの面から両者の共通点と相違点を比較してみよう．

まず，共通点として，両者における支配的なまなざしが大きく変わったことがみてとれるだろう．前者では，ローカルな資源採取の場から，前近代の残滓として近代化・解体されるべき場へ，さらには豊かな生物多様性や社会を育むための場へ，という変化であり，後者においては，「瘴癘の地」から土地・資源開発の場へ，そして温室効果ガスの放出やヘイズなどの国際的な環境問題が生じる場へ，といった変化である．これらが，いずれも資源から環境へのまなざしの変化を含んでいることも指摘できる．また，両者とも，このようなまなざしの変化が新たな組織や方針・政策を生むことにつながっており，現実社会にも影響を与えつつあるという点も共通している．

次に，両者の違いに目を向けてみよう．最も根本的な相違は，誰のまなざしがこれらの変化を体現しているのかという点である．時代によって幅はあるものの，泥炭湿地において支配的なまなざしは，環境の専門家，国際 NGO の活動家，政治家などに代表されるような，国内あるいは他国やグローバルレベルのエリートによるものであることが多かった．このため，その実体化の動きは，グローバルや国際的な議論をもとにローカルな実態を変革しようとする "Think globally, act locally" 型が優勢であることがみてとれる．一方で，里山へのまなざしは，国家や学界の寄与もあるものの，地域住民や市民，自治体や企業といったように，よりローカル寄りのアクターの影響が大きい．そして，実体化の動きは現場の実態を再構成しつつ，グローバルな議論を喚起する "Think locally, act globally" 型が中心となっている．

このような違いは，対象となる地域社会への影響においてもみられる．例えば，泥炭湿地では，インドネシア政府による Zero burning 政策によって，インドネシア全土での焼畑や農地整備のための火の使用が禁止され，警察や軍隊による取り締まりが非常に厳しくなっており，場合によっては住民生活に大きな支障が出てきている[17]．このように火の利用を規制しても，2019 年の大規

17）例えば，笹岡（2019）は，スマトラ島での火の取り締まりが，煮炊きで生じる煙ですら警戒されるほどに厳しいものであること，また水田を焼けなくなったため，ネズミが繁殖し収穫が激減したことなどを報告している．

模火災にみられるように長い乾季が入ると，乾燥した泥炭層へ火が入ることを止めることは非常に困難である．この政策に関しては，その有効性を疑問視する議論もあるなかで実施されていることも鑑みれば，諸問題の「つけ」を最終的に地域住民が払わざるを得ない状態になっているといえる．

一方で，里山の例からは，現場で行われてきた取組みや運動に対して国家やグローバルなアクターが関与する際に，ある種の変質を余儀なくされる可能性が指摘できる．例えば，ホスト国である日本政府が里山イニシアティブを押し出す際に，Satoyama を世界各地に存在する二次的自然を代表する名称として用いることへの懸念が表明されていた．その結果，共通理念の名称は里山イニシアティブから「社会生態学的生産ランドスケープ（Socio-ecological Production Landscapes：SEPLs)」へと変わっている（Takeuchi, 2015)．また，生物多様性条約の COP10 においては，里山イニシアティブが貿易保護主義につながるという批判が農産物輸出国から表明されたという（同上書)．これらがどれほど理念自体を変質させるかは今のところわからないが，現場の人々の思いや活動──例えば，グローバル経済に批判的で地産地消と里山保全を結びつける考え方を持った人たちの思い──とグローバルな取組みとの乖離を広げる方向に働く可能性は否定できない．

以上から考えると，まなざしの変化がある種の共通点を持ち，実体化を通して現実の社会や自然に影響を与えることは確かだとしても，その具体的な道筋や影響に関しては，対象によってさまざまな違いがありそうである．

7.3　まなざしの実体化がもたらすもの

では，このようなまなざしの環境化・グローバル化とその実体化は，より一般的なレベルでハイブリッドとしての森林のあり方に何をもたらしているのだろうか．以下でまとめてみよう．

第一にいえることは，実体化を通じて森林に関与するアクターの再編や戦略の見直しが行われたことである．前述した学会のミッション見直しはその単純な一例であるが，もっと影響力のある再編としては，先述したインドネシアにおける泥炭復興庁の設立にもあるような，各国における省庁再編が挙げられる．

東南アジア諸国では，森林に関連する省庁は，近年まで資源の採取や開発に重点を置いていた．それらが天然資源環境省などに名称を変えたり，その傘下に所属して，より環境保全を意識したかたちでミッションを見直したりするといった再編をもたらしてきた．例えばインドネシアでは，ジョコ・ウィドド大統領の強力なイニシアティブにより，2015年に環境省と林業省が合併され環境林業省へと再編されている．また，タイでは2002年に森林局が再編され，国立公園などの管理に関係する部署が国立公園・野生動物・植物保全局として新設され，同じく新設の天然資源環境省下の部局として移行した[18]．このような，より環境対策に重点を置いた形での省庁再編や人員の拡充は，世界各国どこでもある程度実施されてきており，それを国家が環境問題へのコミットを少なくとも形式上内在化させる「環境国家（environmental state）」の勃興としてとらえている論者もいる（Duit *et al.*, 2016）．

第二は，グローバル化によって，さまざまなアクターが争点とされる問題に関わることになると同時に，かつて支配的であったアクター間の対立構造が，協調構造へと変化しつつあることである．例えば，気候変動問題が争点化することによって，環境NGOの戦略が，企業や国家との対立を辞さないやり方から部分的な協調を基調とするものへと変化してきており，同様に多くの企業が環境問題に対する戦略を見直し始めている[19]．CSR（企業の社会的責任）やCSV（共通価値の創造）という言葉は，企業経営にはほぼ常識になり始めているし，ESG投資という言葉も一般化しつつある[20]．森林に関連した具体例としては，森林管理協議会（FSC）や持続可能なパーム油のための円卓会議（RSPO）などといった，国際資源管理認証の仕組みを通してNGOと企業が協調するようになった例がある．また先述した「森林に関するニューヨーク宣言（The New York Declaration on Forests）」に多くのグローバル企業が賛同し，

18）じつは，これらの再編の動機を，本文中で挙げる正規のミッションの変化としてとらえるだけでは不十分かもしれない．例えば，タイでは，森林局の資源から環境重視へのミッション変更には，古くからの利権を維持拡大する意図が含まれていたという指摘がある（佐藤，2019）．

19）理論的・総合的な考察としてMol（2001）を，排出量取引の例としてMecking（2011）を挙げておく．

20）ESG投資とは，従来の財務情報だけでなく，E（環境）・S（社会）・G（ガバナンス）といった要素も考慮した投資のこと（経済産業省ウェブサイト https://www.meti.go.jp/policy/energy_environment/global_warming/esg_investment.html　2020年9月28日閲覧）．

自らの方針に反映させたことなども挙げられるだろう．

第三は，第二点に関連して，企業のイニシアティブが強まってきた結果，環境と経済，あるいは金融との結びつきを生かした方策が脚光を浴びてきていることである．これは，多くのグローバル企業による気候問題へのコミットへの表明や，カーボン・プライシングや炭素取引の導入，自主的なアプローチへの支持などに端的に現れている．このような，環境問題に対する市場や経済のアプローチは，もちろん森林に関してもみることができる（第８章）．

そして，第四は，以上のような問題に関わるアクター関係の再編と協調が，具体的にどのように現地に影響を及ぼすかに関しては，再編過程自体のプロセスを慎重に見極める必要があるということである．里山と泥炭湿地の例を見ても，それらへのまなざしの変化とその実体化が地域の現場に与える影響は，だいぶ異なることが予想される．ミッションの美しさや「きれいごと」に惑わされることなく，それが何をもたらすのかを個別具体的に検証していくことが大切なのである．

おわりに

本章では，日本の里山とインドネシアの熱帯泥炭湿地の事例を参考にしながら，森へのまなざしがどのように変化してきたのか，そしてそれらがどのように実体化されてきたのかを考察した．以上の議論から，資源から環境へ，ローカルからグローバルへといったまなざしの変化が，概して関係するアクターの数を増やし，それらの組織や戦略を再編させ，アクター間の協調を促し，問題解決へのコミットを増大させるという効果を生んだことが伺える．

ただし，上述した具体例，特に泥炭湿地の例で論じたように，このような再編が，環境問題の解決はもとより，持続可能な社会やハイブリッドの構築に貢献するか否かについては，さまざまな議論が存在する．例えば佐藤（2019）は，開発国家から環境国家への「反転」という興味深い議論を提起している．経済発展や近代化を国家の政治課題の中心におく開発主義体制のもとで，短期間のうちに強引に開発を推進してきた途上国が性急に環境問題へコミットすると，さまざまなアクターの議論を吸収する社会的能力や時間的余裕がないため，それまでの開発国家の延長として国家権力を強化することで環境問題に対処しようとする．その結果，環境対策の導入が「人の支配」の強化へと転じてしまいがちだというのである．

この指摘で重要なことは，グローバルな環境問題への対処という大義名分が，問題の責任を問えそうにない一般の人々の生活を抑圧する行為につながってしまう可能性である．環境対策という自然と人間の関係に対する介入が，知らないうちに自然を介した人間同士の関係に大きな影響を与えていくのである．これに当てはまるような事例は，本章のみならず，他の研究にもみられる．笹岡(2019)は，インドネシアを事例に，熱帯林ガバナンスが制度化され，地域住民の意向を考慮する仕組みが整いつつある一方で，地域の人々が保持してきた「暗黙知」のような表出されにくい知識が無効化されつつあると論じている．また，経済活動目的で行われる“land grabbing”と並行して，国家や企業が環境目的で土地を囲い込む“green grabbing”が途上国で起こっているという指摘もこれと同様であろう（Fairhead *et al.*, 2012）．

もちろん，上記の再編すべてが持続可能な社会への形成という観点から見て好ましからざる結果を生むわけではない．しかし，まなざしの実体化がもたらすものを，私たちは手放しに喜んでよいわけでもなさそうである．森林保全なども含めて，「環境対策」といわれると，私たちはあまり考えもなくそれらによいイメージを付与してしまうことが多い．これは，図 7.3（a）のように，私たちが環境問題に対して「解決すべき課題」，すなわち従属変数としてのみ

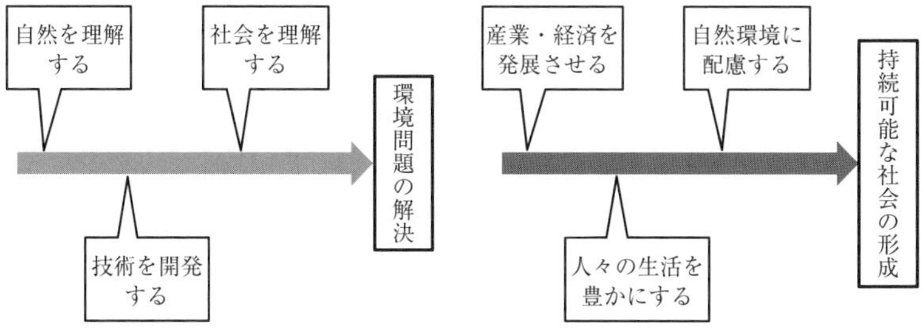

（a）環境問題の解決が主目的　（b）持続可能な社会の形成が主目的

図 7.3　ハイブリッドに対する２つの視点
筆者作成．

考えてしまうからである．しかし，それらがどのような影響を自然や社会に与えるのかは，別に検証の余地がある．したがって，同図（b）のような視点，すなわち環境問題や対策を，持続可能な社会をつくるための要素（あるいは独立変数）の1つとしてみなす視点を同時に考慮に入れることが重要ではないだろうか．本書の枠組みである「ハイブリッド性」の概念は，これら2つの視点を公平に，かつ切り替えやすいかたちで扱ううえで役に立つ．

次章である第8章では，このうち特に後者の視点に立って，実体化がもたらす結果をより具体的に考察する題材として，経済や金融のアプローチ，なかでも森林を「自然資本」とみなす動きについて考えてみよう．

引用文献

Duit, A., Feindt, P. H. *et al.* (2016) Greening Leviathan: the rise of the environmental state? *Environ. Politics*, **25**, 1–23.

Fairhead, J., Leach, M. *et al.* (2012). Green Grabbing: a New Appropriation of Nature? *J. Peasant Stud.*, **39**, 237–261.

古川久雄（1992）インドネシアの低湿地，pp. 260，勁草書房．

井上 真（2004）コモンズの思想を求めて——カリマンタンの森で考える，pp. 162，岩波書店．

岩本純明（2012）日本の森林管理制度と林業技術．歴史のなかの熱帯生存圏——温帯パラダイムを超えて（杉原 薫ほか 編），pp. 359–381，京都大学学術出版会．

増田和也ほか（2012）泥炭地域の社会経済史——交易から土地開発，そして保全へ．熱帯バイオマス社会の再生——インドネシアの泥炭湿地から（川井秀一ほか 編），pp. 129–165，京都大学学術出版会．

McKean, M. A. (1982) The Japanese Experience with Scarcity: Management of Traditional Common Lands. *Environ. Rev.*, **6**, 63-88.

Mecking, J. (2011) *Carbon Coalitions: Business, Climate Politics, and the Rise of Emissions Trading*, pp. 250, The MIT Press.

三俣 学ほか 編（2010）ローカル・コモンズの可能性——自治と環境の新たな関係，pp. 270，ミネルヴァ書房．

Mol, A. P. J. (2001) *Globalization and Environmental Reform: The Ecological Modernization and the Global Economy*, pp. 288, The MIT Press.

藻谷浩介・NHK取材班（2013）里山資本主義——日本経済は「安心の原理」で動く，pp. 308，角川書店．

室田 武 編（2009），グローバル時代のローカル・コモンズ，pp. 283，ミネルヴァ書房．

室田 武・三俣 学（2004）入会林野とコモンズ——持続可能な共有の森，pp. 265，日本評論社．

中村太士（2018）日本森林学会誌100巻を迎えるにあたって．日本森林学会誌，**100**，1–2.

Nguitragool, P. (2011) *Environmental Cooperation in Southeast Asia: ASEAN's Regime for Trans-*

boundary Haze Pollution, pp. 191, Routledge.

Ostrom, E.（1990）*Governing the Commons: The Evolution of Institutions for Collective Action.* pp. 280, Cambridge University Press.

Ostrom, E., Gardner, R. *et al.*（1994）*Rules, Games, and Common-Pool Resources*, pp. 369, The University of Michigan Press.

Page, S. E., F. Siegert, *et al.*（2002）The Amount of Carbon Released from Peat and Forest Fires in Indonesia During 1997. *Nature*, **420**, 61–65.

笹岡正俊（2019）熱帯林ガバナンスの「進展」と民俗知．森林と文化――森とともに生きる民俗知のゆくえ（蛯原一平ほか 編），pp. 85–117, 共立出版.

佐藤 仁（2019）反転する環境国家――「持続可能性」の罠をこえて，pp. 318，名古屋大学出版会.

嶋村鉄也（2012）熱帯泥炭湿地の概観．熱帯バイオマス社会の再生――インドネシアの泥炭湿地から（川井秀一ほか 編），pp. 103–127，京都大学学術出版会.

杉原弘恭（1994）日本のコモンズ「入会」．社会的共通資本――コモンズと都市（宇沢弘文・茂木愛一郎 編），pp. 101–126，東京大学出版会.

Takeuchi, K.（2015）Society in Harmony with Nature and the Satoyama Initiative. The Midori Press, https://www.aeon.info/ef/midoripress/column/20150302_post_20.html（2019 年 7 月 25 日閲覧）

武内和彦ほか 編（2001）里山の環境学，pp. 257，東京大学出版会.

生方史数（2018）環境問題に向き合うアジア――後発性と多様性のなかで．現代アジア経済論――「アジアの世紀」を学ぶ（遠藤 環ほか 編），pp. 254–272，有斐閣.

Uryu, Y., Mott, C., *et.al.*（2008）Deforestation, Forest Degradation, Biodiversity Loss and CO_2 Emissions in Riau, Sumatra, Indonesia, WWF. http://assets.worldwildlife.org/publications/750/files/original/WWF_Indo_（27Feb08）_Riau_Deforestation_-_English.pdf?1426774206&_ga=1.257403784.2086626725.1465625894（2020 年 1 月 16 日閲覧）

第8章 森を「資本」にする
経済的アプローチと森林保全

生方史数，百村帝彦

はじめに

前章で議論したように，グローバルな環境問題，特に気候変動問題と生物多様性保全の問題への関心の高まりによって，森林は単なる自然資源としてだけでなく，グローバルな環境価値を持つ自然として重要視されるようになった．しかし，このことは，ある国の森林（例えばブラジルのアマゾン）が地球公共財の一部としてみなされることを意味する．このため，自国の森林を経済発展に動員したい途上国政府やこれらの国で開発を進めたい企業と，たとえ他国の森林でもそれを地球公共財としてまもりたい先進国や環境保護団体との間で，森林保全（特に熱帯林保全）をめぐって対立するようになった[1]．

一方で，これは，途上国政府や企業にとって森林を保全する動機がないことを意味するわけではない．森林を単なる自然資源として使う場合でも，これを持続的に利用することで得をする場合もありうるし，資源以外の価値を考慮すればなおさら持続的利用の重要性は高まるかもしれない[2]．ただし，どの場合においても，経済的な動機は重要である．彼らにとって，開発を行わないという機会費用以上の価値を森林に見出せるのであれば，森林保全が現実的な選択

1) この典型的な例としては，ブラジルのアマゾン火災に関するロイター通信（2019. 8. 31）の記事「アングル：アマゾン火災，ブラジル国内では大統領批判少なく」（https://jp.reuters.com/article/brazil-environment-politics-analysis-idJPKCN1VK0L1　2020 年 1 月 4 日閲覧）が挙げられる．

2) 本章では，特に断りのない限り，「価値」という言葉の意味を，直接的・間接的に私たちの経済に貢献する価値に限定して話を進める．

肢に入ってくる．世論の圧力などで，森林開発の費用が高まる場合も同様である．国内で森林開拓を行っている住民のなかにも，森林保全と開発を天秤にかける人たちがいるだろう．そのような人たちにとっても，森林がどれだけの価値を持つのか，森林からいかに資金や利益をひきだせるかといった経済的なインセンティブは重要である．

このような理由から，森林環境に経済的な価値があるとみなし，それを経済活動の際に考慮するべきだという環境経済学の考え方に基づくアプローチが盛んになってきた．さらには，最近では環境保全事業に資金を調達するための金融手法に関する議論や実践も深まってきている（藤井，2013）．例えば，森林を，長きにわたってそこから何らかの便益を得ることができる自然の資産——すなわち自然資本（natural capital）としてみなし，その価値に見合った金額を支払うことで保全するという手法や制度がさまざまな形で実施されるようになっている．このような動きによって，森林に対する人間社会側の見方や働きかけの方法が変化している．自然と人間の新たな関係を基礎とした混成物，すなわち新たなハイブリッドがつくられていると考えてよいだろう．

以上のような動きによって生み出されるハイブリッドは，どのような特徴をもっているのであろうか．本章では，森林を自然の「資本」として扱い，経済的なインセンティブによって保全を行う動きについて考える．まず，森林に関連する経済的アプローチの概要を説明し，この考え方が重要視されるようになった背景を概説する．そのうえで，具体的な制度・手法とその執行状況を，東南アジアにおけるPES（環境サービスへの支払[3)]：payment for environmental services）とその一変種であるREDDプラス（第4章参照）の導入事例を中心に概説し，それらが生み出す「ハイブリッド性」の変化傾向や留意点について考えてみたい．

3）生態系サービスへの支払（payment for ecosystem services：PES）とも呼ぶ．

8.1　グローバルな森林環境問題への対処と経済的アプローチ

8.1.1　グローバルな森林環境問題と森林保全制度・手法

森林が炭素ストックや生物多様性の宝庫としてグローバルな環境価値を持つ地球公共財と認識されるようになった昨今，単なる資源保全としての森林保全だけでなく，希少生物や生物多様性保全，グローバルな気候変動の緩和，山火事による煙害の防止といった目的から，さまざまなタイプの保全事業が政府，国際機関，NGO などによって実施されるようになってきた．

ここで問題となるのは，誰がこの地球公共財を管理するのかという問題である．個人，地域コミュニティ，企業，そして国家といった従来の管理主体は，単独ではこのようなグローバルな財を管理できない．国際機関や国際環境 NGO などの超国家的組織も単独では役不足である．なにより，地球公共財であるとともに，ローカルレベルでも重要であるというような重層性があるため，一機関が管理を担うのは非現実的である．それゆえ，事業に関わる関係者（ステークホルダーともいう）の構成も多様化・国際化し，さまざまな事業主体がさまざまな関心のもとに，さまざまな手法で事業を行うようになっている．グローバルな環境ガバナンスを達成するためには，多様な組織や個人が連携していかなければならないのである．

では，具体的にどのような連携や実施手法があるのだろうか．もちろん国際的な条約や法規制はその 1 つである．しかし，これだけでは実効性のある枠組みにはならないため，より多様なアクターの参加を促す具体的・実践的な制度や手法が求められている．以下では，森林環境保全に関わる多様な主体，動機，手法を分類・整理してみよう．まず，市川ほか (2010) は，保全主体別にこれらを分類している．すなわち，国家が主導するトップダウン志向の「従来型」，住民参加を意図したボトムアップ志向の「住民参加型」，および民間企業等による市場インセンティブを活用した「グローバル・市場志向型」の 3 つである．そして，国有林や国立公園の管理に代表されるような国家主体の「従来型」から，「住民参加型」や「グローバル・市場志向型」を取り入れたものへと変容していると指摘している．しかし，厳密にはこれら3つの型は，国家による「従来型」管理でありながら「住民参加」の要素を取り入れているといった具合に，互いに統合されているものも多いため，各保全主体とその連携者が具体的にどのような手法や制度を用いているかという点も重要になってくる．

つぎに，制度・手法の性質から分類してみよう．Wunder (2005) は，森林保全制度・手法における経済的インセンティブの重要性の度合いと，保全という目的がどの程度直接的に実行されているか（あるいは，逆に保全目的が統合的――貧困削減等，他の目的と統合されている――であるか）の度合いから，図8.1のように分類している．個々の制度・手法の説明は割愛するが，一見して3つのクラスター――図の上側にある①経済的インセンティブに依存するもの，下側右にある②規制や技術・方法の変革による直接的保全，そして下側左に位置する③他の開発目的と統合的に実施される間接的保全手法――に大別できることがわかる．②や③のクラスターでもある程度経済的インセンティブを用いていることを考慮すれば，経済的なインセンティブがさまざまな手法で重要な構成要素になっていることがわかるであろう．

以上のように，経済的インセンティブを活用することを想定したアプローチ

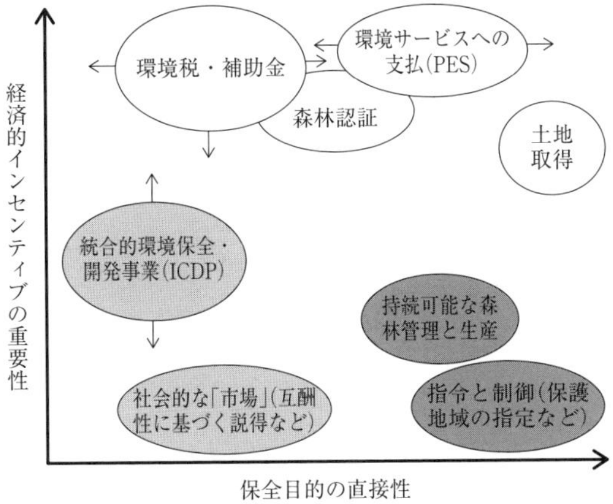

図8.1　さまざまな保全制度・手法の位置づけ
同じ色の制度・手法は似た性質からなるクラスターとして位置付けられる．Wunder (2005) Figure 1を修正．

は，保全事業の有力な方策として実施機関に認識されてきており，実際に多くの関連事業がすでに実施されている．特に冷戦崩壊後の1990年代以降，経済のグローバル化が進行するにつれて，経済的インセンティブがますます重要性を増してきた．この背景には，1980～90年代から経済政策全般で勢力を強めてきたいわゆる「新自由主義（ネオリベラリズム）」の潮流のなかで，環境問題に関しても経済合理主義の言説が強まってきたということがある（ドライゼク，2007）．現在，森林を含めた環境保全をさらに推進するためには，環境破壊の原因でもある企業などのアクターによる直接的な関与や豊富な資金の提供が不可欠になっている．従来経済とは対立的な軸としてとらえられがちであった環境保全の分野に関しても，経済的アプローチの重要性が叫ばれ，具体的な制度・手法の開発が進み，ついには森林保全の現場で実践されるようになったのである．

8.1.2　経済的アプローチ

経済的アプローチの理論的な背景として重要なのは，なんといっても環境経済学である．価値の対象が木材などの森林資源だけでなく，生物多様性や炭素吸収源などに及ぶにつれ，従来から用いられてきた資源経済学に由来する持続的生産の考え方に加えて，外部性の内部化や自然資本といった環境経済学の概念が制度・手法を設計するうえで不可欠となってきた．

ここで，外部性の内部化とは，経済システムの考慮外にある自然環境の恩恵や脅威を，何らかの形で経済システムのなかに取り入れることを指す．経済学という学問は，その伝統的使命である市場――「神の見えざる手」の働きを解明する過程で，市場が機能しないことがある（市場の失敗）ことも明らかにしてきた．経済主体間の市場を介さない相互作用（外部性と呼ばれる）が存在するときがその1つである．例えば，森林を伐採して木材を販売する個人の生産活動が，下流域に住んでいる人たちの洪水や渇水リスクを増大させる（負の外部性を持つ）とき，前者の活動を過大に見積もる市場は「見えざる手」としての働きを失ってしまい，過剰な森林伐採という資源配分の歪みをもたらしてしまう．

この例で外部性の原因として考えられることは，森林がもたらす治水機能

（正の価値を持つ）に対して市場が適切な経済価値を与えていないことである．したがって，外部からこれらに経済価値を与えてやって，それを市場に考慮させるという対策がでてくる．これが外部性の内部化という処方箋である．つまるところ，経済というシステムの外にあった自然の多くの機能を経済システムのなかに取り込むことに他ならない．この考え方を応用して，環境税や排出量取引などのさまざまな手法が考案され，その一部は実際に実施されるようになった[4)]．なかでも図 8.1 にある環境税・補助金，森林認証，および PES は，森林を対象とする手法として現在広く使用されている．

環境税・補助金は，いうまでもなく，政府や自治体が環境をまもるために徴収する税金あるいは付与する補助金のことである．日本の多くの県で導入されており，国税としての導入も検討されている「森林環境税」などはこれにあたる．また，森林認証とは，環境にやさしい生産をしている森林からの生産物に「お墨付き」と若干のプレミアムを与える自発的な仕組みのことであり，森林を対象としたものとしては FSC（森林管理協議会：Forest Stewardship Council）が有名である．そして PES は，価値の高い環境サービスを供給する自然（ここでは森林）に対して支払を行うことで，環境保全を促進しようとする仕組みを指す．1989 年から始まったニューヨーク市による水源保全の試みを皮切りに[5)]，コスタリカやメキシコなどのラテンアメリカを中心に世界各地で実施され，アジアではベトナムが 2010 年からこの制度を国家政策として導入している．

ここで，これら 3 つの手法について，何に環境価値を見出し，どのようにそれを付加しているかを改めて考えてみよう．森林認証は，木材のような森林からのフローである生産物の価値に上乗せする形で，持続的な管理を行っている森林やそこでの生産活動に対して追加的な価値を付与している．これに対して環境税・補助金や PES では，環境サービスという「フロー」の利用者から資金を徴収し，サービスを供給する「ストック」である森林の所有者・管理者に対して支払を行う．

---

4)　このような傾向を，「自然のネオリベラル化」として問題視する論者もいる（McCarthy & Prudham, 2004）．

5)　この事例の経緯に関しては，デイリー・エリソン（2010）に詳しい．

つまり，これらは価値を付加する方法においては異なっている．しかし同時に，三者とも森林という自然をフロー（財やサービス）の源であるストック（資産）としてとらえており，フローに社会や環境の面を考慮した「正当」な価値を与えることで，ストックである森林の保全を推進するという点は共通している．ゆえに，森林認証制度も（そして後述するREDDプラスも）一種のPESだということができる（Wunder, 2005）．

先述したように，この「自然の資産」，より正確には「自然によって供給され，将来に向けて自然資源か自然サービスの有益なフローを生み出すストックないしファンド（デイリー・ファーレイ，2014：447）」は，環境経済学の用語で自然資本と呼ばれる．すなわち，森林からの財やサービスを得るために森林という自然資本を保全することで，これまで商品になる資源としての一部分しか評価されてこなかった森林を，できるだけ経済システムの考慮内に入れようとしているのである．

ところで，森林を自然資本として扱うということは，私たち人間社会側が自然に対する見方を変えていくという，本書全体のテーマにつながることでもある．今まで資本として扱えなかった森林を「資本化」することでもあるからである．これはどういうことを意味するのだろうか．次節では，理論的な検討に加えて，PFESと呼ばれるベトナムのPESの事例とカンボジアのREDDプラスの事例から，この点について考えてみよう．

8.2　自然の「資本化」とその基盤整備

じつは，従来の経済システムにおいても森林が「資本」として扱われることはある．まず，土地は資産であり，森林も土地である以上，売却しようとすれば何らかの値段が付くだろうし，土地を担保に銀行から融資を受けることができる．ただし，この資産価値は，森林が環境に対して果たす役割を考えれば，微々たるものである．一方，価値の高い木材が多く存在する森林であれば，所有者は土地に加えてその木材の価値を上乗せした額に基づく資産を担保として，銀行から資金を融通することができるかもしれない．ただし，そのような場合は非常に限定的である．一言で森林といっても，既存の市場で評価されるものとされないものがある．では，既存市場で評価されない「商品」と既存の商品とはどこが違うのだろうか．

これは，商品や資産がなぜ商品や資産たりえるのか，という私たちが普段当然視しているようなことに関係がある．商品はそこに「ある」のではない．人間社会がそれを商品に「する」からである．この点を考える際に，Castree（2003）と佐藤（2016）の考察が参考になる．

まず，Castree（2003）は，「自然の商品化」という概念を精緻化するために，商品が商品であるための物理的および社会的な性質を整理した．筆者が現在考察対象としている自然資本や環境サービスは，この性質を満たすことが往々にして難しい．例えば，空気はその公共財的な性質からその所有・利用権を特定の個人や団体に割り当てることができず，空気が持っている自然上の関係から切り離すことも不可能である．また，ある程度上記の性質を満たしていても，便益を受ける側の状態次第で商品になりにくいものもある．森林の水源涵養機能は，その恩恵が不特定多数の人たちに享受されやすいという正の外部性を生じさせる．したがって，これを環境サービスとみなして取引契約を結んでも，他の人の利用を排除できないため，取引が成立しにくいという側面を持っている．このように，自然が提供するモノやサービスには商品化になじみにくいものが多々存在することは，まず認識しておかなければならないことである．

次に，このような商品になりにくい自然物やサービスをどうにかして商品にするというプロセスを考えよう．この点に関しては，佐藤（2016）が考案した「資源から財への転換力」が援用できる．彼によれば，資源は単にモノであるだけでなく「可能性の束」であり，それらは人間の働きかけによって，人間に直接的な効用をもたらす財に転換される．つまり，資源を市場価値のある財（つまり商品や資本）にするためには，そのモノとしての性質や需要だけでなく，誰かがそれを財にする「転換力」を持っている必要があり，さらには「転換」に必要な条件が社会に整っていなければならないというのである．

この考え方は，環境経済学がこれまで看過してきた，市場で取引される財（あるいは商品）の基層となる「資源の層」に注目し，資源を財に転換する能力や条件の存在を問う必要性を明らかにした．ただし，この概念をそもそも商品になりにくい性質を持つ自然の「資本化」の考察に援用するためには，2点ほど追加的な視角を用意しておかなければならない．まず第 1 点は，財が市場で取引されるための基盤（制度・技術などの社会的条件）を「資源の層」以外の領域，例えば市場そのものの成立基盤にも拡張することである．そしてもう 1 点は，誰がどのように資源を財に転換するのかという問いに加えて，誰がどのように財が市場で取引されるための技術的・制度的な条件をつくるのか，それらの担い手と方法について問うことである．

このような追加的な視角が必要なのは，自然の「資本化」によってできる「市場」は誰か（しばしば政府や国際機関）によって意図的にデザインされた「市場」であり，かつ彼ら自身が市場取引の重要なプレイヤーにもなりうるという点において，自生的に成立する市場とは異なるからである．市場という「見えざる手」を制度デザインという「見える手」によってつくりあげる必要がある以上，その担い手と方法が，資源を財に転換する力を含めたこの「市場」自体のゆくえに決定的な影響を与える可能性がある．

よって以下では，自然の「資本化」には自然を資本や商品に転換し，さらにはそれらを市場あるいは非市場で円滑に取引するための技術的・制度的な基盤が必要だと想定する．そして，そのために必要な諸々の技術的・制度的な準備作業を基盤整備と呼ぶことにする．ベトナムの PFES とカンボジアの REDD プラスの例から，誰がどのような基盤をどのように整備しているのかをみていこう．

8.2.1　ベトナムの PFES における基盤整備

A.　ベトナム版 PES としての PFES

上述した通り，ベトナムでは，PFES（payment for forest environmental services，森林環境サービスへの支払）と呼ばれる PES の制度が全国的に導入されている．この政策は，森林が提供する「森林環境サービス（forest environmental services：以下 FES）」の利用者が，サービスを提供する森林の管理者に対してその成果に応じた支払を直接的・間接的に行うことで，森林保全と森林地域の住民の生活改善を達成することを目的としている．

ここで利用者とは，具体的にはダム事業者，水道会社，旅行代理店，そしてこれらの最終消費者などを指す．このうち，契約数の 7 割弱，支払額の 9 割

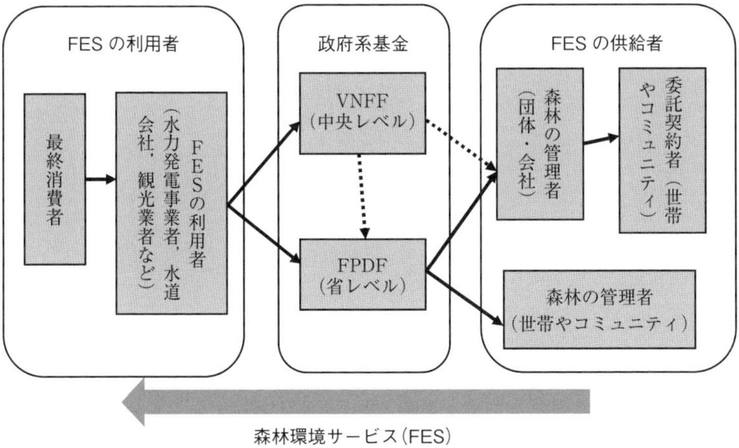

図8.2　PFESにおける支払と森林環境サービス（FES）の流れ
実線矢印は主要な支払の流れ，点線矢印は主要でない支払の流れを指す．また，下のグレーの矢印は森林環境サービス（FES）の流れである．Ubukata & Hoang (2020) Figure 5.1を修正．

強がダム事業者によるものである．ただし，究極的には最終的な利用者は，各種サービスの最終消費者である一般の国民である．また，森林の管理者とは，その森林の利用・管理権が認められている者を指し，具体的には森林管理評議会（Forest Management Board：FMB）[6]，林業会社，森林地域に居住する住民やそのグループなどを指す．なお，正式な管理者がFMBのような団体である場合でも，団体が地域住民と管理の委託契約を結ぶことで，間接的に地域住民が支払を受けることも可能である（図8.2の右上の矢印）．PFESの前身は，2008年に南部ラムドン省と北部ソンラ省の2省で実施されたパイロット事業である．この事業の成果を受けて，2010年に政令99の制定を経て全国的に導入された．2014年までに，すでに全国で1億6,200万米ドルの資金が，この制度を通じて森林管理者に支払われており，違法伐採などの森林関連犯罪が減少したという成果が報告されている（VFDP, n.d.）．

6)　保護林（protection forest）や特別利用林（special-use forest）を管轄する政府系組織の1つ．もともと国営の林業会社（state forest enterprise）であったが，その一部が1990年代の改革で森林管理主体の組織に改変された．

B. 基盤整備で重要なこと

すでにふれたように，このような支払の流れを作るためには，さまざまな技術的・制度的な基盤整備が必要となる．de Soto（2000）は，スラムの住宅などを例に，法的にも経済的にもシステムの外にある「不生産的資本（dead capital）」を通常の資産として「資本化」することで貧困削減に貢献できるとし，そのためのプロセスとして①発見の戦略，②法的・政治的な戦略，そして③実施上の戦略の3段階を提示している[7]．ここでde Sotoが扱ったのはスラム住宅の例であるが，この考え方は私たちが今考察している自然の「資本化」にも援用できる．「所有者以外には見えていない資産を固定（規格化）して見えるようにし，公の制度の下に安定的に位置づけることで財の余剰価値を生み出す（佐藤，2016：108–109）」可能性を解き放つという点では共通しているからである．このプロセスに関連して，PFESの場合，特に以下の作業がとりわけ重要だと考えられる．

第1点は，森林が社会にもたらす多様な便益のうち，何を価値化し「商品」とみなすのかに関係している．すなわち，支払の根拠であり，取引される「商品」であるFES自体を定義することである．木材のようなモノや，人間が提供する各種サービスは，取引される対象が誰の目にも明らかである．しかし，FESは森林という自然が供給するとされる想定上のサービスであるため，そもそも対象自体があいまいで，人間側の意味づけに大きく依存している．また，このようなサービスには，先に述べたように受益者が多数で排除しにくいという正の外部性が存在する．よって，できる限り明確に取引される対象（および取引に関わる人間）を定義しない限り，取引は成立しにくい．

第2点は，「商品（フロー）」や「資産（ストック）」の質と量およびその関係に関連する．すなわち，FESの相対的な価値を評価し，特定の森林と関連付けることである．これは，何が（あるいはどの森林が）どの程度のFESを生み出しているのかを決めることで，フローの量とストックとの関係を明確にするということである．具体的には，森林の質や立地とサービス供給との関係や，質自体の評価といった作業が挙げられる．この作業を行わないと，FES

7）ここでは基盤整備に焦点を絞るため，4段階目の「商業上の戦略」を除外している．

の価値（あるいは価格）という取引に必須の情報を得ることができないと同時に，FES の発生場所である「資産」を特定し，支払われるべき人間にまでサービスの連鎖をさかのぼること自体ができなくなる．

第 3 点は，「商品」の「生産者」と「消費者」に関連する．すなわち，FES の利用者や供給者を特定し，森林領域と結びつけることである．FES を直接生み出すとされるのは森林という自然であり，人間ではない．一方で，支払を受けるのは人間であり，自然ではない．よって，森林と人間との関係を明確することで，この「ねじれ」を解消しなければならない．そのためには，サービスが提供される元となる森林の管理者（供給者）が確定していることが前提条件となる．また，サービスがどのように下流の利用者へともたらされるのか，その利用者から供給者がどのように支払を配分されるのかを明確にしなければならない．この作業を行うことで，はじめて FES の流れがモノ（資産）から人につながり，サービスの鎖が完成する．すなわち，一方では FES を生み出す森林の管理者に行きつくことになり，他方では利用者・消費者に行きつくことになる．

最後に第 4 点は，取引を持続化させることに関係する．すなわち，支払と FES の流れ全体をモニタリングする仕組みを構築することである．PFES は PES である性格上，支払は「成果に基づく支払（result-based payment）」の原則に基づいている．つまり，「商品」である FES の供給を前提とした，あるいはその「供給量」に応じた支払ということになる．よって，FES の支払が長期にわたって行われるためには，利用者が確かにサービスを享受していると実感することが不可欠である．そのためには，定期的に FES の状況を点検し，支払に見合う価値の FES が供給されうる状態にあるのかを確認し続けなければならない．

以上より，一連の 4 つの作業は，自然を「資本化」するという抽象的な枠組みに照らすと，それぞれ①特定の自然を「資本」として見出す作業，②サービス供給との関連から対象となる自然を価値づけ，規格化・可視化する作業，③それらと森林の管理者，サービスの利用者との関係をつなげることで，サービスの鎖を完成させる作業，そして最後に④支払取引の持続性を担保するための作業という 4 段階のプロセスとして位置づけることができる．つまりこの場合，森林を「資本化」するということは，それまで私たちが漫然としか認識していなかった財やサービスとその流れや発生源に対して，取引可能な形で意味と価値を付加し，取引の地理的な範囲・権利・義務などを可視化し固定（規格化）していくことに他ならない．そのための作業が基盤整備だということになる．

C．PFESにおける基盤整備

では，このようなPFESの基盤整備は，実際には誰がどのように関わり実施されているのだろうか．まず，第1点の自然を資本として見出す作業に関しては，国家レベルの政策策定者の役割が非常に重要になってくる．公式には，ここで「商品」となるFESは「社会や人々の生活へのニーズを満たすために提供される森林環境からの使用価値」と定義されており，具体的に土壌保全，水源涵養，炭素隔離，景観保全など5種類のサービスが明記されている（VFDP, n.d.），この定義は，一見当たり障りのない定義に読める．しかし，これが具体的にどのように肉付けされるか，すなわち，これが運用される際にどのように用いられるかが重要である．FESは森林という自然が供給するサービスではあるが，同時に人間活動なしには認識されないという側面も持っており，まさに人間と自然によって共創されるハイブリッドな存在であるからである．

現在の制度では，FESは明確な利用者──多くはダムをもつ水力発電事業者──がいて初めて価値のある「商品」として認識される．現在ベトナムでは電力開発に伴う環境破壊や強制移住が指摘されているが（Ty *et al.*, 2003；Singer *et al.*, 2014），事業者が多いほうがFESの供給量も多くなり資金が集まるため，PFESはこの問題に目をつむるどころか，むしろ電力開発に好意的になりかねない．FESは，政策策定者によって，政府の経済開発の大方針とは矛盾しないように定義されているのである．

次に，第2点（自然やサービスを価値づけ，リスト化する作業）と第3点（利用者や供給者を特定し森林領域と結びつけ，サービスの鎖を完成させる作業）をみていこう．これらに関しては，制度を具体的に運用していく省レベルの作業が決定的に重要である．一般に，各省におけるPFES導入までの経緯は，①FESの利用者である事業者の特定と対象流域の特定・マッピング，②森林

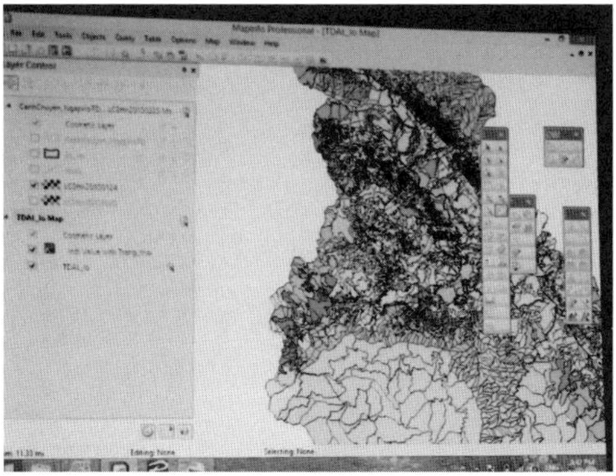

図 8.3　GIS を用いた森林情報の統合と森林の質による分類
筆者撮影．→口絵 4

の管理者およびその領域の特定・マッピング[8]，③書類手続きと契約，④支払額の管理者への通知という一連の過程を辿る（VFDP, n.d.）．そして，これらの基盤形成業務を推進するとともに，各省における PFES 関連資金の流れを仲介する組織として，森林保護開発基金（forest protection and development fund：以下 FPDF）が各省に設置されている．この基金が省内の基盤整備に大きな役割を果たしているのである．

なお，①と②に関連する技術的なことに関しては，FPDF は GIS 技術者を抱えるコンサルタント機関に外注することが多い．技術者は，地形，森林植生，森林の行政上の分類，所有者に関する既存のデジタルマップ（各関連政府機関が調査しそれぞれデータを保有している）を修正しつつ統合し，森林インベントリやベースラインマップを作成することで，FES に関連する森林と人間を特定し，森林の質と量を評価し，価値の連鎖としてつなげていく（図 8.3）．FPDF は，作成されたベースラインマップとインベントリ情報を支払の根拠として用い，その情報を随時更新していくことで，毎年の支払を継続して行っている．

このような作業の結果として構築される支払の管理者への分配を，水力発電

8）　ベトナム国内の土地はすべて国有であるが，ドイモイ政策以降，長期利用権（販売や抵当も可能なので，事実上の「所有権」として扱われている）の発行がなされており，森林に関しても土地森林分配（forest land allocation：FLA，第 4 章参照）によって個人や組織への分配が行われてきている．

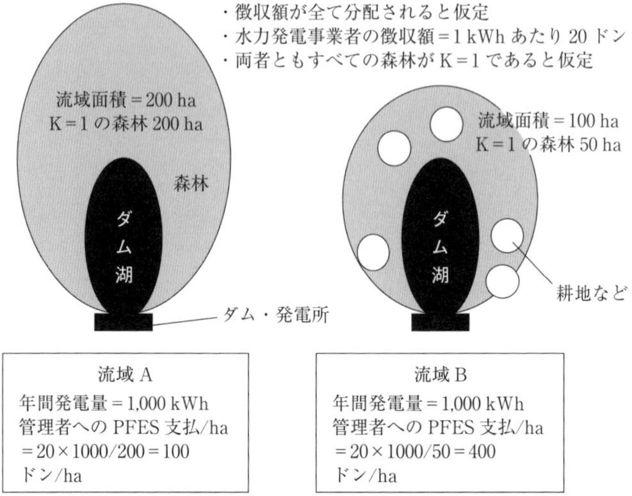

図 8.4　PFES における支払額の算定原理の概略
数値は仮定で，徴収額は改定される 2017 年以前のもの．流域 B の面積は流域 A の半分であり，森林率も半分であるという違い以外は同じ条件にしてある．この例では，1ha あたりの PFES の支払は，流域 B で流域 A の 4 倍になっている．現地調査と資料より作成．

を例に模式的に表したものが図 8.4 である．水力発電の場合，支払は基本的に流域単位で行われる．発電事業者からは発電量に応じて一定額が徴収され，それらが流域に存在する森林の管理者へと分配される．このため，流域内の発電量が多く，流域内の森林面積が少ないほど，一般的に管理者の受け取る支払額は大きいことになる．また，森林の質や立地に関しては，K coefficient と呼ばれる係数を定めることができ，その係数を用いて按分することになっている．

最後に，第 4 点（支払取引の持続性を担保するための作業）に関しては，資金の流れと森林の状態の双方をモニタリングする必要がある．じつは，調査を行った 2016 年時点で，政府による関連規定には，具体的なモニタリングシステムに関する規定は存在していない．このため，各省が必要に応じてモニタリングを自主的に実施している．例えばある省では，FMB が毎年提出する報告書に基づき，省レベルの第三者委員会がその妥当性をチェックしている．また，FMB が管理区域内の住民と委託契約を結んでいる場合（図 8.2 の右上の矢印），FMB は FPDF から支払われた全額（委託分）の 9 割以上を委託契約者に支払う義務があるため，FPDF はこの根拠に基づいて委託契約者への支払分の妥当性をチェックしている．しかし，委託契約者個々への森林のモニタリングと支払はFMBの責任で行われており，FESの流れを統括するFPDFがモニタリングする義務はない．FMBによる委託契約をモニタリングする責任者は誰もおらず，制度上苦情（グリバンス）を受け付ける正規の窓口もないので，現状では委託契約者である住民にとっては著しく立場が弱いシステムとなっている．

D. 基盤整備の「成果」と実施現場

以上のような作業によって，森林と社会との関係の総体，すなわちハイブリッドのかたちがどのように変わる可能性があるのだろうか．基盤整備の特徴や，その結果として構築されたPFESの制度デザインから考えてみよう．

第一の特徴は，これら4つの作業のほとんどが，政策策定者やFPDFなど，中央および地方の政府機関（と彼らによる外注）によってなされていることである．そのため，FESや森林の質など，彼らが一連のプロセスで用いるさまざまな概念の定義や基準は，国家の法体系や方針と矛盾しない形で適用される．また，支払を受けるFESの供給者のうち，FMBなどの政府系森林管理機関は，政府によって提供される概念の定義や基準に基づいて森林管理を強化することができる．その一方で，FESの最終的な供給者とみなされる森林地域に暮らす住民は，基盤整備の作業に積極的に関わることが難しい．ほとんどの対象住民は，FPDFの担当者に言われるがままに森林インベントリの調査に協力し，支払額を知らないままに支払契約にサイン（契約を拒否することで得られるメリットはほぼない）し，のちに一方的に通知された支払を受け取る，というように，極めて受動的に関与するだけである．

じつは，先述したような支払の仕組みから，住民が受け取る支払は流域単位で大きく異なり，場合によっては単位面積当たりで10倍くらいの開きがある．支払額の低いところは，森林保全によって制限される経済活動への補償どころか，住民による森林の見回り費用さえ満足に支払われていないところが多い．ゆえに，住民の間では，支払が不公平であるという不満を抱えやすいのだが，彼らの多くは「政府のやることだから…」とあきらめるしかない．同様なことが，FESの利用者である電力事業者についてもいえる．彼らには，実質的に契約を拒否する手立てはないため，政府の方針通りに資金をFPDFに供給するしか選択肢はない．

第二の特徴は，作業によって，植生区分，所有管理区分，土地森林分配などに関する，これまで政府内に分散していた関連情報がインベントリや地図として視覚化・規格化されつつ統合され，さらにはそれに森林の質（例えば植生の状態や炭素蓄積など）に関する情報も追加されたことである．これによって，従来の領域化による統治（第4章と第5章を参照）に必要な二次元空間の情報（すなわち森林であるかどうかを判別する情報）が多次元化し，単に森林領域であるかどうかだけでなく，森林の質とその変化に関する情報を統治政策に反映させることができるようになった．

このようなインベントリの構築に大きな役割を果たしたのが，GIS や衛星画像という技術的なツールとそれを扱う技術者（FPDF スタッフやコンサルタント）である．リモートセンシングにより上空から俯瞰し視覚化・規格化する情報や技術，そしてそれを可能にする技術者が重要視されるようになったのである．一方で，相対的に現場の情報が軽視されてきており，モニタリングや苦情受付に関する不備がそれに拍車をかけている．実際に，支払の執行プロセスで，上記のような作業でつくられたデジタルマップが無条件に「真」とみなされるようになり，現場の役人や住民が話す内容は「偽」として退けられるような事態も現れている[9]．外部から読みにくい現場の情報や意見よりも，「科学的」で読みやすく（legible）整理されたデジタルデータが優先される傾向が強まってきているといえよう．さらに重要なことは，これらに用いる規格の基準を決めるのは政府当局だということである．この規格やそもそものサービスの意味付けや対象を操作する力が政府機関（特に FPDF）に与えられているのである（Ubukata & Hoang, 2020）．

第三の特徴は，作業によって構築された複雑な制度を現場が理解する難しさである．例として，FES の供給量と支払額との関係を挙げよう．制度の趣旨を考えれば，FES の供給量に最も影響を与えるべき要因は，FES の発生源である森林の質と量ということになるだろう．しかし，すでに述べたように，実際の FES 供給者への支払額の算定には，森林の質と量だけでなく，流域内の

9）筆者（生方史数）の聞き取り調査より．

森林面積，ダムの発電量，森林からの距離といったさまざまな変数が関わってくる．したがって，いくら現場で森林保全がうまくいったとしても，他の要因が変わってしまえば，支払額も変わってしまい，ときに下落する可能性もあるのである．さらには上述したような「操作」を駆使した行政による突然の方針転換が，支払に影響を与えることもしばしばである．これらが現場で全く理解されていないことから，支払額の変動を誰も説明することができず，現場で混乱や誤解が生じている[10]．

こうしてみると，以上のような基盤整備の結果，総じて現場から離れた地域にいるアクターの力が強まっていることがよくわかる．先述した「転換力」のアナロジーを用いれば，自然から資源を見出し，それらを財に転換する機会と能力を獲得したのは多くの場合 FMB などの政府系森林管理機関であったし，そもそも PFES の取引の仕組みを形成したのも FPDF を中心とした政府系アクターであった．一方で，現場の意見や情報は重視されず，制度への理解も行き届かず，モニタリングも現場への説明も不十分であるため，住民や企業は受動的にしか関与することができていない．

このような状況から，そもそも PFES を PES の当初の理念である準市場アプローチとして考えること自体の妥当性も疑わしくなってくる．マクミラン (2007) は，市場が成立するための条件として，①競争が促進されていること，②情報が円滑に流れること，③財産権が保護されていること，④人々が約束を守ると信頼して差し支えないこと，⑤第三者に対する副次的影響が抑えられていることの 5 つを挙げている．PFES の実態は，このうち少なくとも①と②を全く満たしていない．よって，成果に基づく支払を行う意図はあるものの，この制度はいわば「市場」の名を借りた実質的な税制度であるといえる．PES の当初の理念が自主的・分権的な市場制度の構築であり，PFES もそのレトリックを使用しているにもかかわらず，実質的には新たな税の徴収および補助金の交付とほとんど変わらないのである．

もちろん，頭ごなしにこれがよくないと言っているわけではない．国民の合

10)　筆者（生方史数）の聞き取り調査より．なお，2017 年から，政令 147 によって PFES の法令が改定された．利用者からの徴収額を上げるとともに最低価格の保証がなされ，流域間の支払の格差を是正するために各省が措置をとることが義務付けられた．

意という行政上正当な手続きを経ていれば（もっとも，この点は精査が必要だが），政府が新たな「環境税」を徴収すること自体には何の問題もないし，PFESの第一の目的が森林保全である以上，森林関連犯罪の抑止という成果はポジティブにとらえてよいだろう．しかし，第７章で述べた，環境政策が社会のあり方にもたらす影響を鑑みれば，それとは別の見方が可能である．すなわち，ここでいう森林保全はあくまで国有財産としての森林保全なのであって，そのための「資本化」だということができる．地域住民の生活向上や公平性の確保といった社会経済的な要素は，そこでは付随的にしか考慮されない．さらにいえば，国家が森林地域を二次元空間として領域化して統治するというアプローチの深化をPFESにみることができる．従来のデータを一元的に統合するだけでなく，森林の質にまで踏み込んで評価したデータを蓄積することで，政府は平面的な領域ではなく，立体的な三次元（あるいは多次元）情報によって，政策上の包摂と排除を行うことができるようになったのである[11)]．このような性格を持つPFESを，森林保全や「市場アプローチ」の名のもとに，新税を創設する際に経るべき議論を迂回して導入することには問題があるといわねばならないだろう．

ただ，少なくとも現在のところは，このような国家の能力はいまだ潜在的なものにとどまっており，制度が運用される現場の末端において，先に触れたようなさまざまな矛盾や混乱を生んでいることも強調しておきたい．なかにはPFESの導入をきっかけに，住民がおかれている不公平な現状を改善するためにFPDFや省政府と交渉しようとする地域も出てきている（Ubukata & Hoang, 2020）．このような混乱の少なくとも一部は，PFESにおける制度デザインの欠陥や技術的な未熟さからきている[12)]．これらが制度や技術の改善によって解消される一時的なものなのか，それともこのハイブリッドが完璧ではあ

11）　多くの地域では，肝心の支払額が森林や住民生活の趨勢にそれほど影響を与えてはいないため，このような懸念は現在のところ少し大げさである．しかし，ベトナム政府はこのデータベースを後述のREDDプラスにも部分的に応用することを検討している．今後の状況次第では，このような統治手法が森林と住民社会に大きな影響を及ぼしていくかもしれない．

12）　例えば，支払の判定に使用される衛星画像は入手が容易なLANDSATであるため，解像度が低く誤判定をする可能性が否定できない．また，図8.4のような支払の仕組みは，すでに述べたように支払の多寡に影響を与える変数が多くわかりにくいだけでなく，流域間の支払格差をさらに拡大してしまう恐れがある．

りえないことに由来する不可避なものなのか，今後注視していく必要があろう．

以上でみたように，環境サービスや自然資本を意図的に創り出すPESにおいては，その技術や制度デザイン，そしてそれらを配置する基盤整備が，どのようなハイブリッドがつくられるかに際して決定的に重要である．これは，いいかえれば，PESというグローバル社会で認知されている手法を実際にどのように導入するのかは，各国や地域のステークホルダーの意向にかかっているということである．PFESの場合は，結果としてベトナムの国家体制と整合性を保たせるという意味での現地化（ベトナム化）がなされたといえるだろう．PESの政策的効果をグローバルに検証した研究のなかには，現時点で支払対象地域の住民にとって深刻な不利益はないと結論づけているものもある（Angelsen *et al.*, 2018）．しかし，この結論でPESによる社会的な影響に問題点がないと結論づけるのは早計である．上記のような各国で異なった形で行われる基盤整備の影響は，支払額の増大や森林破壊の減少といった単純な数値には反映されにくいからである．基盤整備やハイブリッドの点からみれば，より長期的でシステムや統治の変化に関係する「成果」のほうが重要であろう．

もしかしたら，PFESがもたらしつつあるこのような「成果」の一部は，政府当局ですら意図しなかった「想定外」の結果なのかもしれない．森林と人間の意図的なハイブリッドのゆくえを考えるうえで，その隠れた意図や「意図せざる帰結」を考えることは，とても重要なことなのである．

8.2.2　REDDプラスにおける基盤整備

A.　REDDプラスの仕組み

PESと同様に，森林に新たな価値を見出し，「商品化」する制度として注目されていたスキームにREDDプラス（以下，REDD）がある．REDDで新たに見出された商品とは，「炭素」である．近年，地球温暖化が，地球環境問題の最重要課題となっているのは，周知の通りである．地球温暖化の要因となる温室効果ガスの大半を占めるのは二酸化炭素であるが，じつは森林は，石油・石炭・天然ガスなどの化石燃料に次いで大きな二酸化炭素の排出源となっている（Werf *et al.*, 2009）．森林を構成している樹木は光合成により二酸化炭素を吸収し，炭素を蓄積しながら成長をしている．森林が減少すると，樹木に蓄えられていた炭素が再び二酸化炭素として空気中に放出されてしまう．世界のなかで森林が大きく減少している地域が，途上国であることがわかっている(FAO, 2020)．そこで，途上国で起こっている森林減少や森林劣化をなるべく抑制し，さらに森林を維持したり面積を増加させることで二酸化炭素の排出を抑制しようというのがREDDの考え方である[13]．森林減少・劣化を抑制する努力を行うことで，何もしなかった場合より多くの炭素が蓄積されることになる．その炭素蓄積分が経済的なインセンティブとなり，この利益を享受するために途上国政府はREDDの事業を推進し，先進国の民間企業などがREDD事業に参入してくる．

REDDに関する仕組みづくりは，国際的なルールによって定められている[14]．国際的なルール作りの場として，国連気候変動枠組条約（UNFCCC）にさまざまな議論の場（作業部会・非公式会合等）が設置されているが，これには先進国と途上国を含めた条約締約国の政府が正式メンバーとして参加している．これに援助機関，国際機関，NGO，先住民族グループ等がオブザーバーとして参画する形でルール作りが進められている．ルールには，森林に蓄えられた炭素をモニタリングするためのシステム，REDD実施のための戦略の策定，実施した成果に応じた支払の実施，森林地域に居住する住民の権利など，技術的な項目だけではなく，制度的な項目，また権利にいたるまで各途上国が履行すべき項目についての大枠が定められている．ただし，詳細な仕組みづくりについては，当該国の主権の及ぶものであり，各国の判断に任せられている．

以降は国際的な議論のなかで各国や国際機関の動向を鑑みつつ，REDDの実施を国レベルとプロジェクトレベルで進めている東南アジアのカンボジアを対象に，南東部のセイマ保護地域で実施されているREDDプロジェクトの事例をみていく．

B. REDDにおける基盤整備：「商品」とみなす仕組み／森林の量と質

ここではREDDにおける基盤整備の重要な点を，先述した4段階のプロセスに依拠しながらみていこう．第一の点は，森林を価値化し「商品」とみなす

13） REDDのさらに詳しい概要については，本書の第4章や本シリーズ第13巻第4章（続刊）を参照のこと．
14） 詳細は本シリーズ第13巻第4章を参照されたい．

ための仕組みである．REDD とは，途上国の森林に蓄積された炭素に価値を見出し，その成果に経済的インセンティブを与える制度である．上記で述べた国連気候変動枠組条約（UNFCCC）で議論された REDD の実施が国際的に合意されており，成果に基づく支払による非市場アプローチが主と考えられているが，市場アプローチによる炭素の「商品化」も含まれることとなった[15)]．前述のとおり，この策定に公式に参画したのは途上国と先進国の政府であるが，実際にはそれだけではなく，さまざまな利害関係者の思惑と動きがあった．UNFCCC で REDD が議論されるきっかけとなったのは，パプアニューギニアとコスタリカからの提案であるが，これには金融に精通した交渉官による新たな制度の創出への試みがあった．また保護地域管理や生物多様性保全に関する資金が不足する中，森林保全のための新たなシステムとして REDD を活用しようと支援していた援助機関や NGO の存在もある．投資家なども，新たな利益を得るためのスキームが策定されるよう，ロビー活動を行っていた．また先進国のなかには，REDD による炭素を自国の排出削減量へと利用しようと画策している国や，途上国による気候変動緩和策への貢献手段と考えている国もあった．新たな金融商品の創設，熱帯林の保全，新たな排出削減枠の設置，森林地域に住む住民の権利の保全などさまざまな意思や想いがあったが，REDD を制度化しようとする方向性は一致しており，これが途上国の森林を「商品化」するための大きな原動力になった．

国レベルの制度化のプロセスとしては，途上国各国の森林・環境関連行政が，この国際ルールのもとで REDD の制度を構築することである．カンボジアでは，気候変動業務を担当する環境省気候変動局（DCC），保護地域業務を担当する環境省自然保護総局（GDANCP），そして保護地域以外の森林管理を担当する農林水産省森林局（FA）が主に管轄している．これら政府機関以外にも，世界銀行の森林炭素パートナーシップ（FCPF），FAO・UNDP・UNEP の国連3機関による UN-REDD や JICA など先進国の援助機関も支援を行いながら，政府は森林炭素モニタリングシステム，REDD の戦略策定，成果に応じた支払方式，セーフガードなど国レベルでの REDD の仕組みを策定している（図

15） パリ協定において，協力的アプローチ（第6条）として，先進国等との協力による REDD 実施も想定されるとしている．

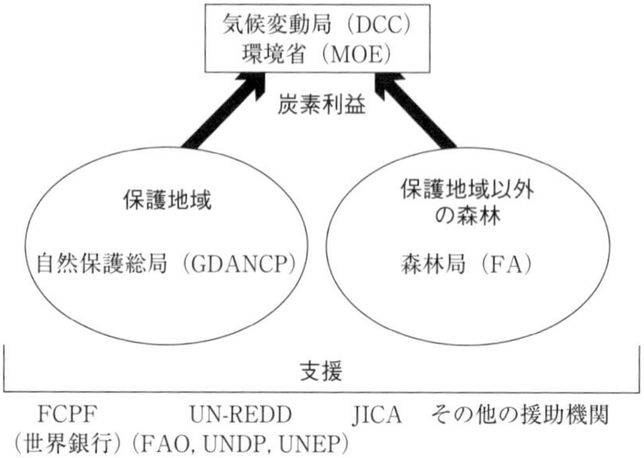

図 8.5　カンボジアにおける REDD に関与するアクター
筆者作成.

8.5).

UNFCCC の下で定められた REDD は，国レベルもしくは暫定的に省・州・県など準国レベルの森林を対象とし，政府策定の REDD 制度の下で森林からの炭素排出削減を実施することになるが，多くの途上国では REDD の制度構築までにまだかなりの期間を要する．そこで地理的スケールが限定され，集中的に活動を行うことができるプロジェクトレベルにおいて，REDD の試行が多くの途上国で実施されてきており，カンボジアでも REDD プロジェクトが実施されてきた．セイマ保護地域での REDD プロジェクトは，環境省自然保護総局（GDANCP）と援助機関の野生生物保護協会（WCS）が，セイマ保護地域にて違法伐採対策や先住民の権利確保などの活動を実施することでプロジェクトが運営されている．上述の通り，国レベルでの REDD の制度構築はまだされておらず，このプロジェクトでは，炭素の商品化において自主的な炭素の認証制度である Verified Carbon Standard (VCS)[16] のスキームが用いられている．セイマ保護地域で 10 年以上にわたって森林保全活動を主に行っている WCS は，従来は保護区の設定を含め生物多様性保全や希少種保護に関する活動を行ってきた．しかし近年，これらの活動資金が限られてきており，新たに

16）Verified Carbon Standard（VCS）とは，国連気候変動枠組条約（UNFCCC）の下で承認された炭素の売買ではなく，自主的な炭素市場（ボランタリーマーケット）において，排出炭素の削減や炭素吸収を行うプロジェクト，および削減・吸収された炭素をクレジットとして認証する制度．自主的炭素市場において最も取引量が多い．

REDD が注目されるにつれ，活動の目的を REDD に変更し，新たな資金確保を進めてきた．とはいえ，主な活動は生物多様性保全・希少種保護やそれに伴う先住民の権利の確保に，バイオマス計測，モニタリングなど森林炭素の VCS 審査に関わる項目が新たに追加されたことになる．

第二点は，REDD における商品の「量」と「質」についてである．炭素は PES とは異なり，「商品」にする上で定義上の問題は生じにくい．ただし，森林から排出される炭素の量と森林の「質」の変化を計測するシステムの構築が必要である．これは，森林に蓄積されている炭素量の変化を明らかにすることを意味する．これまで森林経営では，用材等生産のために森林資源調査が行われたり，研究者による森林の物質循環の解明のために森林バイオマス調査が行われたことはあったが，森林管理・経営の一環として詳細な森林バイオマス調査が取り組まれた経験は限られていた．森林バイオマスは幹，枝，茎，根など樹木のすべての部分に加えリター層（地面に落ちて堆積した葉や枝）も対象となり，当然のことながら自然物なので形質は一定ではない．しかも REDD では，この困難な取り組みを国レベルもしくは準国レベルという広大な面積で行う必要がある[17)]．森林全体を対象にしてこれらすべてを直接計測することは不可能なため，階層化された森林タイプごとの森林バイオマスを測定し，アロメトリー式や係数を用いて推計する．また，衛星画像などリモートセンシングの技術を活用することで，森林を面としてとらえ，どのタイプの森林がどれだけの面積にあるのか，また異なる期間の衛星画像を比較しどれだけの森林減少・劣化が起こっているかなどを明らかにすることとなる．

UNFCCC の国際合意では，「参照レベル」[18)]および「国家森林モニタリングシステム」[19)]の策定，そして「MRV（測定・報告・検証）」[20)]の確立といった方

17)　REDD を，1つの行政機関である国レベルで実施することはリーケージ（漏れ）を防ぐためにも理想的ではあるが，広大な面積で一斉に実施するのは困難である．そこで，UNFCCC で準国レベルでの実施が暫定的に認められることとなった．

18)　過去の森林減少／増加の変化をもとにした，森林からの炭素蓄積量の変化の推移の将来予測．

19)　国レベルの森林の変化量を科学的にモニタリングするシステムのこと．

20)　温室効果ガスの排出削減の実施状況を測定（Measurement）し，国際的に報告（Reporting）し，その削減状況を検証（Verification）する仕組み．REDD では，「計測」は森林面積・炭素蓄積量と REDD 活動の実施によるその変化を定量化すること，「報告」は IPCC ガイドラインの方法論に沿ったものとして報告すること，「検証」は推定精度のチェックを受けることである．

法論の策定方針が定められており，これらUNFCCCに基づく方法論に沿った形で，途上国ごとに炭素計測のための手法を策定することになる．いずれも専門的な知識や技術が必要であり，高度な機材を要することもあるため，途上国の森林官のみで対応することが困難であり，多くの場合は援助機関や関連コンサルタントの支援によって立案，策定されている．カンボジアの場合も，上述のFCPF，UN-REDDやJICAの支援を受けており，政府機関が主体的に策定をしているわけではない．しかし森林変化のトレンド（参照レベル）の設定方法によって，森林減少の予測は大きく異なる．すなわち，将来抑制できる炭素量の推定が大きく左右されることになる．このため，参照レベルの策定等において政府機関は強くコミットをし，最終的な確定はカンボジア政府機関が行うことになる．

プロジェクトレベルでは，プロジェクトの実施主体が蓄積炭素の計測・モニタリング手法を策定することとなる．セイマ保護地域の場合は，VCSで定められた方法論の中から現地の森林の実態に最も適した手法を選定し，その手法に従っている．そしてプロジェクトの実施主体が，その手法に則りフィールドやリモートセンシングで森林炭素量の変化を計測，検証している．プロジェクトレベルにおいても，当該国の森林官などが主体的に介在する余地は非常に限られており，実体としては援助機関のWCSやそのコンサルタントの支援によって立案されている．森林バイオマス測定の際，地域住民が労働力として参加することはあるが，主体性はほとんどない．

C. REDDにおける基盤整備：関与するアクター／REDDの持続性

第三点の「商品」の「生産者」や「消費者」といった主たるアクターであるが，REDDでは森林減少を抑制したアクターが「生産者」であり，その努力から削減された「炭素」を利用もしくは購入するアクターが「消費者」と言えよう（図8.6）．森林に所有権を持つアクターが，炭素の権利，すなわち生産者としての権利を持つ場合が多い．東南アジアのほとんどの国では，森林の所有権が国家にあるので，当該国の政府機関が「生産者」となる．また地域住民や先住民に慣習的な土地・森林の権利が認められている場合，炭素の権利の一部が住民に付与される．一方，主たる「消費者」も「国家」とみなすことができる．国連気候変動枠組条約では，自国が定めた国別貢献（NDC）に従い，

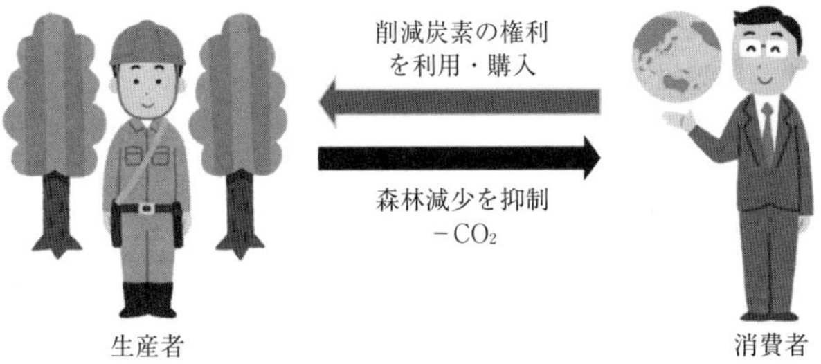

図 8.6　森林炭素の生産者と消費者との関係
筆者作成.

各途上国に温室効果ガス排出削減を実施する義務がある．このため，REDD 活動にて削減された炭素は，自国の削減目標のために用いることとなる．パリ協定によって，途上国にも温暖化対策をとる義務が課せられたため，従来の単なる「生産者」から「消費者」としての役割も持ち合わせることになったといえる．とはいえ，先進国に排出権を移転する道も，市場メカニズムとしていまだに残っている．

このようななか，途上国の REDD の排出削減量を先進国の削減量に利用する「国際移転」も検討されている．日本は二国間クレジット制度（JCM）というスキームを立ち上げ，民間資金を導入しているが，これは途上国の一定地域（プロジェクトレベル）の森林にて REDD 活動を支援し，得られた二酸化炭素排出削減量を日本の削減目標の達成に利用しようと考えているものである．

また，先進国等からの拠出金で運用されている FCPF の「炭素基金（Carbon Fund)」や途上国の温暖化対策を支援する「緑の炭素基金（GCF)」も，各途上国が REDD で行った削減成果に対して資金を支払うことができる．これらの基金は各基金団体の運営する理事会によって管理され，途上国等はこれら基金団体に REDD 事業を申請，承認，実施することで資金を獲得することになる．

また，森林炭素のスキームには，UNFCCC に則らないものもある．例えば，先述したカンボジアのセイマ保護地域での REDD プロジェクトによって達成された排出削減結果は，VCS のスキームを使っているため，正式な排出削減目標には利用できない．にもかかわらず自主的なスキームを利用しているのは，カンボジアで国レベルの REDD 制度が構築されておらず，暫定的かつ先行的にこのスキームでのREDDを実施しているのである．このため国レベルの制度構築後は，速やかにそのスキームに移行できるように考慮されている．このREDDプロジェクトは，炭素クレジットをすでに販売しているカンボジアでは数少ないプロジェクトであり，2016年には米国のウォルト・ディズニーが炭素クレジットを購入している．

一方プロジェクトの利益分配システムによると，利益は必要経費を除したのち，国に支払われる削減量，プロジェクト活動費，村落に分配される資金などに分けられる．利益分配システムは，各アクターにどれだけの成果が還元されるかを決めるものであり，非常に重要なポイントとなる．政府機関としては，できるだけ政府に資金を分配したいと考えている．一方WCSは，プロジェクトの持続性を担保するためにも，プロジェクト運営資金を確保したり，地域住民など参加するアクターを考慮した上で分配を決めたいという姿勢である．このREDDプロジェクトでは，REDD活動に地域住民の役割を積極的に認め，炭素からの利益を地域住民に「分配」をするシステムがとられている．これらせめぎあいのなかで，プロジェクトによって創出される利益の分配が決められたのである．

2018年，プロジェクトは対象20か村に対して森林保全による炭素の排出削減の結果に対する支払を試行的に行った（1か村あたり約1,100米ドル）．これらの対象村に対して，村に必要な公共サービスを検討してもらい，その結果，井戸，集会場，道路建設などが村から要請された．プロジェクト側は，分配額から提供できる公共サービスとして，事前に前述のものを提示していた．すなわち，提供されたサービスの内容は，プロジェクトサイドの一定の意向が働いたといえる．意思決定プロセスとしては，事前に村の幹部が必要と考えた公共サービスを挙げ，それを村の全体集会に諮る場合が多かった．このように実質的に村の幹部主導で決められていることもあり，村の集落の中心部に施設が集中する事例もあった．また，他の事業で設置された井戸から10 mも離れていないところで新たに井戸が設置された例もあった．逆に，やや離れた集落周囲には井戸がないままでその恩恵が届きにくいこともあった．限られたリソースで地域住民が公平に施設を使えるようにすることは困難が伴い，これらをどのように決めるかは，検討が必要であろう．

第四点は，取引を持続化させることである．これはREDDの流れ全体をモニタリング・継続する仕組みの構築である．国レベルの取り組みでは，カンボジアを含め多くの国でREDDの制度が構築中の段階であり，まだ未知数である．しかしながら，REDDが実施段階へと進むに連れ，しなければならない事項の多さやハードルの高さ，それに反比例してREDDからの便益が限定であることも明らかになりつつある（Rakatama *et al.*, 2017）．皮肉なことであるが，REDDに関する議論の醸成化のプロセスは，REDD実施の困難さを浮き彫りしていくプロセスでもあったといえる．このような過程の中，REDDにおける炭素の「商品」としての位置づけも大きく変わり，成果に基づく支払は非市場アプローチが主流となりつつある（Andersen *et al.*, 2017）．

プロジェクトレベルで見ると，例えばカンボジアのセイマ保護地域の場合，プロジェクトを継続していくために考えられるいくつかのポイントがある．まず，事業が円滑にできる体制が維持し続けることである．プロジェクトは，公式上は環境省の自然保護総局主導となっているが，実質的には援助機関のWCSの支援に支えられているところが大きい．WCSがプロジェクトから離れた後も，この事業が継続的に進めていけるだけの人員配置やリソースの確保を含め運営体制が構築できるかがポイントとなろう．また体制とも関連するが，事業を継続していくための資金も必要となる．この資金については，まさにREDDプロジェクトで得られる炭素の利益の一部を運営資金として分配し続けていることが重要であろう．すなわち，プロジェクトが炭素利益を生み続けることが2つ目に重要なことであろう．また3つ目としては，関連するアクターの協力関係である．現地で活動する自然保護総局の職員，現地の地域住民，また周辺で土地利用を検討している投資家など，プロジェクトサイトでのアクター間の協力や交渉が明確にできる状態を保つことが必要となるであろう．またREDDは過渡期であるため，制度やスキームが変わっていることも考えられる．その変化や動きにどのように対応していくかということも，REDDプロジェクトに問われることになろう．国レベルのREDD制度が構築されれば，このプロジェクトも「非公式なREDDプロジェクト」から「公式なREDD事業の一部」へと移行する必要がある．これにはVCSスキームから国レベルのスキームへの移行も含まれる．これら移行措置が円滑に進められるかどうかという点が，今後のREDDプロジェクトの持続性にかかっている．

おわりに

本章では，経済的アプローチ，なかでも森林を資源としてではなく自然資本として扱うことで，森林環境を評価し保全につなげていくという方策を扱った．以上で述べた通り，この森林の「資本化」ともいうべき扱いは，社会や経済が森林への関わり方を変えていく，すなわち新たな森林と人間のハイブリッドをつくりだす試みの1つとしてとらえることができる．よって，この試みには，単に見方・関わり方を変えるだけでなく，それを制度として実体化させるための準備，すなわち基盤整備が必須である．

本章で紹介したベトナムのPESとカンボジアのREDDの例は，この基盤整備作業がどのようなハイブリッドをつくりだそうとしているのかを考える上で参考になる．両者に共通するのは，国家や国際機関，NGOや企業など，現場から離れたところにいるアクターの関与が強まっていることである．これは，地球環境問題の認知によって，環境サービス，生物多様性，炭素ストックといった森林が果たすグローバルな役割に関する価値が高まってきていることが原因だと考えられる．加えて，政府機関が取引の制度基盤を作り出すオーガナイザーであると同時に，その制度下で実際に取引を行うプレイヤーにもなっているという制度そのものの特質にも由来するかもしれない．

また，このような価値のシフトの技術的な反映として，従来の「平面的」な森林領域の情報に炭素蓄積などの森林の質に関する規格化された情報が追加されており，その結果「立体的」に森林が評価されてきていることも興味深い．これは，もともとFESや炭素の「商品化」あるいは成果に基づく支払に不可欠な技術的要素であった．しかし，これによって，国家は結果的に，従来の領域化による森林領域の平面的な統治を，三次元空間を監視する統治へと深化させる可能性を手にしたといえる（第4章も参照）．なお，このようなデータベースの整備は，衛星画像とGIS，そしてそれらを扱う技術者なしにはなしえなかったことであり，特定の技術や技術者，さらには技術援助への依存が高まったともいえる．このように，グローバルな環境価値に基づく森林の「資本化」

によって，一部の国家は森林への関与を強め，高度な規格化のもとで遠隔地からの操作を可能にするものへと統治の技法を変化させてきた．特にPFESの場合，政府の森林管理能力の向上こそが，ベトナム政府がPESを導入する重要な目的だったと考えてもよいかもしれない．

一方，グローバル・アクターの関与や国家の監視が強まるなかで，森林管理における現場の声や情報（例えば地域住民や末端の役人の意向など）の扱いに関しては，現状では相対的に矮小化され力が弱まってしまうことが危惧される．もともと権威主義的な政府のもとでトップダウンの政策実施が重視されているベトナムの例が，その典型であろう．また，森林のグローバルな価値が明確に位置付けられ，GISなどの科学技術によって可視化されるなかで，森林にまつわる文化や在来知といったみえにくいローカルな価値が軽視され，住民の行動が人工衛星によってグローバルや国家的な価値の下に逐一監視される社会が出現する可能性も否定できない[21)]．ベトナムの例では，実施段階において，これらに由来するさまざまな混乱が，現場ですでに現れている．

ただし，カンボジアのREDDプロジェクトが住民への利益分配やその使途に関する意向を比較的取り込もうとしていることにみられるように，必ずしもベトナムの例が一般化できるわけではない．PESと類似の取り組みでも，この点ではかなりの多様性がみられる．例えば，FSCなどの国際資源管理認証は民間による自主的な取り組みであるため，基盤整備における国家の関与がほとんどない．そのかわり，国際組織である認証機関や審査を担当する認証審査機関の役割が強まる．いずれにせよ言えることは，環境サービスや炭素を「商品化」し，自然資本を意図的に創り出すとき，技術や制度デザイン，そしてそれらをひっくるめた基盤整備が，どのようなハイブリッドをつくりだすかを決めていくということである．よって，状況次第では，グローバル・アクターの関与が現場の声を重視することにつながることもあるかもしれない．したがって，より重要なことは，どのような場合に現場の声が反映できるような制度デザインや技術的な選択肢を構築できるかということである．そしてそれは，カンボジアの例にもあるように，アクター間のせめぎあい，すなわち「政治」に

21）森林のガバナンスと在来知の関係に関しては，本シリーズ第12巻に詳しい（蛯原ほか，2019）．

よって左右されるだろう．

森林を資本にする試みは，部分的ではあるが現在世界各地で実施されつつあり，今後森林管理手法の主軸の 1 つになっていく可能性を秘めている．気候変動に関する政府間パネル（IPCC）の議論を主導したスターン・レビューでは，「森林保全は安価で実施しやすい」とされ，経済・金融を用いたアプローチは大いに受け入れられた（Stern，2007）．しかし，REDD に典型的にみられるように，世界各地で制度導入のための基盤整備が進展するに伴い，これらの試みは予想外の困難に直面していることが明らかになっている．基盤整備の前提となる森林に対する権利が不明確で，土地紛争が起こっているような地域はいまだ残されているし，そのような地域で権利を確定するには長い時間がかかるだろう[22)]．技術的にも，GIS による森林の判別は精度にまだまだ改善の余地があるため，現場の情報を軽視するのは乱暴すぎると言わざるをえない．そもそも，ベトナムの PES であれカンボジアの REDD であれ，このようにしてつくられた市場・非市場の取引が，森林を保全するために十分な経済的インセンティブをつくりだしてはいない[23)]．

以上のような課題は制度や技術の改善と十分な基盤整備への投資によって解消される一時的なものなのだろうか，それともこのタイプのハイブリッドが完璧ではありえないことに由来する不可避なものなのだろうか．その答えは今のところまだ出ない．いずれにせよ，自然を「資本化」するということは，以上のような課題や矛盾を乗りこえていくという大きな挑戦をはらんでいることは間違いない．今後の動向に注視していきたいところである．

引用文献

Angelsen, A., Brockhaus, M. *et al.* (2017) Learning from REDD+: A Response to Fletcher *et al. Conserv. Biol.,* **31**, 718–720.

Angelsen, A. Martius, C. *et al.* (2018) *Transforming REDD+: Lessons and New Directions,* pp. 278, Center for International Forestry Research.

---

22) さらにいえば，権利を明確にしないほうが森林と社会がよい関係を保てる場合もあるかもしれない．

23) PFES における FES 供給者への支払は，機会費用に比べ総じて安すぎるという指摘があり，それが 2017 年の徴収額改定につながっている．また，世界の炭素市場を牽引してきた EU の景気が 2009 年に低迷して以降，炭素の市場価格は全般的に低迷を続けてきた．

Castree, N. (2003) Commodifying What Nature? *Prog. Hum. Geogr.*, **27**, 273–297.

デイリー, G. C.・エリソン，C. (2010) 生態系サービスという挑戦――市場を使って自然を守る（藤岡伸子・谷口義則・宗宮弘明 訳），pp. 369，名古屋大学出版会.

デイリー，H. E.・ファーレイ，J. (2014) エコロジー経済学――原理と応用（佐藤正弘 訳），pp. 470，NTT 出版.

de Soto, H. (2000) *The Mystery of Capital: Why Capitalism Triumphs in the West and Fails Everywhere Else*, pp. 275, Basic Books.

ドライゼク，J. S. (2007) 地球の政治学――環境をめぐる諸言説（丸山正次 訳），pp. 307，風行社.

蛯原一平ほか 編 (2019) 森林と文化――森とともに生きる民俗知のゆくえ，pp. 306，共立出版.

FAO (2020). Global Forest Resources Assessment 2020: Main report, Rome.

藤井良広 (2013) 環境金融論――持続可能な社会と経済のためのアプローチ，pp. 359，青土社.

市川昌広ほか 編 (2010) 熱帯アジアの人々と森林管理制度――現場からのガバナンス論，pp. 278，人文書院.

McCarthy, J. & Prudham, S. (2004) Neoliberal Nature and the Nature of Neoliberalism. *Geoforum*, **35**, 275–283.

マクミラン，J. (2007) 市場を創る――バザールからネット取引まで（瀧澤弘和・木村友二 訳），pp. 378，NTT 出版.

Rakatama, A., Pandit, R. *et al.* (2017) The Costs and Benefits of REDD+: A Review of the Literature. *For. Policy Econ.*, **75**, 103–111.

佐藤 仁 (2016) 野蛮から生存への開発論――越境する援助のデザイン，pp. 310，ミネルヴァ書房.

Singer, J., Ty, P. H. *et al.* (2014) Broadening Stakeholder Participation to Improve Outcomes for Dam-forced Resettlement in Vietnam. *Water Resources and Rural Development*, **4**, 85–103.

Stern, N. (2007) *The Economics of Climate Change: The Stern Review*, pp. 712, Cambridge University Press.

Ty, P. H., Van Westen, A. *et al.* (2003) Compensation and Resettlement Policies after Compulsory Land Acquisition for Hydropower Development in Vietnam: Policy and Practice. *Land*, **2**, 678–704.

Vietnam Forests and Deltas Program (VFDP) (n.d.) Report on Three Years of Implementation of Policy on Payment for Forest Environmental Services in Vietnam (2011–2014), pp. 148, Vietnam Forests and Deltas Program.

Ubukata, F. & Hoang, T. Q. (2020) Local Struggles for the Coproduction of Natural Capital: Payment for Forest Environmental Services in Central Vietnam. In: *Social Movements Contesting Natural Resource Development* (ed. Devlin, J.), pp. 83–97, Routledge.

van der Werf, G. R., Morton, D. C. *et al.* (2009) CO_2 Emissions from Forest Loss. *Nat. Geosci.*, **2**, 737–738.

Wunder, S. (2005) *Payments for Environmental Services: Some Nuts and Bolts*, pp. 24, Center for International Forestry Research.

コラム 2

森と里山の価値が失われる

原発事故と森林

満田夏花

多岐にわたる被害

東京電力福島第一原発事故は，福島県をはじめとし，東北から北関東の森林や林業のみならず，山間部において，いままで長い時間をかけてつくられてきた森林・里山と人々との暮らしに大きな影響を与えた．

被害は多岐にわたり，その分類は難しいが，① 森林生態系の汚染，② 森林から産出される木材やきのこ・山菜の汚染，③ 産業への被害，④ 里山経済への影響，⑤ 里山の暮らしへの影響——などが考えられる．2011 年当初，樹木の枝や葉，樹皮，落葉層に付着していた放射性セシウムは，その後減少し，土壌の比較的浅い部分に移行し，概ねそこにとどまっているのではないかと考えられるが，一部，心材部や辺材部での増加もみられる[1)]．いずれにしても，森林内の放射性セシウムの動態は，森林の構成樹種や地形，気象条件，汚染状況によって異なるため，今後とも調査を続ける必要がある．林産業は当初大きな被害を受けたが，木材産出は仮設住宅や復興住宅による需要もあり，持ち直した．一方で，きのこやしいたけ原木などの部門は，いまだ被害は深刻である．

里山経済への影響

阿武隈山地の山間部においては，従来から，広葉樹林からのしいたけ原木の生産や，山林から得られる山菜，きのこや野生獣肉などの「山の幸」としての利用が日々の生活と不可分となっている．薪，山菜，きのこ，野生動物などの放射能汚染により，里山とともに生きてきた人々の暮らしは大きな打撃を受け

1）福島県「令和元年森林における放射性物質モニタリング調査結果」，林野庁「令和元年度　森林内の放射性物質の分布状況調査結果について」，林野庁「2019 年度版　放射性物質の現状と森林・林業の再生」など．

た．

福島県は総面積の約 7 割が森林で，そのうち民有林が 6 割弱を占める．杉，ヒノキなどの針葉樹の割合よりも，クヌギ，ナラなどの広葉樹の占める割合が高くなっており，しいたけ原木の生産や，薪炭，山菜・きのこなどの山の幸を生み出す里山として人々の生活に密接な関わりをもってきた．

福島県の阿武隈山系は，きのこ用原木の産地であった．2010 年の生産量は約 4 万 7 千 m^3 で全国 3 位，県外への出荷量は全国で最多だった．しかし，事故後には生産量は 10 分の 1 となった．農水省は原木出荷の基準を 50 ベクレル／kg とし，多くの地域では，出荷できなくなったためである．

きのこ用原木はコナラ，クヌギなどの広葉樹林から産出される．木を植えてから下草を刈って育ておよそ 20 年で伐採する．切ったあとは，根元から萌芽させ，それを再び育てる．

例えば，県内最大の原木生産地だった都路地区では，しいたけ用の原木出荷を林業の柱としており，地元の雇用と里山を維持してきた．全収入の 6〜8 割を針葉樹ではなく，広葉樹からの林産物が占めた．ふくしま中央森林組合都路事業所は，毎年木を植え，下草を刈り，除伐し，不良萌芽の除去をしてきた（吉田，2013）．原発事故後，同組合は原木出荷を自粛．下草刈りなどの保育を行っているだけの状況が続いた．

しいたけ原木の生産のみならず，薪や山菜，肥料用の腐葉土の採取など，地域の人々の暮らしと里山は，切っても切れない関係にあった．広葉樹の山は荒れやすく，手入れをしないと藪山となってしまう．いままで築き上げてきた，保育，伐採，更新といったサイクルが止まることにより，しいたけ原木などの生産が将来にわたってとだえてしまうことが懸念される．

里山の暮らしへの影響

原発事故とそれに伴う放射能汚染は，山間部のいわゆる「里山」と共存してきた人々の生活と文化に大きな打撃を与えた．季節折々の山菜や野草，きのこ，川魚などをとり，それを家族で，または近所の人たちとわかちあう喜びといった「ふるさと」の生活が失われた．里山との共生や有機農業などを志し，移住してきた人たちもその希望を失った．しかし，こういった貨幣換算しにくい価値は計測がしづらく，その全体像は把握されていないうえ，賠償の対象にもなっていない．

例えば，浪江町南津島から二本松市に避難している今野秀則さんは次のように語る[2)]．

「伝統・民俗・文化・歴史・地域の絆，慣れ親しんだ山野，それと一体となった生活空間が失われてしまいました．先人が，父母が，また自らが努力して築き上げた田畑などの生活基盤，幼いころに遊んだ山や川，親戚・友人・親戚との親しい付き合い，思い出のつまった古い家，これら一切にまつわる記憶などすべてを奪われました．人間は，衣・食・住だけで生きているわけではない．人間が人間として生きているその土台がなくなってしまったのです」．

南相馬市のある住民は以下のように証言する[3)]．

「山菜やきのこも採れなくなってしまいました．真野川は清流で，春はアカハラ（ハヤ）という魚を捕って友だちに分けていたりしました．夏は鮎，10月ぐらいになるとモクズガニが捕れました．冬はイノシシを捕ります．こうした自然の恵みも，お裾分けを通じたコミュニケーションもすべてなくなってしまいました」．

宮城県丸森町の山間部に住むある母親は，以下のように語っていた．

「都会のように便利ではなくても，田んぼのあぜ道で遊んだり，山菜やきのこを近所の人たちと分かち合ったりする喜びを子どもたちに伝えたいとずっと願っていました．しかし，原発事故によりそれがかなわなくなりました」．

人々の暮らしと里山の関係に関して，田村市都路地区を例にとって，もう少し詳しくみてみよう[4)]．

田村市都路地区においては，標高400～600 mほどのなだらかな落葉広葉樹林が占める山地において，昔は炭焼きや養蚕，放牧に適した地形を利用して，馬の産地でもあった．穏やかな流れの沢筋には，野生の葉ワサビ，クレソンが自生していた．

戦後，エネルギーの転換によって薪炭利用が衰退し，それにかわっていした

2）2016年12月の聴き取りによる．

3）南相馬避難20ミリシーベルト撤回訴訟　原告・準備書面（7）第5回口頭弁論期日（2016年9月28日）

4）2017年2月23日および3月15日，阿武隈会の松久雅敏氏への聴き取りおよび提供資料による．

け原木の産出地となった．山からは，豊富な山菜，マツタケ，イノハナ，ツチグリなどのきのこ類がとれ，食卓に上るほか，直売所や郡山の市場に卸して現金収入ともなっていた．

多くの住民が，野菜の自家栽培，タラノメ，山ウドなどの山菜，しいたけ，なめこなどの栽培と，山からの食材採取を組み合わせていた．

「山林の手入れをすることで，薪，しいたけ，なめこ，クリタケの原木の採取ができました．薪も手に入りました．薪は1～2年ほど乾燥させて使っていました．大型薪ストーブ一台で，二階建ての家全体の暖房ができます」と阿武隈会の松久雅敏さんは話す．こうした日常的な里山の利用により，多種多様な野生生物の生息域が生み出され，いわゆる里山生物多様性が保全されてきたと考えられる．

原発事故後，地域の自然との暮らしにつながっていた朝採り野菜や山菜やきのこ，竹炭，加工品，駒打ちされたしいたけ原木を販売していた直売所，清流を利用した3か所の釣り堀屋は閉鎖となった．地元の炭焼き窯も閉鎖した．

手入れがされなくなった広葉樹林が荒れ，ササがはびこりだした．なお，山菜やきのこは昔からの習慣で今も地元住民の間では食べられているという．

同様の状況は，他の地域でも聴かれる．

伊達市小国地区は，放射能汚染により2011年に特定避難勧奨地点に指定された世帯もあった地域であり，中通りにおいても厳しい被害にさらされた地域の一つである．ここでも，農業の傍ら，ナラ，クヌギなどの広葉樹林に入り，しいたけ原木の生産や山菜などを採取する住民も多かった，震災後には，山に入る人がいなくなった．「震災前は，よい木は市場に持って行けたが，いまは産廃に出すしかない」と伊達市霊山町で特殊伐採などの会社を経営するある男性は嘆く．「ナラ山は荒れ，山も農地も買い手が付かない」．

「よく“風評被害”というが，これは実害」と，霊山町に住み，再生可能エネルギーの研究開発や自立型の生活追求に取り組む大沼豊さんはいう．「放射能の問題で，いままでの循環型の山の利用ができなくなった．放射能の問題さえなければ，もっといろいろなアイディアが活かせたのに残念だ」．

同様の影響は，県境を越えて，宮城県や栃木県などにも広がっていると考えられる．

森林除染

環境省は，「除染関係ガイドライン」において，森林の除染については住居地の近隣の森林を対象として，周辺の居住者の生活環境における放射線量を提言する観点から行うこと，落葉等の除去は林縁から 20 m 程度の範囲を目安に行うことなどを示した．

農林水産省は，2012 年 4 月，「森林における放射性物質の除去及び拡散抑制等に関する技術的な指針」を公表し，住居等の近隣の森林だけではなく，「住民等が日常的に入る森林」や「それ以外の森林」も含め，放射性物質対策を示した．同指針では，① 住居等近隣の森林においては，落葉や枝葉等の除去と併せて立木の伐採を推奨，② 住民等が日常的に入る森林においては，落葉や枝葉等の除去と併せて間伐を推奨，③ ①，②以外の地域では，下層植生が衰退している人工林等での間伐を推奨，④ ①～③の実施により降雨等で土壌が流出するおそれがある場合は，表土流出防止工等による土壌保全を措置——としている．

森林除染に関しては，放射性物質を含んだ枝葉など大量の除染廃棄物を山から里に運びおろしたそのあとが問題である．焼却すれば，かえって放射性物質の拡散を招く結果につながるおそれがあるからである．いままでは，肥料や敷料，焚き付け用などさまざまな用途に使うことができた枝・木・落葉・樹皮などが，いまはそうした用途に使えず，産業廃棄物になってしまう．これもまた，原発事故被害といってよいだろう．

バイオマス発電への懸念

一方で，放射能に汚染されて従来の利用ができなくなってしまっている樹皮や，除染・間伐で生じた木材を利用したバイオマス発電が福島県各地で計画されている．

福島県の 2018 年度の調査をみると，県内の樹木の樹皮に含まれる放射性物質は 1 m 高さで平均約 4,200 ベクレル／kg，最大 20,000 ベクレル／kg に達していた（樹高の半分の高さでは最大 60,000 ベクレル／kg）．また，心材・辺材の放射性物質のなかには数百ベクレル／kg に達しているものもあった．これらの木材を燃焼すると，放射性物質を含んだ灰が発生する．排気ガスに含まれる煤塵を取り除くバグフィルターでは，微小粒子を取り除くことができず，放射性物質が付着した微小粒子が拡散するおそれがある．また高濃度に濃縮された焼却灰が発生するが，その処分が適切に行われるか疑問だ．

福島県は，間伐による森林除染を行い，間伐材を木質バイオマス発電に利用するという構想をもっている．森林整備，除染に加え，雇用創出の一鳥三石をねらったものだ．しかし，実際には，放射能濃度の高い樹皮も使われてしまう可能性がある．

林野庁は，2012年11月には，木質ペレットについては放射性セシウム濃度に関する「当面の指標値」を示している．このなかで，樹皮を除いた木材を原料とするホワイトペレットと樹皮を含んだ木材を原料とする全木ペレットは40ベクレル／kg，樹皮を原料とするバークペレットは300ベクレル／kgとしている（林野庁，2012）が，この基準は，バイオマス発電所の燃料には適用されず，燃料に含まれる放射性物質の規制は存在しない．さらに灰の処分についても事業者まかせになっているのが現状となっている．

放射能汚染に対する住民の懸念は強い．例えば，福島県塙町では2010年から出力12メガワットの木質バイオマス発電所建設が計画されていたが，燃焼に伴う放射性物質による健康リスクを訴える住民たちが反対運動を展開し，中止になった．

また，福島県田村市大越町においては，廃棄物処理大手のタケエイが出資し，6,800 kWのバイオマス発電所建設が進められた．事業者は当初は放射能濃度が高い樹皮は燃料として使わないと説明していたが，その後，樹皮も使うことが明らかになった．また，津波瓦礫，解体家屋，片付けごみなども使うという．

放射能汚染を懸念する住民たちは「大越町の環境を守る会」を立ち上げ，反対運動を開始した．住民たちは，バイオマス発電所の燃料調達に関する情報開示請求をかけたのにもかかわらず，開示された文書はすべて黒塗りされている状態で，燃料調達計画は開示されなかった．また，放射性物質拡散対策として追加で設置するとしたヘパフィルターの性能をめぐっても，事業者は性能基準を明らかにしなかった．

再生に向けて

里山は，地域の人々が森と長年関わりあうことで，時間をかけてつくりあげてきた「場」であり，「ふるさと」を構成する１つの要素である．山菜やきのこのような森の恵みは，そのような森と人との関わりあいのなかで得ることができる．しかし，事故の結果として放射性物質が拡散したことにより，これまで長い時間をかけてつくりだしてきた「場」が，被ばく防護・除染・バイオマス発電といったことに象徴される全く別の代物に突如変質してしまった．その結果，森の恵みは言うに及ばず，「ふるさと」の生活——例えば，地域の人々がそれらを「近所の人たちと分かち合ったりする喜び」——も，「場」の喪失とともに失われてしまったのである．

もとの森林や生業，暮らしを取り戻す短期的な解決策はない．復興と再生を急ぐのではなく，時間をかけて，地域の人たちが計画に参加する形での，森林・里山や暮らしの再生が望まれる．

引用文献

林野庁（2012）プレスリリース「木質ペレット及びストーブ燃焼灰の放射性セシウム濃度の調査結果及び木質ペレットの当面の指標値の設定等について」．平成 24 年 11 月 2 日．

吉田昭一（2013）“被曝農業時代”を生き抜く　原木キノコの生産を支えてきた福島の里山のこれから．農業経営者，2013 年 8 月号，9 月号．

第9章 森のよりよい共創に向けて

生方史数

「前進」と「後退」とのあいだの計り知れない矛盾に気づいたのなら，地球（Earth）に降り立つ準備を早々に始めるべきだろう．

（ラトゥール，2019：62–63）

はじめに

第1章で著者は，本書は森林がどのようにつくられてきたのかを記した「レシピ本」だと述べた．この例えにしたがえば，本書はその「レシピ」や調理法について記し，その効果についても述べてきたということになる．本章は，これらを総括し，これらの「レシピ」が全体としてどのような料理と味付けになったのか，何が足りなかったのか，どうしたらもっとよくなるだろうか，といったことを振り返る「食後の反省会」という位置づけである．すなわち，近代から現代にかけて森がどのようにつくられてきたのかを，主に人間や社会による働きかけの側面からまとめるとともに，それがどのような全体像を結ぶのか，何が問題なのか，「改善」のためには何を心がけるべきなのかといったことを考察していく．

もちろんながら，本章の考察で重要になるのは，本書を貫くコンセプトであるハイブリッドのあり方の変容という視点である．本章ではまず，これまでの内容を，ハイブリッドを支える基盤に着目しながら，第1章の図1.2で本書の枠組みとして提示した「認識と社会化」,「制度化」,「実際的・物理的な働きかけ」および「相互作用」からなるプロセスに立ち返ってまとめる．そのうえで，ハイブリッドのあり方がどのように変わったのかを，空間・価値・手法における再編成と「相互作用」の視点から再整理し，上記のプロセスから零れ落ちたものを指摘するとともに，それらを拾い上げるにはどのような姿勢が必要かを考えたい．

9.1　森がつくられるプロセス

では，まずはこれまでの「料理」がどのような「レシピ」だったのかを簡単に振り返ってみよう．ごく端的に言い放ってしまえば，森がつくられるプロセスは，図らずも森を近代化する壮大で未完のプロジェクトだったとでもいえるかもしれない．もう少し正確に表現すれば，森林と人間・社会の関係，すなわちハイブリッドを，ときには私たち人間の意図をこえて，国民国家や官僚制，市場等による自然の支配と制御といった近代の理念に適合させていくプロセスだったといってもよいだろう．

農地開発，紙などを含む林産物の生産など，自然の恵みで近代の発展を支えたという意味で，私たちがこのプロジェクトによってこれまで大きな便益を享受してきたことは疑いないところである．ただ，日本国内の放置された人工林からアマゾンにおける森林破壊と先住民への抑圧，果てはグローバルな気候変動にいたるまで，森林に関連して現在私たちが抱えている問題を鑑みれば，このプロジェクトを批判的にみる視点が不可欠である．以下ではまず，各章の内容にしたがって，上述した「認識と社会化」,「制度化」,「実際的・物理的な働きかけ」および「相互作用」のプロセスをそれぞれ整理することから始めよう．

9.1.1　認識と社会化

第１章の図 1.2 では，実在する自然が人間によって「森林」として認識され，社会集団によって共有される「認識と社会化」のプロセスを，森林がつくられるプロセスの最初の段階として記述した．実際には，一連のプロセスは循環し相互作用すると考えられるので，これを最初に考察する必然性は必ずしもないのだが，記述の始まりを定める必要がある以上，ここから書き始めるのが妥当だったからである．第2章では，「森林とは何か？」という単純な問いを手がかりに，このプロセスについて考察した．

第2章を読み進めるうちに，この問いへの答えが思いのほか難しいことに気づいたはずである．その理由は，ある自然を「森林」だと分類する際に複数の合理的な基準が存在し，それらがときに矛盾することにあった．そもそもこれらの基準には，そこがどういう植生であるべきかといった人間の期待や規範意識も含まれている．また，それらに加えて，私たちが持つ森林に対する文化的なイメージが「森林」に対する認識を規定していたため，この単純な問いへの答えをさらにややこしくしていた．

ところで，第2章を読み進めるなかで，なかには「森林」を明確に分類する必要性自体を疑問視するようになった方もおられたかもしれない．近代以前の世の中ならば，明確に分類する必要などないというのはまさにその通りである．じつは，このややこしさの背景には，近代以降の社会において，自然または土地利用の明確な区分を必要としていることがある．森林は農地とは異なる政策や税制のもとで異なる部局の管轄下におかれ，独自の土地利用区分として切り離されたからである．

そのような意味からいえば，「森林」は，もともと存在した自然の一部というよりは，つながりや一体性を持った自然のなかからその一部を切り取るためのカテゴリーの一種であったということもできる．私たちは森林をありのままにみているわけではないし，そもそもありのままにみることはできない．そして，私たちが持つフィルターを通してみた森林像に基づいて，私たちは森林を再構成していく．ここで厄介なのは，このような認識のプロセスを認識することがめったにないことである．

さらに，「認識」に続く「社会化」のプロセスでは，森林像の共有と異なる集団間の交渉を通じて社会的・政治的に力の強い者のもつ森林像が大きな影響力を持つことになる．第2章では，前述した森林像のずれが政治力の格差とつながったときに起こるさまざまな問題も併せて議論した．そのような問題の多くは，次の段階に起こる「制度化」を通じて強固に実体化されていく．

9.1.2　制度化

森がつくられるプロセスの第２段階として描いたのは，先述した森林の区分や森林像が社会のなかで制度化し，森林に対するさまざまな働きかけの基盤となっていくプロセスである．このプロセスに関連して，本書では，第４章で領域化の状況を，第５章で科学的林業・森林管理の歴史を紹介した．土地・財産制度と科学技術という近現代社会に不可欠な制度的・技術的基盤がどのように森林に適用されたのか，その一端がこれらで論じられている．

第４章では，近代国家のなかで森林という土地がどのように囲い込まれたのかを，1990年代以降に市場経済へと移行したラオスにおける土地森林分配政策と，日本において明治政府以後に実施された政策から生まれた現状を対比しながら論じている．領域国家である近代国家においては，先述したように，森林を農地や住宅地等と区分してその境界を明確にし，またそれぞれの区画に対して所有者や管理者を特定するという国家的要請がある．そしてこれは，領域化と呼ばれる近代国家に特有の「領域で区切る」論理と手法に基づいている．

その結果，少なくとも法律上は，あいまいな領域や無主の土地を排除することに成功し，国家の領域にあまねく所有者がいるという状態をつくりだした．土地を区切って所有者・管理者を明確にすることで「コモンズ（共有地）の悲劇」に陥るリスクを減じるという意味では，理論上は資源管理のうえでも生産活動を増大させるためにも「区切ることのメリット」があったはずである．しかし，少なくとも資源管理という点からみれば，後述するように，実態としてはこのようなメリットがフルに生かされたとは言い難かった．

その理由の第一は，「区切ることのメリット」を追求したことで，「区切ることのデメリット」も顕在化したことである．まず，ラオスの例にあるように，そもそもこのプロセスは国家レベルや村落レベルなど，異なる地域レベルで並行して進行しており，これらが調整されることはまれであった．このため，地域間で土地利用に関するさまざまな齟齬を引き起こしたのである．また，森林が領域として区切られ，ばらばらに所有・管理されることで，自然の一体性が失われ，その働きが人間社会のなかで軽視されるようにもなった．森林が領域化される一方で，焼畑やアグロフォレストリー（agroforestry）などにみられるような農業と林業が一体となった土地利用のあり方や[1)]，流域における森と水との関係，森と海との関係などといった，あいまいだが循環的でダイナミックな自然のとらえ方は公式的には失われ，農業や漁業等の他産業と森林・林業は切り離されていった．

第3章では，このような「切り離し」が行われる前の日本の山村や[2)]，そこでの森林と農業と人間の豊潤な来歴や関係が描かれている．『秋山紀行』や『遠野物語』にみられるように，山村独特の文化や生活は，単に貧しく条件不利な「認識の外」にある地域というわけではなく，近世や近代初期までは平地の人々を惹きつける存在でもあったのである．またコラム1では，カンボジアの人々がかつて抱き，カチンの人々が現在抱いている森と人々の間の霊的な関係について言及がなされ，「森を資源としてしかみない近代的な価値観とは異なる視座があったことを思い起こす努力」が今後の世界に必要だと論じられている．これらの記述からは，領域どころか，自然と人間社会との境界もあいまいで，豊かな意味の世界をもった「異界」の姿が見えてくる．これらを読めば，いかに私たちが森林や山村をみるまなざしが，平場の考え方や近代の価値観に染まっているかを再認識させられるだろう．

第二は，「(一定以上) 区切らないことのメリット」の過小評価につながったことである．森の領域化に付随して，世界各地で森の私有化や国有化が行われたが，これが必ずしも「コモンズの悲劇」を減少させることにはつながらなかったのである．じつは，1980年代後半以降，世界各地における理論および実証研究から，一定の条件下では，共有資源の共同管理において「コモンズの悲劇」が回避できることが明らかになってきた（McCay & Acheson, 1987；Ostrom, 1990）．

第7章でも紹介されている日本の入会制度はその典型的な事例である．森林の安易な私有化や国有化は，長きにわたって資源管理の役割を果たしてきた在来の制度を崩壊させ，十分な管理能力のない国家のもとで森林はオープンアクセスとなって「コモンズの悲劇」を引き起こしたり，私有化した森林が不在

1)　アグロフォレストリーに関しては，第5章の注12を参照のこと．
2)　山村という言葉は，本書の視角からいえば，日本の森林（山に多い）をハイブリッドとしてみる際に，主に人間社会の側の視点からとらえた呼称であるといえる．

地主や企業によって囲い込まれ（land grabbing と呼ばれる），プランテーション化したりといった「悲劇」を引き起こしたのである．

なお，以上のような「区切らないことのメリット」や，その裏側としての「区切らないことのデメリット」は，現在は意外なかたちで顕在化してきてもいる[3)]．例えば日本では，最近の都市における空き家問題，農村における耕作放棄地問題や獣害などにおいて，細分化・個人化された土地や財産所有の問題点がクローズアップされている．そして，第４章ではこのような例として，日本の私有林や入会林の所有や境界が近年あいまいになってきているという問題点が論じられている．これは，そもそも日本でも領域化は不完全であったことに加えて，一度領域や権利者が明確になった土地や財産でも，その後の状況次第では，所有者・管理者の意思や土地利用の採算性の問題などからその境界があいまいになってしまうことがありうることを示している．つまり，あるハイブリッドを維持するためには，それを成り立たせる制度的な基盤に対して継続的に投資する必要性がある．最近，日本政府はこのような所有者（の一部）がわからない放置森林に関して，都道府県知事の裁定を経たうえで，立木の所有権設定や土地の使用権の設定を行うことで，間伐や造林等の適切な森林管理を可能にすることができるよう森林法を改正している[4)]．このような事態は，森林を「区切る」論理と「区切らない」論理の間にジレンマがあり，制度のあり方が揺れ動いているとも解釈できよう[5)]．

続く第５章では，森林に西洋由来の科学技術が導入され，現地化されたプロセスが東南アジアを舞台に描かれている．対象となる科学技術は，19 世紀の帝国主義の時代に現地に導入された科学的林業や森林管理である．東南アジ

3)　ただし，コモンズによる資源管理を，自然を全く「区切らない」と決めつけるのは早計である．例えば，Ostrom（1990）が示したコモンズ管理が成功するための制度の設計原理のなかには，資源や利用者の境界が明確であるという項目がある．領域にしたがって区切られている必要は必ずしもないが，共有資源といえどもその利用者や資源の範囲は一定程度の制限がなされている必要があるといえよう．

4)　「平成 29 年度　森林・林業白書　第１部　第Ｉ章　第３節　新たな森林管理システムの構築の方向性(3)」(https://www.rinya.maff.go.jp/j/kikaku/hakusyo/29hakusyo_h/all/chap1_3_3.html　2020 年 9 月 16 日閲覧）

5)　ちなみに，多くのコモンズ研究では，このようなジレンマを調整するシステム上の措置として，コモンズの重層性や動態が強調されている（宮内，2006）．また，国家の介入が，領域化への方向性とは逆に作用する場合もある．佐藤（2019）は，カンボジア・トンレサップの漁業の例から，いったん領域化されていた資源を国家が「脱領域化」するという事例を紹介している．

アなどの熱帯の自然や社会は，その発祥地である西欧とは全く異なるため，欧州から植民地に派遣された森林官たちは，西欧の科学的林業や森林管理の手法を現地化しようとした．

その現地化の特徴として，この章では①林業技術の現地化が，それらが機能するための基盤となる国家所有の土地森林制度（これは植民地にほぼ普遍的に適用された）のもとで行われたこと，②つくられた制度や技術は，現地の自然とはある程度整合的にリンクしたが，在来社会とは整合性のあるリンクを創出できなかったこと，そして，③在来社会のあり方，特に国家と社会との関係性や在来の木材市場の発展度などが，森林管理のあり方と制度進化の過程に影響したこと，の3点が指摘されている．このような性格を持った現地化を進めることで，東南アジアでは，科学や技術が森林を構成していく上での強力なツールになっていった．

この章からわかる重要な点は，ハイブリッドを支える基盤の重要性と，その階層性である．科学技術はある状態のハイブリッドを支える重要な基盤の1つであるが，科学や技術の導入には，それらが現地の自然や社会とリンクするための制度的な基盤が必要である．東南アジアでは，この制度的基盤の整備が(植民地）国家による国家のためのものであり，在来社会とのリンクが十分になされないまま，それ以降の技術の導入方向がロックインされてしまった．そしてこの過程で，ツールの主な使用者である国家の森林への権限は強化され，現在みられるような国家を中心とした森林管理の体制がつくられていったのである．

9.1.3　働きかけと相互作用

以上のような文化的・技術的・制度的基盤のもとに，私たちは森林に対して実際に物理的に働きかける．また，ここで人間によって改変された森林は，自然のプロセスによってさらなる変遷を遂げてゆき，他の自然環境にも影響を与えると同時に，それらが第一のプロセスに戻って人々の森林に対する認識やふるまいに影響を与えていく．第6章から第8章とコラム2は，このような働きかけと相互作用を取り上げている．

第6章では，マレーシア・サバ州を事例に森林開発の歴史をレビューすることで，開発によって変わったものや変わらなかったものについて考察している．そこでは，公有化された森林や林野がレントを生み出す場として扱われ，商業価値を持った木材や，パーム油の原料であるアブラヤシの供給地として機能してきた．そして，木材という1つの資源が枯渇しても，森林を転用しアブラヤシ・プランテーションの造成へと舵を切ることで，同じ土地からレントが継続して生み出されてきたのである．興味深いのは，木材からアブラヤシへ，さらにはこれらの生産に関わる持続性確保という資源に対するまなざしの変化があったにもかかわらず，森林・林野の所有制度とコンセッション・システム（あるいはカントリー・リース）という2つの制度が当初の意図をこえて流用され，存続しつづけたことである．ここに，ハイブリッドを維持するための制度的基盤の継続性・頑健性をみることができる．

一方，このような森林に対するまなざしの変化が，ハイブリッドを変容させる力になることもある．第7章では，近年の森林に対する最も大きなまなざしの変化であるグローバル環境主義の台頭と，その実体化について論じている．日本の里山やインドネシアの熱帯泥炭林の事例から，私たちがそれらをみるまなざしが，資源から環境へ，ローカルからグローバルへと大きく変化してきていることがわかる．このようなまなざしの変化が，関係するアクターの数を増やし，それらの組織や戦略を再編させていった．そして，場合によってはアクター間の協調を促し，認識された問題を解決するためのコミットを増大させるという効果を生んだのである．

このように，森林が人間社会によってつくられるプロセスが，物質的なプロセスと相まって何らかの問題を生じさせたときに，私たちが森林をみるまなざしが変化し，それらに対処するように制度やふるまいも変化することがある．ただし，このような再帰的（reflexive）なプロセスが森林や社会にどのような影響をあたえるのかは，別途検証する余地がある．第8章では，再帰的な制度導入の1つとして，自然の「資本化」とでも呼べるような一連の動きを取り上げた．ベトナムのPESとカンボジアのREDDプラスの事例から，自然を「資本」として扱う試みが実体化し，現実の社会や自然に影響を与えるプロセスを，森林に対する見方・関わり方を変えるための準備，すなわち基盤整備作業に着目して考察した．

その結果として，国家や国際機関，NGO や企業など，現場から離れたところにいるアクターの関与が強まっていること，GIS に代表されるような特定の技術や技術者，さらには技術援助への依存が高まったこと，国家は森林への関与を強め，統治の技法，特に領域化の手法を深化させ，高度な規格化のもとで遠隔地からの操作を可能にするものへと変えてきたことが明らかになってきた．また一方で，森林管理における現場の声や情報の扱いに関しては，現状では相対的に矮小化され力が弱まってしまうことが危惧されている．

PES や REDD プラスは，領域によって区切られることで自然のつながりを軽視するようになった森林のあり方を，外部性を内部化するというやり方――ここでは自然の「資本化」や商品・サービス化――でつなげようとする試みだと解釈できる．ただこのやり方は，領域化された森林所有・利用の権利や商品・サービスの明確な定義・区分・配分を前提にしており，それらを整備していく基盤整備の作業が，その後に行われる「取引」のルールを創り出すうえで決定的に重要である．つまり，先述の「分けるメリット」を追求しながら「分けないメリット」である自然の一体性をある程度確保しようとするのである．

第 8 章の考察は，ベトナム・カンボジア両国の政治体制の影響を割り引く必要があるにせよ，発展途上国においてこの両立を，ハイブリッドの視点から，特に地域社会に配慮しながら行うことが，予想以上に難しいことを教えてくれる．また，このことは，再帰的なプロセスといえども，より深い制度的基盤を変革することはなかなか難しく，それどころかさらに基盤のなかの特定の方向性を強化する可能性があるということを示唆している．

なお，第 8 章で指摘したアクター間のパワーシフトの多くは，必ずしも政策立案者が意図したことではなく，意図せざる結果として起こっている．じつは，本書のタイトル「森のつくられかた」を「森のつくりかた」という能動態にしなかったのは，私たちがその意図をこえて森林をつくりだしているというニュアンスを出したかったためである．コラム 2 では，放射能汚染という人間が意図しなかった森林への働きかけと相互作用をクローズアップしている．

環境破壊や汚染は，多かれ少なかれ人間の意図をこえた想定外のプロセスであるが，放射能汚染は，汚染が人間にみえず健康リスクに関係すること，長期にわたって影響を受けることなどから，「リスク社会（ベック，1998）」を体現するような重大な例として考えることができる．福島の事故以来，周辺の住民は従来のような森林との関係性を結べなくなってしまった．これは彼らにとって，森林という場あるいはハイブリッドが，原発事故と放射能（これもハイブリッドである）によって突然全く別物になってしまったことを意味する．森林は無価値どころか有害になり，これまで築いてきたハイブリッドはその基盤とともに一瞬にして崩壊したのである．このような突然の変化を誘発する直接的な原因の多くは，人間のまなざしや制度などではなく，それらの影響を受けつつ実在する物質と物質との偶発的な出会いである．かくして社会や自然に由来するさまざまな要因が偶発的に出会うことで，想定外の事態がつくりだされていく．

本書の視点からここで問題となるのは，今後時間が経って放射線量の値が下がったときに，はたして森林という場が元に戻るのかということである．そのために必要なのは，単に森林内の放射線量の値が下がるということだけではない．事故後の人々の生活の変化や，事故に対する人々の記憶，目に見えない放射能に対する恐れ，行政への不信といった人間・社会の側の要件が，そこに一種のスティグマとなって大きな影を落とすのである．このような特定のハイブリッドの崩壊によってみられる現象は，2020 年現在の新型コロナウイルスとの苦闘のなかにも現れているのではないだろうか．

9.2　ハイブリッドの変容と零れ落ちたもの

以上，本書で述べられた内容を，その枠組みであるハイブリッドが人間の意図をこえてつくられ，変容し，そしてときに崩壊するプロセスに着目して整理してみた．その結果浮かび上がってきたのは，一連のプロセスにおいて，ハイブリッドの存立や更新を支える基盤の重要性である．あるハイブリッドが存立するためには特定の基盤が必要となり，しかもそれらはさまざまな径路を通じて変容するのである．

図 9.1 は，この基盤の構造と変化を，これまでの議論をふまえて表したものである．もちろんハイブリッドであるから，それを支える基盤も自然側と人間社会側の双方が存在するだろう．また，究極的には人間は自然のふるまいに

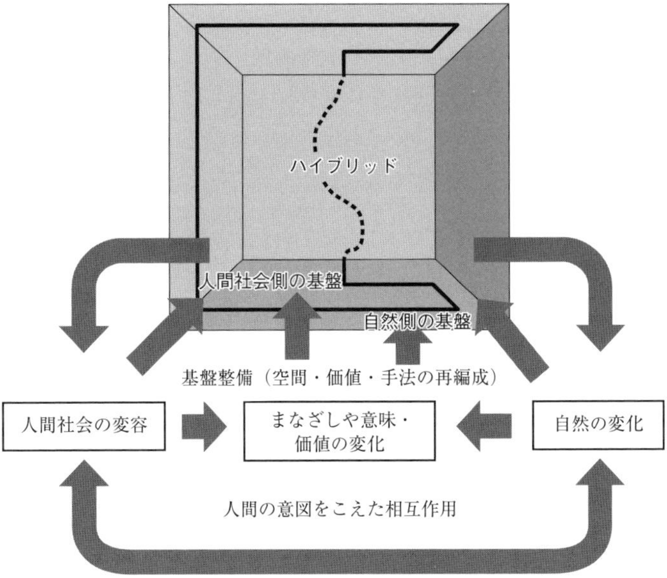

図 9.1　ハイブリッドの変容と基盤整備
筆者作成.

従わざるを得ないことから，自然側のほうが根本的なものであるだろう．そのような推論を反映して，表層にあるハイブリッドを支える基盤の層を，最下層の自然の層とその上の人間社会の層という二層構造として表現している[6)]．また，図には描ききれていないが，人間社会側の層は，深い順から文化的・制度的基盤，技術的基盤というように，さらに細かい階層構造に分かれている（おそらく自然側の層もそうであろうが）ことにも注意されたい．

自然と人間社会の基盤は，それぞれ①自然あるいは社会自体の変化によるハイブリッドの変容，②人間のまなざしを通じた基盤整備と働きかけ，そして③一方の変化が他方の変化を引き起こすという意味での（人間の意図や想像をこえた）相互作用という3つの径路を通じてハイブリッドを変容させると考えられる．このような構造の理解を深めることによって，私たちはハイブリッドの形成と崩壊に関する知識を蓄積し，それを明示するとともに，現場に生かす

6)　この図は，第5章の図5.3や図5.4の発展型バージョンと考えてもよいだろう．

ことができるようになるのではないかと考える．

なお，この図はあくまでハイブリッドの構成プロセスに関する構造的な理解であり，その変容の質や方向性については何も示していない．以下では，ハイブリッドとしての森林がどのような変容を遂げたのかを，「空間」，「価値」，「管理手法」および「相互作用」という視点から改めて整理し，変容のなかで零れ落ちたものを抽出してみたい．

9.2.1　空間・価値・管理手法の再編成

まず，第2章から第4章にかけて大きな焦点となっているのは，森林を単に植生としてだけでなく，空間や場（これらは必然的にハイブリッドである）としてとらえることの重要性である．各章の記述から，空間としての森林が大きく再編成されてきたことがわかってくる．森林（あるいは山村）は，都市や平場の人たち，あるいは先進国の人たちから見れば，焼畑や狩猟採集などのさまざまな生業活動が複合的に行われており，農業や林業，そして土地区画は言うに及ばず，人間界と神の世界との境界もあいまいな「異界」であった．また，この「異界」は他の世界とつながりつつも独自の社会を築いており，自律性が高かったこともみてとれる．

そのようなローカルで未分化の空間が，土地森林区分や地租改正のような近代土地政策を経て，領域を単位として区分され空間的なあいまいさが排除されていくとともに，平場の空間・世界へと統合され，平場に対置される空間として急速に周縁化していった．このような近代特有の領域化によって，森林における土地区画の所有・管理責任が法的に明確になるとともに，そこでは自然と人間，農業・林業を含むさまざまな複合性や一体性へのリンクは遮断され，それぞれが官僚制のもとに専門分化することになった．そして，このような空間認識が定着することで，その後の科学技術の導入（第5章）や「資本化」の試み（第8章）といった制度的・技術的な枠組みを下支えする文化的（知識的）な基盤となり，これらの試みがまた近代的な区分を強化していったのである．

一方で，空間や場の再編成は，森林に対して人間が与える意味や価値の再編成ももたらした．コラム1や第3章にあるような，天上と地上が交わる空間としての森林認識や，森林が持つ霊的な力は，近代的な価値観が浸透することによって天上（あるいは霊）と地上，または人間と自然へと切り離され，森林は資源を得るための空間へと変貌した．また，第7章や第8章で述べたように，環境主義の浸透というまなざしの変化によって，森林は資源としてだけでなく，持続可能な社会の維持に貢献するグローバルな自然環境の一部として，さらには人間に環境サービスを提供する自然資本として価値づけされるようになった．さらには，そのような価値は，コラム2で述べたような放射性物質の拡散によってある種の場が失われてしまったように，一瞬で吹き飛んでしまうような儚いものかもしれない．当たり前かもしれないが，負の価値も存在するし，空間や場は生成されることもあれば崩壊もするのである．

いずれにせよ，ここで重要なことは，森林という場や空間が，さまざまな意味や価値を潜在的に包含するということ，そしてそれらは，当然ながら人間社会によって見出され，近代以降はさまざまな形でその切り離しや絞り込みが起きてきたことである．もちろん，古くから人間は森林を利用してきたし，近代以前の社会においても，そのようなことは多かれ少なかれ行われてきた．しかし，近代以降がそれ以前と明確に異なるのは，切り離しや絞り込みのスケールや速度と，環境や自然資本などのケースに見出される再帰性である．近代の森林では，その近代的な装いを維持しながらも，人間社会によるまなざしの変化を反映して，その価値が再編成されるのである．そしてそれが，現実社会における森林に対する働きかけを再び変えていく．

働きかけの変容は，典型的には森林の管理手法の再編成となって現れる．例えば，19世紀以降，林学の発展を基礎として科学的林業が興隆し，それが帝国主義下の植民地支配のなかで現在の発展途上国に浸透していった（第5章）．その一部は各国の森林制度として現在に受け継がれている．そして，当時生まれた森林開発の制度も一部は装いを変えながら存続し，例えばアブラヤシのプランテーション開発へとつながっている（第6章）．

さらには，環境主義が普及した現代においては，環境経済学の知見を用い，市場メカニズムや金融手法を利用した森林保全事業が登場した．環境サービス（または生態系サービス）や自然資本といった概念を援用し，それらを制度や政策に実体化することで，近代の森林管理が引き起こした問題を解決しようとしているのである（第８章）．そこには，近代によって切り離された自然の一体性を，領域化や専門化・分業化をさらに深化させ，外部者や遠隔地を巻き込むことで，あくまで近代的に再統合させるという意図がうかがえる．

ここで特筆すべきなのは，空間を領域に分け，指標を可能な限り定量化・地図化し，他の情報と整合性のある情報として森林を扱う，といったような手法の精緻化である．GIS や人工衛星といった新しい技術がそれらの可能性を飛躍的に高めると同時に，それらを扱うことのできる人々の数を減じ，専門家への依存と国家の監視能力を高めてきた．このような，森林の制御を意図した人的関与の強化，管理手法の専門化・精緻化と監視という方向性は，価値がどのように再編成されても一貫している．先述したように，近代的な手法の導入によって，その後の技術的選択肢がロックインされたのである．このような手法の頑健性の背景には，一連のプロセスによって，ハイブリッドのかたちや方向性を定める制度的・技術的な基盤が整備されていったことがあると考えられる．

ただし，第３章や第５章の議論にもみられるように，上記のような近代的な枠組みに統合される際に，森林はあくまで平場に対置する周縁として位置づけられたことには注意が必要だろう．この周縁性は，第４章でみた「不完全な領域化」に象徴されるように，近代的な枠組みへの適合のしにくさをも意味するからである．そして，この性質が，上記のような管理手法の精緻化や基盤整備への努力にもかかわらず，森林がつくられる一連のプロセスで零れ落ちたものに由来するさまざまな問題を生じさせているのである．

9.2.2　零れ落ちたもの

では，森がつくられるプロセスのなかで何が零れ落ちていったのだろうか．本書のこれまでの議論から，いくつかの点で森の「つくりこみ」の不完全さを指摘することができる．

その第一は，なんといっても自然と社会の分離とそれに伴う「自然の論理」の軽視である．一連のプロセスによって，森林は，ローカルレベルで小規模・相互補完的・多元的につながるハイブリッドから専門分化・領域化し遠隔地とつながるハイブリッドへとその姿を変貌させた．しかし，このような変容の鋳型を用意したのは人間社会の側であり，森林は単にそこに流し込まれただけであった．その結果，自然やそれと密接につながっていた社会の論理が反発したのである[7]．

例えば，近代国家内の領域確定や所有者の明確化（第4章）などは，ほとんどが人間の都合にあわせたものであり，焼畑システムにみられるような自然のリズムや状況に合わせた工夫は，第5章で紹介したタウンヤ法のような例外を除けばとても少なかった．その結果，官僚制による縦割りのもとで森里海の連環に代表されるような自然の一体性は損なわれていった．これらが経済学のいう「外部性」の一部をつくりだし，かつ社会の側の対応力を弱めたのである．また，自然のもつ予測不可能性への対処も十分にできていたとは言い難い．自然災害はその典型的な例であるが，コラム2にあるような，森林への放射性物質の拡散がその後に自然や社会に与える影響も，想定されていたとはいえないだろう．

第二は，場所性の軽視である．森林は1つの「場」であり，人間社会や文化と一体となったハイブリッドである．そのため，自然の面からも社会・文化の面からも，個別事例1つ1つが他に類を見ない「かけがえのない場」であることが多い．しかし，一連のプロセスによって自然と社会・文化の一体性は切り離された．さらには経済や環境問題のグローバル化の流れや市場主義の浸透によって，ローカルで商品化・定量化しづらい文化的な要素が軽視され，一方で炭素，環境サービス，生物多様性といった抽象的な「商品」の価値が認知され置き換え可能となることで，「かけがえのない場」は徐々に「置き換え可能な場所」へと変貌しつつあるようにみえる．コラム2の例でも，放射性物質によって「かけがえのない場」としての森林は失われてしまったが，住民の移転や除染等の対策がとられていくなかで，そのことを重要な問題とみなす識者は多くないように思われる．

第三は，よく言われていることだが，参加と民主主義という近代を体現する

---

7)　20世紀を代表する経済人類学者の1人であるカール・ポラニー（1975）によれば，近代社会における市場経済の絶え間ない拡大は，同時に社会の側からその動きに抵抗する動きを伴った．このような市場と社会の「二重の運動（double movements）」は現代においてもみるべきものがあり，これを現代の東南アジアにあてはめた例としてはNevins & Peluso（2008）が挙げられる．このアナロジーにならえば，森林がつくられるプロセスにおいても，自然と社会からの相互作用が起き，それがさまざまな想定外を生み出して「つくりこみ」に抵抗する動きを引き起こしたととらえることができよう．

もう１つの理念が不十分にしか導入されなかったことである（井上，2004）．このため，最も森林と関わりが深く，森林に関するローカルな知識（在来知や民俗知，あるいはローカルノレッジなどと呼ばれる）を最も蓄積している地域住民の知識や意向を「つくりこみ」に十分に反映させることができなかった．それどころか，第２章などの議論にもみられるように，政策を立案する少数のエリートが住民を敵視し上意下達式にその意向を押し付けることによって予想外の困難に直面し，なかには完全な失敗に終わった企ても多いのである．

なお，本書では触れなかったが，1980 年代以降，世界各地の森林で参加型森林管理（あるいはコミュニティ・ベースの森林管理：CBFM）という手法が導入されるようになり，これに関連して関連行政の分権化なども行われてきた[8]．これは，森林管理に地域住民の参加が欠如していたことへの反省から生まれた手法であり，現在では住民参加は森林管理のプロジェクトにおいて必ず大なり小なり考慮されている．つまり，森を民主化する制度的基盤も一定程度は整いつつあるのである．このような手法も，一種の再帰的な試みといってよいかもしれない．

しかし，本書の趣旨に照らして考えると，森林が人間によってつくられるプロセスにこの手法が大きな影響を与えるようになったとは，現時点ではまだ考えにくい．なぜなら，多くの場合，参加はせいぜい与えられた制度の枠内の末端レベルに限られ，事業のやり方・方向性を問うたり，事業自体を拒否したりするような大きな意思決定には影響を与えることができていないからである．また，参加が単にレトリックとして形式的に用いられることもある．あくまで上層部が決めた方針に沿った形で行われる受動的なものであったり，上層部が決めた方針を支持するためだけに行われる事実上の動員であったりすることも多いのである[9]．このような点からみれば，参加型森林管理よりも伐採反対運動などのような社会運動のほうが，森の民主化に大きな影響を与えているとい

8）アジアにおける事例を集成した研究として，Persoon *et al.*（2003），市川ほか（2010），Wittayapak & Vandergeest（2010）を挙げておく．

9）このようなさまざまなレベルの参加については，有名な「住民参加のはしご（A ladder of citizen participation）」を参照のこと（Arnstein, 1969）．また，上記のようなレトリックとして用いられ，それが事業の正当化に使われることから，「参加」が新しい形の横暴であるととらえる論者も存在する（Cooke & Kothari, 2001）．

える[10)].

前項で，ハイブリッドのかたちを定める基盤整備の重要性を指摘したが，上の「動員」に該当するような場合は，森の民主化のための「基盤整備」が，かえって人々の実質的な参加を阻害してしまうかもしれない．単なるツールや方便・レトリックとしての形式的な「参加」ではなく，人々の行為主体性に基づいた，上述した基盤や枠組み自体を共創するためのより上位レベルの参加が求められている．あるいは，より現実的には，制度にスキマやアソビをつくりだしたり（松村，2017），そこで人のつながりを利用してインフォーマルに交渉したりする余地を拡大するといった，社会の側の対応力強化も重要であろう[11)]．森の「つくりこみ」が不完全であれば，そこにスキマやアソビをつくりだす余地は大きくなるからである．そういう意味では，森の民主化のための基盤整備は，前述したようなテクノクラシー的なそれとは根本的に異なるのかもしれない．

9.2.3 相互作用の重要性

ここまで論じたところで，相互作用の重要性について改めて触れないわけにはいかない．ここでいう相互作用とは，単に人間と自然の相互のやり取り，あるいは人間同士，自然同士の相互のやり取りといった意味にとどまらないことに注意されたい．これは，これまで述べてきた森がつくられるプロセスによって，森や人間社会のふるまいやありかたが変化するかどうかということを意味する．このようなプロセスと対象間との相互作用が存在するならば，森がハイブリッドであるということが単なるレトリック以上の影響を現実社会においてもたらしていることになる[12)]．

この点に関して本書が述べてきたことを鑑みれば，森林という対象は，以下のように位置付けることができる．第一に，森林は，単にその植生のみを指す

10) このような社会運動は，Guha（2000）や Devlin（2020）によくまとめられている．

11) 民主主義や自由は国家と社会とのせめぎあいのなかで育ってきたという考え方の詳細は，アセモグル・ロビンソン（2019a；2019b）に詳しい．

12) 例えばハッキング（2006）は，この相互作用が存在するかどうかが，第1章で述べられた社会構成主義への批判の1つ――ある事象が社会的に構成されているということにどんな問題があるのか，また，それを知ることで何かが変わるのか――に答えるための1つの条件であると主張している．

だけでなく，人間を含むさまざまな生物が生活する空間，あるいは場であり，まさに人間と自然が織りなすハイブリッドである．したがって，その場所が「森林」であると（公的に）認識されると，そこで生活する人々にも大きな影響が及んでくる．まさにこのことが，彼ら自身の森林に対する態度やふるまいを変えたり，その結果として「森林」の区分自体が変わったりする相互作用をも引き起こす可能性がある．

第二に，森林は人間にとって，さまざまな意味や価値を持った自然である．植物相・動物相，炭素蓄積・吸収源，生態系・生物多様性，土地，住民の生活や文化というように，人間の見方や関わり方次第でさまざまな資源や価値をつくりだす可能性を持った自然である．よって，ある森林がどのような価値を持った「森林」だとみなされるかによって，その森林自体の扱われかたも大きく様変わりする．

そして第三に，森林を管理するという働きかけやそのための基盤整備に関するある時点での選択が，別の時点での選択の幅をある程度規定しているという意味で，森林管理の手法や制度が歴史的な相互作用を経て展開してきたということである．これは，上述したような近代の理念に適合したかたちに森林がつくられることが，その後の森林のつくられかたをさらに近代的な方向へと規定していく，ある種のロックイン効果を生むことを意味する．しかし同時に，近代の枠組みと方向性のなかで森林の意味や価値が再定義され，働きかけの手法が再帰的に展開する可能性も秘めていることにも注意が必要であろう．

そして第四は，一連のプロセス全体が自然のふるまいを変え，気候変動などの現象を通じて森林や人間社会に影響していくという相互作用である．これは自然間および自然と人間の想定外の相互作用であり，経済学でいうところの「外部性」と表現してよいであろう．

以上４点の相互作用は，いずれも森林が自然のみならず，人間との混成物——すなわちハイブリッドであることの現れである．しかし，本書の各章で随所に例示されているように，私たちは森林をハイブリッドとしてではなく，単なる自然物として分類し，現実にあてはめ独自の基準で評価してしまう（そして社会も別個に扱い評価する）．ラトゥール（2008）がいみじくも指摘しているこの「ハイブリッド性」の軽視こそが，人間と森林との間に想定外の作用を絶え間なくもたらす重要な原因になっているのである.

9.3 森の「つくりなおし」に向けて

9.3.1 目標の転換

以上の考察によって，私たちは，近代以降に私たちの意図をこえて森林が人間社会によってつくられてきたプロセスに存在する構造や問題点を浮き彫りにすることができた．しかし，その問題点のなかには，近現代という時代に深く刻まれているものもあり，読者のなかには「ではどうしたらよいのか」と疑問を持つ方も多いだろう．私たちの多くは今さら江戸時代に戻ることはできないし，戻りたいとも思わないはずである．あまりにもラディカルな変革は，私たちの享受してきた豊かさや生存基盤をも脅かしかねないからである．

これまでの考察を敷衍すれば，森林というハイブリッドのゆくえとしては，大きく以下２つのやり方があると考えられる．まず１つ目は，これまでのやり方，つまり第８章の例にあるように，近代化で発展させてきた制度や理念をさらに徹底させていくやり方である．これは，近代化が不完全であることが問題だという立場にたっており，科学技術や市場といったツールをうまく利用しながら，さらに再帰的に近代化を徹底させれば，現在の問題点は解消するというものである．もう１つは，これまでのやり方に，それとは異なるオルタナティブな要素――例えばプロセスから零れ落ちた要素――を入れ込んでいく「再構築」路線である[13)]．この方向性は，今までのやり方の延長では，近代性に由来する問題は根本的には解決しないという立場にたっている．

前者は既定路線の延長であり，これはすでに径路としてロックインされているため，現実的なやり方だと考えられる．しかし，すでに述べたように，さまざまな要素がそのプロセスから零れ落ちてきた．したがって，この路線を徹底させることで，人と自然が共存するうえでよりよいハイブリッドを創出できる

13) ただし，「再構築」の程度によっては，両者の違いはそれほど大きくない場合もあると考えられる．このような，穏健派から急進派までのさまざまな論者の立脚点の違いに関しては，ドライゼク（2007）が参考になる．

のかは，今のところ未知数である．第7章や第8章でも述べたように，森林植生にとっては好ましく「低炭素社会」の形成に寄与するものであったとしても，人を厳しく監視し支配するような息苦しい社会になる可能性もある．先に述べたように，このようなハイブリッドは，決して望ましいとはいえないだろう．

これに対して，後者はこれまで零れ落ちてきた要素を拾い上げることに重点を置いており，そのためには既存の路線を一部見直すことも辞さないという，より改革志向の強いやり方である．もちろんこの場合も将来は未知数であるし，それどころかどんな要素をどのように入れ込むべきなのか，何から始めるべきなのか，そもそも実現可能なのか，考えるべきことは山ほどある．

いずれにせよ，ここで最も重要なことは，何をもってよい森とするべきなのか，何のために「森のつくりなおし」をするのか，という問いを再考しなければならないことである．森をハイブリッドとしてとらえるということは，このような規範的な問いにより注意を払うということでもある．もちろん，この答えは森林を経済発展に必要な資源としてだけみなすことでもないし，単に森林植生が豊かであればよいというわけではない．総体としての森林と人間との関係を評価しなければならないからである[14]．

私たちがもし人新世という新しい時代に生きるようになったとするならば，「何のために？」という問いは，今まで以上に重要になってくる．これまで近代化を行う上で原動力となってきた目標とは異なる新たな目標設定が必要なのである．そしてこの目標は，地球や自然，そしてこれまで蔑ろにされてきた人々の意向を汲んだ「地に足の着いた」ものである必要がある（ラトゥール，2019）．本書の内容に則していえば，森林植生の回復あるいは社会の発展のどちらかに重きをおくのではなく，豊かなハイブリッドの実現を追求することなどが考えられるだろう．そのうえで，これまでつくられてきたシステムの「部品」を分解したり，新たな「部品」を入れたりしながら，それらを新たな目標に向けて組み替えていくことが，私たちの未来の可能性を拡げるという意味で

14)　おそらく，すぐ後の段落にあるように私たちが新たな「地に足の着いた」目標を設定したとしても，第7章で示したような環境問題の位置づけや改変の担い手に関する相違は，今後重要な対立点の1つとして頭をもたげてくるだろう．

重要なのではないだろうか．

もちろん，これは科学技術や人類の自由・平等・博愛というような近代化の正の側面をやみくもに貶めるものではない．ただ，ハイブリッドを成り立たせる基盤のより深い部分にメスを入れることを，私たちは真剣に，かつ注意深く考慮するべきだろう．例えば，人口減少社会に入っている現在の日本においては，強い土地・財産権よりも，熱帯の焼畑における在来の土地保有システムのように，利用しない土地や資源は個人の権利が弱まるような，弱い権利のあり方のほうがしっくりいくかもしれない．また，第3章やコラム1で述べたような森林や山村の「違ったあり方」やその意味を真剣に考えることも必要だろう．ここで本章の冒頭で使用した料理のたとえに戻れば，私たちがこれまでつくりなれてきたメニューの改善点に気づいたときに，素材（自然）をかえるのか，調味料（人工物・人間社会）をかえるのか，レシピ（技術・制度）を考え直すべきか，さらには何のための料理なのか（目標），といった問いになる．これらの組み合わせは無限にあり，料理をおいしくもまずくもする．これらを含むさまざまな試行錯誤から，私たちはさまざまなメニューをつくりだしていくのである．

表9.1に，本書の内容から考えられる「レシピ改善」のための要素を箇条書きで示してみた．もちろん，この表に関していえば，まだまだリストに入れるべき要素はあるはずであるし，それぞれが抽象的な表現を全く脱していない．重要なことは，私たちがこれまでと異なる目標や未来を構想する力であり，森をつくりだすやり方を意識しつつ，それをより望ましい方向に組みかえていく可能性である．したがって，私たちが現在慣れ親しんでいるやり方に必ずしもとらわれる必要はない．

9.3.2　森の共創へ

本書の内容からは，「ではどうすればよいのか」という先述の問いにこれ以上答えることは難しい．具体的にどうすべきかは，その国や地域の置かれた現状によっても大きく異なるからである．しかし，今後再構築路線を志向する場合に，私たちが森林にどう向きあっていけばよいのか，その心づもりや方針を提案することはできそうである．

表 9.1　零れ落ちた要素とそれらの導入指針案

零れ落ちた要素	導入原理	指針
目標	豊かなハイブリッドの共創	
自然の論理	・自然との対話，自然によって「つくられる」姿勢を大切にする ・自然の論理に適合した社会や森林を創出する ・分ける論理から分かち合う論理へ ・古今東西の事例から学ぶ	・ハイブリッドを「見える化」する． ・技術や制度デザインを自然や社会とリンクさせる． ・アフォーダンスを考慮した制度・技術デザイン ・ゆるやか・しなやかで重層的な仕組みを構築する ・ハイブリッドのあり方について議論するための「モノの議会（ラトゥール，2008）」
場所性	・「かけがえのない場所」への理解と配慮	・災害などによる「場」の崩壊に関するケア
参加と民主主義	・森の民主化 ・社会の対応力の強化 ・対抗的な知の創出	・単なる事業への参加協力ではなく，事業や政策の策定にも関与可能な，より上位レベルの参加． ・社会の対応力の強化 ・科学知ではない知への理解とコミットメント． ・知の交流による現場でのルール生成（椙本，2018）．
レジリエンス	・あいまいさを入れ込む ・偶発的な出会いを大事にする	・制度のスキマを創りだし，許容する（松村，2017）． ・住民：制度のズレ（あるいは「ずらし」）を利用するしたたかな戦略・能力・支援（宮内，2013；2017）．

筆者作成．

この点に関する本書の最も重要なインプリケーションは，すべての森林がハイブリッドであり，自然だけでなく人間社会によってその意図をこえてつくられるという側面への無自覚である．私たちは，スギ林や里山（これらはハイブリッドとして認識されやすい）で行われるような物理的な介入を森林に対して行ってきたという認識は持っている．しかし，自然の森そのものをつくってきたという自覚はそれほどない．にもかかわらず，実践レベルでは，本書が説明してきたように，森林（というハイブリッド）がつくられるプロセスに無自覚に加担してきた．この認識と実践のギャップが，多くの想定外の相互作用を生み出し，私たちの森林への働きかけに対する期待をことごとく裏切ってきたのである．

したがって，私たちは，まずはすべての森林，さらには自然が「つくられる」プロセスに私たちが加担しているということを自覚する必要がある．場合によっては，すでに前項で指摘しているように，一歩踏み込んで「私たちは森林を「つくりこむ」必要がある」という自覚も必要である．私たちが受動的に森林の構成に関与して失敗しており，しかも構成に関与することから逃れられないのであれば，プロセスへの加担を自覚し，ある程度の能動性をもって再構成しなおすことが求められるという考え方である．よって，ハイブリッドを支える基盤とその整備に着目し，その構造や機能について理解することによって，より精緻な「つくりこみ」を行う可能性を確保しておくことは重要である．

ただし，このことは，人間社会が森林を能動的につくりこむことによって，理想のハイブリッドを実現できると過信することを意味しない．どのように森林をつくりこんだとしても，すべての問題が完全に解決することはあり得ないという認識も重要である．状況次第では，「つくりこみ」に過度に期待するのではなく，深刻なハイブリッドの崩壊をさけながらも，問題とある程度共存して生きてゆくという姿勢のほうが重要であろう．本書でも随所で触れたが，人間が森林を含む自然をいかようにも設計できると考えるのは傲慢以外の何物でもない．社会だけが，自然だけが自然や環境をつくるのではないということに，私たちはもっと気をつけるべきだろう．特に，問題への技術的な解決策に依存しがちな風潮に対しては，声を大にして警告したい[15)]．そういう意味では，本書は「森のつくられかた」の半分しか語っていない．残念ながら著者の能力的な問題で背景に追いやられてしまっているが，相互作用の相方である自然の「声」をきく必要があることは明らかであろう．

したがって，私たちは，意識レベルでは森林がつくられるプロセスを自覚し，新たな目標を設定するというように能動的になる一方で，実践レベルではより謙虚になるべきだと考える．そして，森林の構成への従事を自覚することで，

15） このような傾向はさまざまな例にあてはまる．グローバルな気候変動問題に対してすら，気候工学なる技術的解決を主張する者がいるが，この技術は地球と人類社会に深刻で不可逆な破局をもたらす懸念がある（桑田，2017）．

プロセスのある部分からは身を引き，森林を森林や他の自然（や森林と共に生きる人たち）による創造や破壊に委ねる仕組みをつくるべきなのである．

このように考えると，「庭園」の発想が今後のヒントになるかもしれない．といっても，西洋式の幾何学的でシンメトリックなものではなく，日本庭園やイングリッシュ・ガーデンなどにみられるような擬自然的な庭園である．これらの庭園をつくるには，設計者による綿密なデザインと同時に，自然と対話しながら，その創造性を生かす発想が不可欠である．もちろん，第2章で少し触れた日本の里山（マツタケ山）再生にも似たような点があるだろう．そして，森林を「庭園化」するためには，関係するすべての人間や自然がプロセスに参加し，目標をある程度共有しつつ，偶発的な出会いや対話を大事にしながら森林を共創していくことが必要になる．人新世の時代には，極端な設計主義は傲慢であり，極端な不介入は無責任なのである．

おわりに：人新世の時代における森林

本書では，ハイブリッドとしての森林がどのようにつくられるのか，そのプロセスを提示することで，現代の森と人の関係に関する考察を試みた．人新世においては，森林は言うに及ばず，すべての自然が人間と自然のハイブリッドとなる．しかも，このプロセスは人間の意図をこえており，私たちは自然の多くに人間的な要素を見出してはいない．グローバルな気候変動によってもたらされる多くの自然災害はもとより，本書の出版準備中に地球を襲った新型コロナウイルスのパンデミックなどは，人新世におけるこのような人間と自然の関係を，私たちに強烈に印象づけているといえるだろう．元来森林は，自然のなかでも比較的人間を見出しやすいタイプの自然である．古くからの人間の森林との関わりが，それを可能にしてきた．そのような意味で，今後私たちが人間と自然とのあるべき関係性を考えるときに，森林の事例が大きな参考になるのではないだろうか．

私たち人間がこれまで蓄積してきた英知のなかには，分野を問わず，素晴らしい潜在性を秘めるものがある．それらのなかには，人間と自然が混然一体となった人新世を生きることになる私たちにきっと有意義なものがあるに違いない．そしてそれは，必ずしも最先端の科学技術や近代の精神に限らないかもしれない．元来自然と人間を分けるという発想に乏しい非西洋の人々の知恵から得られるものも多いのではないだろうか．本書では，そんな英知の１つである夏目漱石の「夢十夜」第六夜の一節，運慶が仁王を彫っているのを見て，自分も彫ってみたときのくだりを紹介して，そのしめくくりとしたい（夏目，1986：27）．私たちが，いつの日か仁王を「彫る」のではなく，「掘る」ことができる世の中になることを考えながら，このくだりを味わっていただければ幸いである．

「能くああ無造作に鑿を使って，思うような眉や鼻が出来るものだな」と自分はあんまり感心したから独言のように言った．するとさっきの若い男が，

「なに，あれは眉や鼻を鑿で作るんじゃない．あの通りの眉や鼻が木の中に埋っているのを，鑿と槌の力で掘り出すまでだ．まるで土の中から石を掘り出すようなものだから決して間違うはずはない」といった．

自分はこの時始めて彫刻とはそんなものかと思い出した．果してそうなら誰にでも出来る事だと思い出した．それで急に自分も仁王が彫ってみたくなったから見物をやめて早速家へ帰った．

道具箱から鑿と金槌を持ち出して，裏へ出て見ると，先達ての暴風で倒れた樫を，薪にするつもりで，木挽に挽かせた手頃な奴が，沢山積んであった．

自分は一番大きいのを選んで，勢いよく彫り始めて見たが，不幸にして，仁王は見当らなかった．その次のにも運悪く掘り当る事が出来なかった．三番目のにも仁王はいなかった．自分は積んである薪を片っ端から彫って見たが，どれもこれも仁王を蔵しているのはなかった．遂に明治の木には到底仁王は埋っていないものだと悟った．

引用文献

アセモグル，D.・ロビンソン，J.（2020a）自由の命運――国家，社会，そして狭い回廊（上）（櫻井祐子 訳），pp. 424，早川書房．

アセモグル，D.・ロビンソン，J.（2020b）自由の命運――国家，社会，そして狭い回廊（下）（櫻井祐子 訳），pp. 488，早川書房．

Arnstein, S. R. (1969) A Ladder of Citizen Participation. *J. Am. Inst. Planners*, **35**, 216-224.

ベック，U.（1998）危険社会――新しい近代への道（東 廉・伊藤美登里 訳），pp. 472，法政大学出版局.

Cooke, B & Kothari, U. eds.（2001）*Participation: the New Tyranny?* pp. 207, Zed Books.

Devlin, J. ed.（2020）*Social Movements Contesting Natural Resource Development*, pp. 190, Routledge.

ドライゼク，J. S.（2007）地球の政治学――環境をめぐる諸言説（丸山正次 訳），pp307，風行社.

Guha, R.（2000）*The Unquiet Woods: Ecological Change and Peasant Resistance in the Himalaya, Expanded Edition*, pp. 244, University of California Press.

ハッキング，I.（2006）何が社会的に構成されるのか（出口康夫・久米 暁 訳），pp. 346，岩波書店.

市川昌広ほか 編（2010）熱帯アジアの人々と森林管理制度――現場からのガバナンス論，pp. 278，人文書院.

井上 真（2004）コモンズの思想を求めて――カリマンタンの森で考える，pp. 162，岩波書店.

桑田 学（2017）人新世と気候工学，現代思想（特集 人新世――地質年代が示す人類と地球の未来），45，122-131.

ラトゥール，B.（2008）虚構の「近代」――科学人類学は警告する（川村久美子 訳），pp. 324，新評論.

ラトゥール，B.（2019）地球に降り立つ――新気候体制を生き抜くための政治（川村久美子 訳），pp. 238，新評論.

松村圭一郎（2017）うしろめたさの人類学，pp. 189，ミシマ社.

McCay, B. J. & Acheson, J. M. eds.（1987）*The Question of the Commons: The Culture and Ecology of Communal Resources*, pp. 440, The University of Arizona Press.

宮内泰介 編（2006）コモンズをささえるしくみ――レジティマシーの環境社会学，pp. 254，新曜社.

宮内泰介 編（2013）なぜ環境保全はうまくいかないのか，pp. 352，新泉社.

宮内泰介 編（2017）どうすれば環境保全はうまくいくのか，pp. 360，新泉社.

夏目漱石（1986）夢十夜　他二篇（岩波文庫），pp. 187，岩波書店.

Nevins, J. & Peluso, N. L.（2008）*Taking Southeast Asia to Market: Commodities, Nature, and People in the Neoliberal Age*, pp. 280, Cornell University Press.

Ostrom, E.（1990）*Governing the Commons: The Evolution of Institutions for Collective Action.* pp. 280, Cambridge University Press.

Persoon, G. A., *et al.* eds.（2003）*Co-Management of Natural Resources in Asia: A Comparative Perspective*, pp. 303, NIAS press.

ポラニー・K（1975）大転換――市場社会の形成と崩壊（吉沢英成ほか 訳），pp. 447，東洋経済新報社.

佐藤 仁（2019）反転する環境国家――「持続可能性」の罠をこえて，pp. 318，名古屋大学出版会.

椙本歩美（2018）森を守るのは誰か　フィリピンの参加型森林政策と地域社会，pp. 321，新泉社.

Wittayapak, C. & Vandergeest, P. eds.（2010）*The Politics of Decentralization: Natural Resource Management in Asia*, pp. 244, Mekong Press.

索　引

【さ行】

【た行】

Memorandum

Memorandum

Memorandum

Memorandum

Memorandum

Memorandum

【編者】

生方史数（うぶかた　ふみかず）

2002年　京都大学大学院農学研究科博士後期課程修了

現　在　岡山大学大学院環境生命科学研究科　教授，博士（農学）

専　門　東南アジア地域研究，国際開発学，ポリティカル・エコロジー

主　著　『熱帯アジアの人々と森林管理制度――現場からのガバナンス論』（共編著，人文書院，2010），『国際資源管理認証――エコラベルがつなぐグローバルとローカル』（分担執筆，東京大学出版会，2016），『東南アジア地域研究入門 1 環境』（分担執筆，慶應義塾大学出版会，2017），『現代アジア経済論――「アジアの世紀」を学ぶ』（分担執筆，有斐閣，2018）

森林科学シリーズ 2
Series in Forest Science 2

森のつくられかた
移りゆく人間と自然のハイブリッド

Forests in the Making:
Changing Phases of
Human-Nature Hybrids

2021 年 2 月 15 日　初版 1 刷発行

検印廃止
NDC 651.1, 651.2, 652, 655.1
ISBN 978-4-320-05818-7

編　者　生方史数　©2021
発行者　南條光章
発行所　**共立出版株式会社**
〒112-0006
東京都文京区小日向 4-6-19
電話　(03) 3947-2511（代表）
振替口座　00110-2-57035
URL　www.kyoritsu-pub.co.jp
印　刷　精興社
製　本　加藤製本

一般社団法人
自然科学書協会
会員

Printed in Japan